JN233305

INTRODUCTION TO CHEMISTRY : 77 LESSONS

化学の基礎77講

東京大学教養学部化学部会［編］

東京大学出版会

Introduction to Chemistry: 77 Lessons

Department of Chemistry, College of Arts and Sciences
The University of Tokyo, ed.

University of Tokyo Press, 2003
ISBN978-4-13-062501-2

まえがき

　本書は，大学1,2年生向けに，化学的素養を身につけることを目的に編集された化学入門書である．

　私たちはこの現代文明社会において，資源，エネルギー，生活空間物資，地球環境などさまざまな点で物質とともに生きている．物質への化学的素養を身につけることは，今後ますます重要になってくると予想される．

　東京大学教養学部では，前期課程の全理科生に対して，化学的素養育成の基礎として，必修科目「構造化学」，「物性化学」を開講している．これらの講義は，化学結合論を軸として，原子や分子の構造，電子状態からはじまり，多様な物質の構造，性質および反応を理解することを目的にしている．しかし，化学結合への量子論からのアプローチは，大学1,2年生に高等学校で学んだ化学とは大きく異なった印象を与えることになっている．また，シラバスが分野を横断的に含むため，学生は手始めにみるテキストの選択に苦慮しているようである．

　東京大学教養学部化学部会は，現状をより改善する目的から，講義の資料集，また各自の学習で講義を補完する解説書，自習書として本書を編集した．範囲は，量子論，化学結合論を中心に，立体化学，配位化合物，化学反応，分子間相互作用，固体の構造を含んでいる．疑問に思った内容や事柄について容易に調べられるように，基礎的な77項目を立て，各項目は見開き2ページのスタイルを採用した．基礎的事項や概念の解説および図表を含む入門的内容となっており，化学的素養を身につけるために活用されることを願っている．興味ある項目については本書を土台に，より専門的な著書に取り組まれることを期待したい．

　なお，本書の執筆は，東京大学教養学部の前期課程で化学系科目を講義している化学部会の教官ならびに相関自然部会の化学系教官で分担して行った．編集委員会では，文章表現や構成，記号の使い方等について極力統一を図ったが，各分野にわたる多人数による執筆のため不十分な点があることと思う．不備な点は御批判を頂ければ幸いである．

　2003年8月

東京大学教養学部化学部会『化学の基礎77講』編集委員会

松下信之，村田　滋，増田　茂

執筆者および分担一覧 (2012年9月現在)

編集委員   執筆担当項目

松下 信之　　立教大学理学部化学科　　　　　　　　　　　　　　　12,14,15,45,48,69,70,
　　　　　　　　　　　　　　　　　　　　　　　　　　　　　　　　72,76,表3,4

村田　滋　　東京大学大学院総合文化研究科・教養学部　　　　　　29,30,37,42,77

増田　茂　　東京大学大学院総合文化研究科・教養学部　　　　　　2,10,11,17,19,20,付4,
　　　　　　　　　　　　　　　　　　　　　　　　　　　　　　　　5,表1,2

執筆者 (50音順)

青木　優	東京大学大学院総合文化研究科・教養学部	19
赤沼 宏史	元東京大学大学院総合文化研究科・教養学部	52,53,54,60
岩岡 道夫	東海大学理学部化学科	58,59
牛山　浩	東京大学大学院工学系研究科	17,18,21,28,67
遠藤 泰樹	東京大学大学院総合文化研究科・教養学部	6,7,8
小川 桂一郎	東京大学大学院総合文化研究科・教養学部	35,36,38
小倉 尚志	兵庫県立大学大学院生命理学研究科	2,19,20
尾中　篤	東京大学大学院総合文化研究科・教養学部	43,62,63,65
菊地 一雄	元東京大学大学院総合文化研究科・教養学部	57
久野 章仁	大阪府立工業高等専門学校	61
黒田 玲子	東京理科大学総合研究機構・東京大学名誉教授	39,40,41
小島 憲道	東京大学大学院総合文化研究科・教養学部	46,47,49,50,51
小林 啓二	城西大学理学部化学科・東京大学名誉教授	26,27,28
下井　守	東京大学大学院総合文化研究科・教養学部名誉教授	68,71,74,75
城田 秀明	千葉大学大学院融合科学研究科	57
菅原　正	神奈川大学理学部化学科・東京大学名誉教授	9,55,56
瀬川 浩司	東京大学先端科学技術研究センター	25,32,64
染田 清彦	東京大学大学院総合文化研究科・教養学部	1,5,66,付3
高塚 和夫	東京大学大学院総合文化研究科・教養学部	18,21,67
高野 穆一郎	東京大学大学院総合文化研究科・教養学部名誉教授	15
友田 修司	東京大学大学院総合文化研究科・教養学部名誉教授	22,31,33,34
永田　敬	東京大学大学院総合文化研究科・教養学部	3,4,16,付1,2
錦織 紳一	東京大学大学院総合文化研究科・教養学部	23,44,73,付6,7
林　利彦	中国・瀋陽薬科大学薬学部・東京大学名誉教授	24
松尾 基之	東京大学大学院総合文化研究科・教養学部	61,69,70,72
真船 文隆	東京大学大学院総合文化研究科・教養学部	3,4,16
森田 昭雄	元東京大学大学院総合文化研究科・教養学部	13

目 次

まえがき

執筆者および分担一覧

I　原子の構造と性質

1　原子の構造　2
2　水素原子の発光スペクトル　4
3　ボーア原子　6
4　電子の粒子性と波動性——物質波　8
5　箱の中の粒子　10
6　バネでつながった原子　12
7　水素原子のエネルギー準位　14
8　水素原子の原子軌道　16
9　スピンの性質　18
10　多電子原子の原子軌道とエネルギー準位　20
11　構成原理　22
12　原子の大きさ　24
13　イオン化エネルギーと電子親和力　26
14　電気陰性度　28
15　元素の分布　30

II　化学結合と分子

16　物質の化学結合　34
17　最も簡単な分子のエネルギーと軌道　36
18　H_2 と He_2 の分子軌道　38
19　等核二原子分子の分子軌道　40
20　異核二原子分子の分子軌道　42
21　多原子分子の分子軌道　44
22　ウォルシュダイヤグラム——分子軌道と分子の形　46

23 ルイス構造と原子価殻電子対反発モデル　48

24 分子の形と混成軌道　50

25 実際の分子の形　52

26 π結合の化合物　54

27 共役と共鳴　56

28 ヒュッケル分子軌道法　58

29 ベンゼンの電子状態　60

30 芳香族性——ヒュッケル則　62

31 分子軌道法　64

32 光の吸収と分子軌道法　66

33 フロンティア軌道理論　68

34 ウッドワード-ホフマン則　70

III　有機分子の立体化学

35 構造異性体と立体異性体　74

36 立体配座と配座異性体　76

37 環状化合物の立体配座　78

38 幾何異性体　80

39 キラリティーと鏡像異性体　82

40 複数のキラル中心をもつ化合物　84

41 鏡像異性体の物性と反応性　86

42 分子不斉　88

43 光学分割と不斉合成　90

IV　配位化合物の化学

44 金属錯体の立体化学　94

45 d軌道と遷移元素　96

46 配位子場(結晶場)分裂と配位構造　98

47 配位子場分裂パラメーターと分光化学系列　100

48 配位子場安定化エネルギー　102

49 強い配位子場・弱い配位子場　104

50 金属錯体の色　106

51 金属錯体の磁性　108

V 分子間相互作用

- 52 分子の極性　112
- 53 分極，分散力と分子の配向　114
- 54 分子間相互作用　116
- 55 水素結合　118
- 56 疎水性相互作用　120
- 57 高分子の構造と性質　122
- 58 ポリペプチド　124
- 59 タンパク質・DNA・リン脂質　126
- 60 溶解と溶媒和　128

VI 化学反応

- 61 アレニウスとブレンステッドの酸・塩基　132
- 62 ルイスの酸・塩基　134
- 63 硬い酸・塩基と軟らかい酸・塩基　136
- 64 酸化還元反応　138
- 65 有機電子論　140
- 66 化学反応ダイナミクス　142
- 67 プロトン移動　144

VII 固体の構造と物性

- 68 結晶　148
- 69 回折法　150
- 70 元素単体の結晶構造　152
- 71 金属，半導体および絶縁体　154
- 72 二元化合物の結晶構造　156
- 73 イオン半径と結晶構造　158
- 74 格子エネルギー　160
- 75 固体物性の応用　162

VIII 化合物の名称

76 錯体(配位化合物)の構成，化学式と名称　166
77 有機化合物の名称　168

付属資料 1, 2

(1) ボーア原子の軌道半径の導出　171
(2) ボーア原子における角運動量の導出　171
(3) 箱の中の粒子のエネルギー準位および波動関数の導出　171
(4) スレイターの規則　172
(5) 変分法　173
(6) 原子価殻電子対反発(VSEPR)モデルでの多重結合の扱い　173
(7) ポーリングのイオン半径の導出方法　174

表1　基本定数　175
表2　エネルギー換算表　175
表3　元素の周期表　176
表4　元素の電気陰性度　178

索引　179

I 原子の構造と性質

1　原子の構造

(1) 原子の構成要素

原子は原子核と電子からなり，原子核は陽子と中性子からなる（図1）．陽子の数を原子番号（Z）と定義する．陽子の数と中性子の数（N）の和を質量数（A）と定義する．原子の種類は原子番号と質量数で決まる．原子は原子番号と同数の電子を持ち，電気的に中性である．

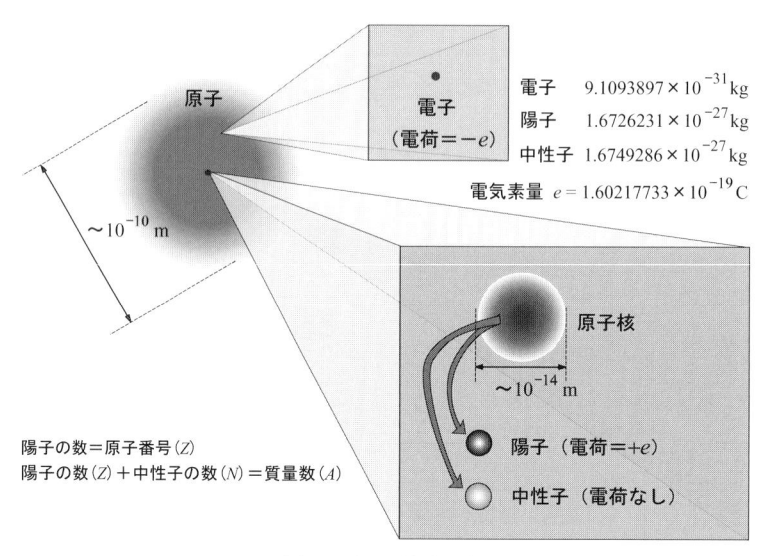

電子　$9.1093897 \times 10^{-31}$ kg
陽子　$1.6726231 \times 10^{-27}$ kg
中性子　$1.6749286 \times 10^{-27}$ kg

電気素量　$e = 1.60217733 \times 10^{-19}$ C

陽子の数＝原子番号（Z）
陽子の数（Z）＋中性子の数（N）＝質量数（A）

図1　原子の構成要素

(2) 元素

原子の化学的性質は原子番号で決まる．原子番号が同じ原子の集合を考え，それを元素とよぶ．元素を指定するのに元素記号を用いる．原子番号1から3までの元素の元素記号および核種を表1に示した．元素記号の左肩の数字は質量数を表す．同一元素に属する原子で質量数が異なる原子を互いに同位体であるという．

表1　原子番号1から3までの元素，元素記号および核種

元素（元素記号）	水素（H）			ヘリウム（He）		リチウム（Li）	
核種	^{1}H	^{2}H（またはD）	^{3}H（またはT）	^{3}He	^{4}He	^{6}Li	^{7}Li

(3) 原子量の定義

質量数 12 の炭素（^{12}C）の原子量を 12 と定義する．^{12}C の 12 g に含まれる原子の数をアボガドロ定数と定義する．アボガドロ定数の値は $6.02214199 \times 10^{23}$ である．アボガドロ定数と同数の単位粒子（原子，分子，イオン等）を含む系の物質量を 1 mol と定義する．また，原子質量単位を，^{12}C の原子 1 個の質量が 12 原子質量単位（amu）となるように定義する．

原子量はその元素の同位体の質量および天然存在比から定まる．図 2 に銀（Ag）の場合を例にとり，原子量がどのように定まるかを示した．同位体核種の原子質量に天然存在比の重みをつけて平均したものが原子量になる．

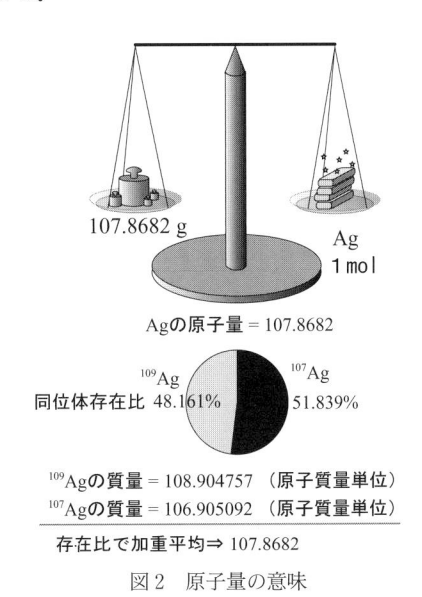

107.8682 g　　Ag 1 mol

Ag の原子量 = 107.8682

同位体存在比　^{109}Ag 48.161%　　^{107}Ag 51.839%

^{109}Ag の質量 = 108.904757　（原子質量単位）
^{107}Ag の質量 = 106.905092　（原子質量単位）

存在比で加重平均 ⇒ 107.8682

図 2　原子量の意味

COLUMN

質量欠損

質量数から正確な原子質量を知ることはできない．

原子核の質量 ＜ 原子核を構成する陽子と中性子の質量の和

　　陽子の質量＋中性子の質量＝$3.3475494 \times 10^{-27}$ kg
　－）^{2}H（重水素）原子核の質量＝$3.3435837 \times 10^{-27}$ kg
　　　　　　　質量欠損＝$0.0039657 \times 10^{-27}$ kg

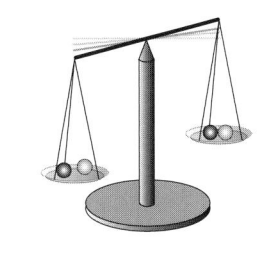

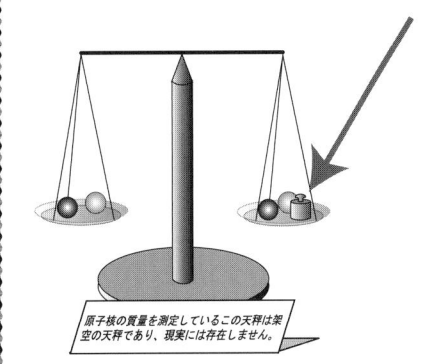

質量欠損：原子核を構成する核子（陽子および中性子）の間の結合エネルギーに由来する．核子が結合して原子核を形成すると，特殊相対性理論の質量（m）-エネルギー（E）等価性関係式 $E = mc^2$（c は光速）に従い，結合にエネルギー相当する質量が減少する．

原子核の質量を測定しているこの天秤は架空の天秤であり，現実には存在しません．

2 水素原子の発光スペクトル

水素原子から放出された光はとびとびの波長をもつ．J. J. Balmer（バルマー）は光の波長が簡単な式で表されることを見出した．この結果は，原子内の電子のエネルギー準位が離散的であることを示す．

(1) 分光法

電極が封入されたガラス管（放電管）に 0.01 atm 程度の水素ガスを入れておき，電極に数 kV の電圧を加えると，水素ガスが放電し赤紫色の光を放つ．この光をスリットから取り出しプリズムに通す．波長の短い光ほど屈折率は大きくなるので，波長の異なる光はフィルムの異なった位置に達する．波長の異なる光を分離する操作を分光といい，得られたフィルム（または光の波長と強度の関係を表すグラフ）をスペクトルという．

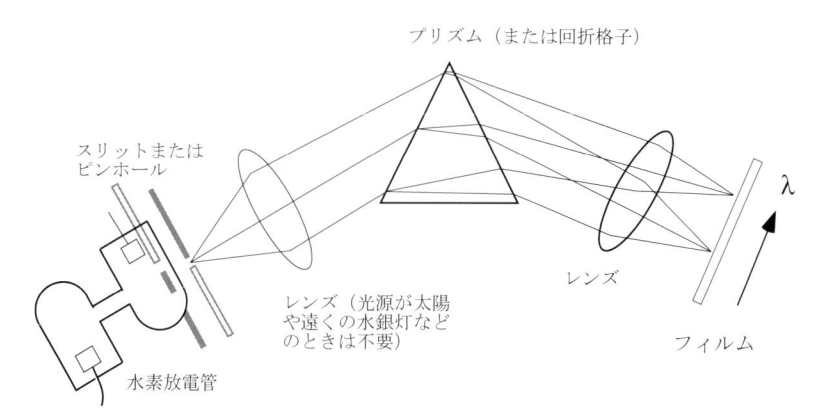

図1 簡単な分光器
回折格子には反射型と透過型がある．また，レンズの代わりに凹面鏡を使う光学系も多い．

(2) 水素原子の発光スペクトル

水素原子からの発光はいくつかの輝線群（系列という）からなり，発見者の名前をとって，ライマン（Lyman）系列（紫外領域），バルマー（Balmer）系列（可視〜紫外領域），パッシェン（Paschen）系列（赤外領域）とよばれる．発光スペクトルは水素原子内の電子の遷移によって説明できる（「3 ボーア原子」参照）．

バルマー（Balmer）の式

$$\lambda = 364.697 \frac{n^2}{n^2-4} \text{ [nm]}, \quad n=3,4,5,\cdots$$

その後，リュードベリ（Rydberg）は次式のように一般化した．

$$\frac{1}{\lambda} = R\left(\frac{1}{2^2} - \frac{1}{n^2}\right), \quad n=3,4,5,\cdots$$

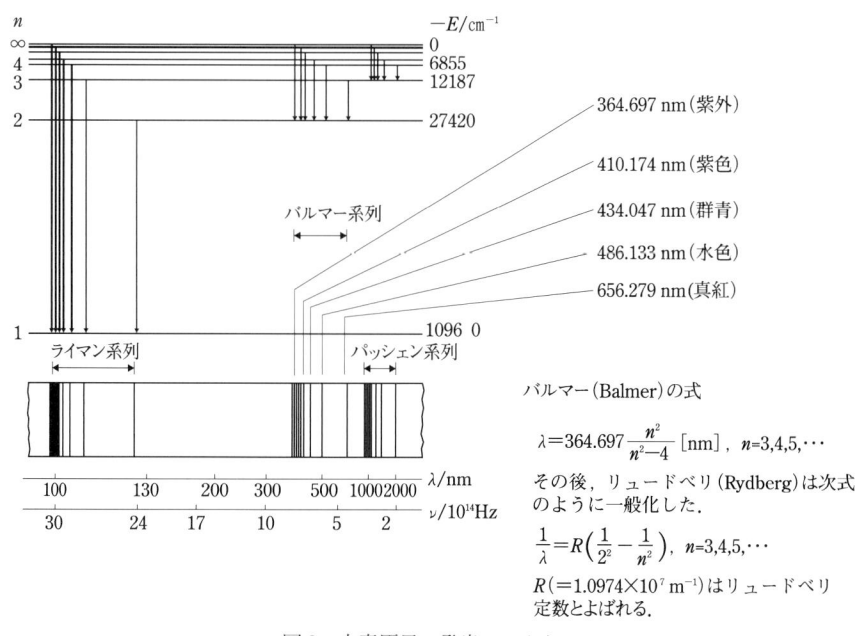

$R(=1.0974\times10^7 \text{ m}^{-1})$ はリュードベリ定数とよばれる．

図2 水素原子の発光スペクトル
（原子ごとに異なる発光スペクトルを与える）

(3) 電磁波の基礎知識

光は電磁波の一種である．下に電磁波の振動数と波長および呼び名を示す．ヒトにとっての可視光はごく狭い範囲であることがわかる．

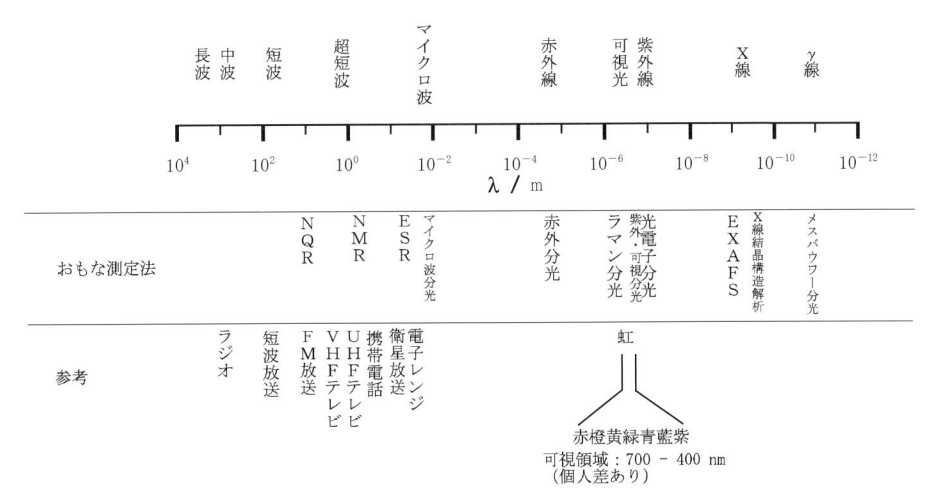

図3 電磁波の分類

真空中での光速を $c\,(=2.998\times10^8\,\mathrm{m\,s^{-1}})$，波長を λ，振動数を ν，波数を $\bar{\nu}$ とすると，次の関係がある．

$$\nu = \frac{c}{\lambda} = c\bar{\nu}$$

z 方向に速度 v で進行する x 偏光の光．電場が x 方向に振動する（y 方向に振動する磁場は省いてある）．下式のように表される（ただし，t は時刻である）．

$$x = A\sin\frac{2\pi}{\lambda}(z-vt)$$

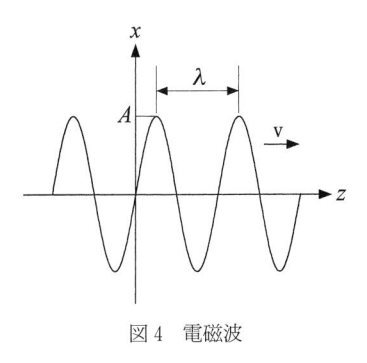

図4 電磁波

─ COLUMN ─
フラウンホーファー線

太陽の輻射スペクトルは 6000 K の黒体輻射にほぼ一致するが，分解能を上げて観測すると数万本の吸収線（暗線）が見える．これらは太陽の彩層の原子やイオンによる．H の C 線，Na の D_1，D_2 線のほか，Ca，Mg，Fe などによる吸収が見られる．地球大気による吸収では O_2 による B 線が目立つ．

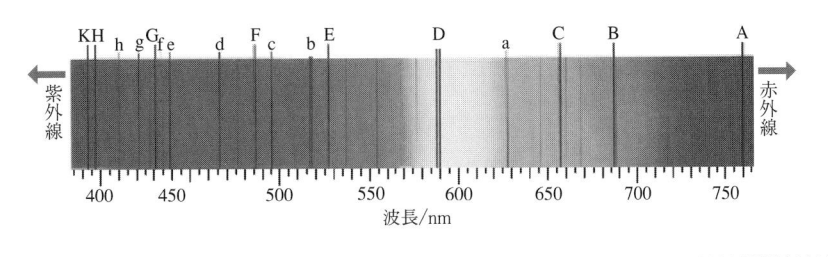

3 ボーア原子

1913年，N. Bohr（ボーア）は "On the Constitution of Atoms and Molecules" と題する論文を *Philosophical Magazine* に発表した．そこには古典力学の範疇を超えた新しい原子モデルが提唱されていた．

原子についてそれまでにわかっていたこと

① 原子の中心には原子全体の質量とほぼ等しい質量をもつ原子核が存在する．原子番号 Z の原子では，原子核は Ze の正電荷をもち，その周囲を Z 個の電子が取り巻いている．原子核の大きさは直径 10^{-15}～10^{-14} m，電子が原子核の周りを動き回ることのできる大きさ，すなわち原子全体の大きさは 10^{-10}～10^{-9} m である（ラザフォードの実験）．

② 原子には固有のスペクトル系列がある．これらのスペクトル線の波長は次の公式に従っている（リュードベリの式）．

$$\frac{1}{\lambda} = \frac{R}{m^2} - \frac{R}{n^2} \quad (m, n \text{ は正の整数で } n > m) \tag{1}$$

1つの整数 m に，1つのスペクトル系列が対応している．

ボーア原子は，Ze の正電荷をもつ原子核を中心として1個の電子が周回運動する太陽系のような原子モデルである（図1）．しかし，古典力学的な太陽系モデルでは，① 任意の大きさの軌道半径が許される，すなわち原子が任意の大きさをもつことになる，② 電子の周回運動に伴って電磁波が放出される．その結果，エネルギーを失った電子の軌道半径は徐々に小さくなり，やがて電子が原子核に衝突してしまう，などの矛盾を解決することができなかった．そこで，原子が安定に存在するための条件として，Bohr は次のような仮説を導入した．

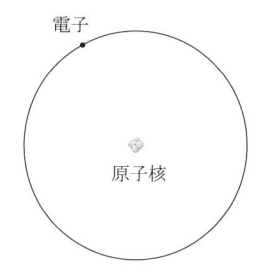

図1 ボーア原子

仮説1：原子のエネルギーは，(2)式に示すようなとびとびの値 $E_1, E_2, \cdots, E_n, \cdots$ しかとることができない．これらのエネルギー値をもつ状態を**定常状態**とよぶ．

$$E_n = -\frac{Z^2 m e^4}{8\varepsilon_0^2 h^2} \frac{1}{n^2}, \quad n = 1, 2, 3, \cdots \tag{2}$$

仮説2：原子がある定常状態から他の定常状態へ**遷移**するときに，関係式(3)を満たすような振動数の光が放出あるいは吸収される．

$$\nu = \frac{E_n - E_m}{h} \tag{3}$$

ただし，$E_n > E_m$ のときには光の放出，$E_n < E_m$ のときには光の吸収がおこる．(3)式は**ボーアの振動数関係**とよばれる．

仮説3：定常状態における電子の運動は通常の古典力学に従う．

以上の仮説から導かれる重要なこと

① 定常状態における電子の軌道半径は，(4)式で与えられるとびとびの値しか許されない．

$$r = \frac{4\pi\varepsilon_0 \hbar^2}{Zme^2} n^2, \quad n = 1, 2, 3, \cdots \tag{4}$$

$Z=1$ の場合，最も安定な定常状態 $n=1$ における軌道半径

$$a_0 = \frac{4\pi\varepsilon_0\hbar^2}{me^2} = 0.529 \text{ Å} \tag{5}$$

をボーア半径とよぶ．ただし，$\hbar = h/2\pi$ である．

② n 番目の定常状態では，電子の円運動の角運動量 L は(6)式で与えられる．

$$L = n\hbar, \quad n = 1, 2, 3, \cdots \tag{6}$$

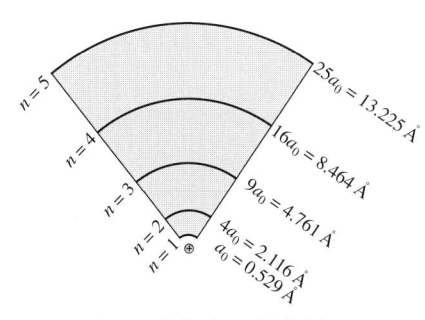

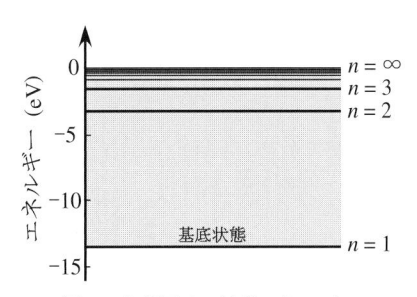

図2　水素原子の軌道半径　　　図3　水素原子の軌道エネルギー

図2はボーアの原子モデルに基づく水素原子の円軌道を示したものである．(4)式から明らかなように，円軌道の半径は n の二乗に比例している．一方，ボーアの原子モデルに基づく水素原子のエネルギー準位は図3のようになる．(2)式で示したように，水素原子のエネルギーは n の二乗の逆数に比例する．

ボーアの原子モデルによって，それまで知られていた原子の固有スペクトル系列が矛盾なく説明された．(3)式より，

$$\frac{1}{\lambda} = \frac{\nu}{c} = \frac{E_n - E_m}{hc} = \frac{Z^2 me^4}{8\varepsilon_0^2 h^3 c}\left(\frac{1}{m^2} - \frac{1}{n^2}\right) \tag{7}$$

となる．これをリュードベリの式と比較すると，リュードベリ定数 R は，次式で与えられることがわかる．

$$R = \frac{Z^2 me^4}{8\varepsilon_0^2 h^3 c} \tag{8}$$

軌道半径やエネルギーのように，古典力学ではあらゆる値をとりうるはずの物理量にとびとびの値しか許されないことを，その量が「量子化 (quantization)」されているという．

― COLUMN ―

ボーア原子モデルにおける水素原子の $n=1$ 定常状態の諸性質

電子の軌道半径（ボーア半径）：$4\pi\varepsilon_0\hbar^2/me^2 = a_0 = 5.29177 \times 10^{-11}$ m

電子の運動速度：$e^2/4\pi\varepsilon_0\hbar = 2.18764 \times 10^6$ m s^{-1}

電子の周回時間：$16\pi^2\varepsilon_0^2\hbar^3/me^4 = 2.41889 \times 10^{-17}$ s

これらの物理量は原子単位 (atomic units) での長さ，速さ，時間の1単位である．

4　電子の粒子性と波動性——物質波

1924年，Louis de Broglie（ド・ブロイ）は波動性と粒子性をあわせもつ光の二重性（wave-particle duality of light）の概念を拡張し，「粒子として存在している物質も，ある条件下では波として振舞う」という，いわゆる物質波（ド・ブロイ波）の概念を提唱した．de Broglieによれば，速さvで運動している質量mの粒子は，

$$\lambda = \frac{h}{mv} = \frac{h}{p} \tag{1}$$

で与えられるド・ブロイ波長をもつ．表1は，いろいろな運動物体のド・ブロイ波である．表1に示すように，我々の身の周りにあるマクロな物体のド・ブロイ波長は物理的に意味をもたないほどきわめて小さな値であるが，電子のド・ブロイ波長はX線と同程度の大きさである．

表1　いろいろな運動物体のド・ブロイ波長

運動物体	質量（kg）	速さ（ms^{-1}）	ド・ブロイ波長（pm）
100 Vで加速された電子	9.109×10^{-31}	5.93×10^{6}	123
10 kVで加速された電子	9.284×10^{-31}	5.85×10^{7}	12.2
野球のボール	0.142	25.0	1.87×10^{-22}
時速100 kmh^{-1}で走る自動車	1000	27.8	2.38×10^{-26}

ド・ブロイ波の実験的検証

(i) 電子回折（electron diffraction）

運動している電子のド・ブロイ波長はX線の波長と同程度である（表1）．金属薄膜に電子線を照射すると，X線回折と同様の回折パターンが観測される（図1）．歴史的には，1925年に米国Bell研究所のC. J. Davison（デヴィッソン）とL. H. Germer（ガーマー）が金属表面に照射した電子ビームの散乱強度に規則的なパターンが現れることを発見したことが，電子が波としての性質をもつことを証明した最初の例である．金属薄膜による電子回折の実験はG. P. Thomson（トムソン）によって1927年に行われた．

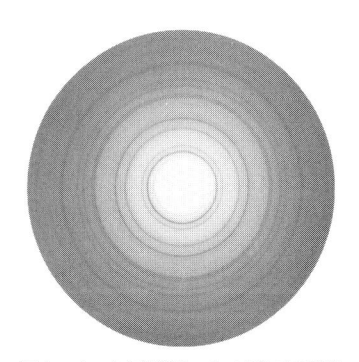

図1　Au金属薄膜による電子回折像
（提供：朽津耕三氏）

COLUMN

トムソンの電子回折実験

金属薄膜に電子線を照射して，透過する電子線の強度をスクリーン上で観測する．スクリーン上には，電子の回折によって同心円状のパターンが現れる（図1）．結晶格子による電子の散乱角θと，電子のド・ブロイ波長λ，回折環の順番nと半径D，薄膜とスクリーン環の距離Lは，

$$n\lambda = 2d \sin \theta$$

$$\frac{D}{L} = \tan 2\theta$$

の式で関係付けられており，さらに金属結晶の格子定数dは以下のように決めることができる．

$$d = \frac{n\lambda L}{D}$$

(ii) 二重スリットの実験

ヤングの二重スリットの実験は，干渉（interference）という現象を用いて光の波動性を示す実験である．電子を用いて二重スリットの実験を行うと電子の波動性を示すことができる．図2の装置では，電子線バイプリズムが二重スリットとの役目をしている．約 50 keV に加速された電子はバイプリズムのどちらかを通過して検出器に到達する．このとき，電子がバイプリズムのどちらを通過したかは判別できない．また，電子は毎秒 10 個程度放出され，ある瞬間に装置内にはたかだか 1 個の電子しか存在しない．したがって，同時に 2 個以上の電子がバイプリズムの両側を通過し，お互いに干渉しあうことはない．このような装置で検出器に到達する電子を画像として積算すると，図3のような結果が得られる．

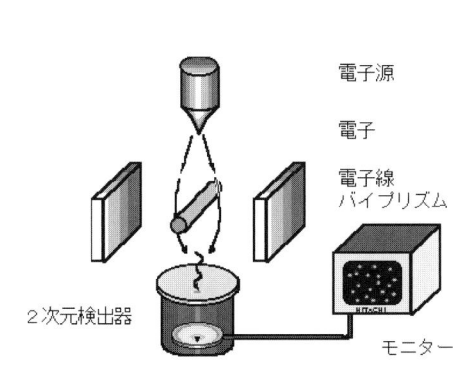

図2　電子による二重スリットの実験装置
(外村　彰「先端技術の主役，電子──その発見から百年」（日本物理学会公開講座）1998 年，http://www.englink21.com/i-eng/column/tuika/tono-kouen.htm より)

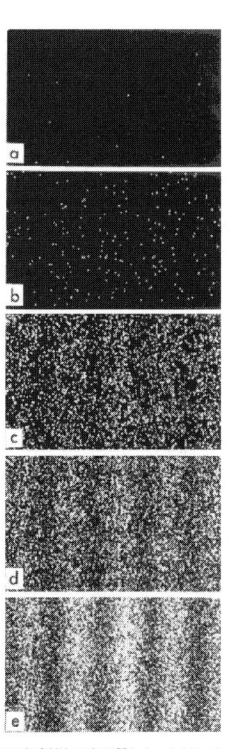

図3　観測時間の経過(a)→(e)とともに積算されていく電子の分布
（外村　彰，同左）

･･ COLUMN ･･

物質波の基となる概念：光の波動性と粒子性（wave-particle duality of light）

- **ヤングの二重スリットの実験**：T. Young（ヤング）は，光源から等距離にある2つの平行なスリットを通った光がスクリーン上に干渉縞をつくることを示した．これは光の波動性を示す **Youngの二重スリットの実験**として知られている．
- **コンプトン効果**：1923 年，A. H. Compton（コンプトン）は X 線が電子によって散乱されると振動数が減少することを見出した．この**コンプトン効果**は，X 線を質量 $h\nu/c^2$，運動量 h/λ の粒子と考え，エネルギーと運動量の保存則を用いて説明することができる．したがって，コンプトン効果は電磁波の粒子性を証明する実験である．

5　箱の中の粒子

原子・分子を構成する電子は狭い空間の中に束縛されている．その結果，電子は離散的なエネルギー準位をもつ．1次元箱の中の粒子は，エネルギー準位の本質を理解するための最も基本的かつ簡単なモデルである．

(1) 波動関数とエネルギー準位

質量 m の粒子を1次元の箱の中に閉じ込めたときのエネルギー準位と波動関数を考える．区間 $0 \leq x \leq L$ が箱であるとする．箱の中だけに粒子が存在するように，箱の外のポテンシャルエネルギーが無限大であると考える．すなわち，図1に示したように，ポテンシャル関数を

$$V(x) = \begin{cases} \infty & (x \leq 0) \\ 0 & (0 < x < L) \\ \infty & (L \leq x) \end{cases} \quad (1)$$

とする．このポテンシャルのもとでシュレディンガー方程式を解くと，波動関数

$$\Psi(x) = \sqrt{\frac{2}{L}} \sin \frac{n\pi}{L} x \quad (n = 1, 2, 3, \cdots) \quad (2)$$

およびエネルギー準位

$$E = \frac{\hbar^2 \pi^2}{2mL^2} n^2 \quad (n = 1, 2, 3, \cdots) \quad (3)$$

を得る（導出過程は付属資料(3)参照）．波動関数のグラフを図2に，エネルギー準位を図3に示した．

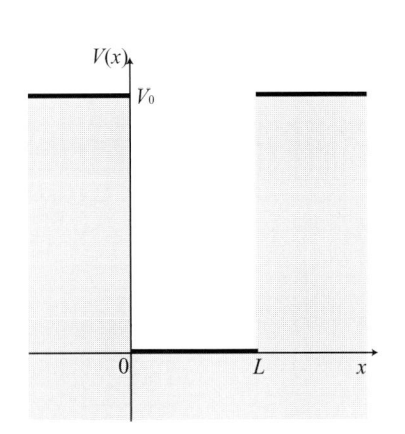

図1　粒子が感じるポテンシャルエネルギー（太線）
箱の外側での値 $V_0 \to \infty$ の極限を考える．

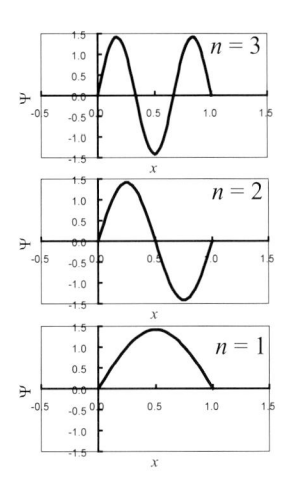

図2　波動関数のグラフ
箱の外側では波動関数の値は0である．

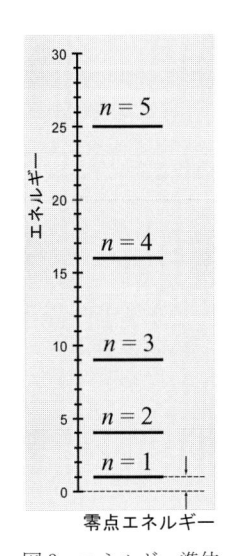

図3　エネルギー準位

(2) ド・ブロイ波長とエネルギー準位

粒子のド・ブロイ波を定在波として箱の中に閉じ込める条件から，エネルギー準位を導くことができる．運動量 p の粒子のド・ブロイ波長は $\lambda=h/p$ である．両側の壁でド・ブロイ波が節になると考える．図4より，箱の長さ L が半波長 $\lambda/2$ の自然数倍になればよい．すなわち，

$$L=\frac{\lambda}{2}n=\frac{h}{2p}n=\frac{\pi\hbar}{p}n \quad (n=1, 2, 3, \cdots) \quad (4)$$

である．箱の中で粒子の全エネルギーは運動エネルギー $p^2/2m$ に等しい．以上より式(3)を得る．

同様の議論でボーアの量子化条件も理解することができる．円周上の物質波が定在波になる条件（図5）から，円軌道上の粒子の角運動量に対するボーアの量子化条件が導かれる．

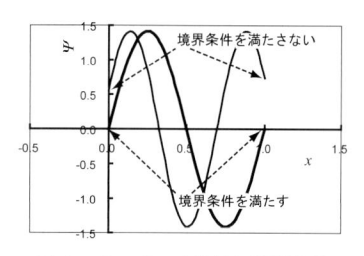

図4 ド・ブロイ波長と境界条件

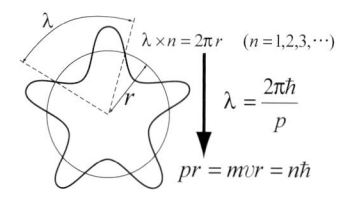

図5 ド・ブロイ波長とボーアの量子化条件

(3) ジフェニルポリエンの吸収スペクトルと色

ジフェニルポリエン $C_6H_5(CH=CH)_kC_6H_5$ は，二重結合と単結合が交互に k 個つながった共役鎖からなり，$2k$ 個の π 電子をもつ．共役鎖が長くなると，吸収スペクトルのピーク波長が次第に長波長側に移り，化合物の色が深くなっていく（表1）．共役鎖の π 電子を1次元箱の中の粒子とみなし，式(3)が分子軌道のエネルギーを表すと考えると，光吸収の遷移エネルギーを予測できる（図6）．そして，共役鎖の長さと吸収波長すなわち化合物の色の関係を説明することができる．

ニンジンやトマトは赤い．これはカロテノイドとよばれる色素が光を吸収するからである．ジフェニルポリエンと同様に，カロテノイドも長い共役鎖をもつ化合物である．その電子構造が可視光の吸収に決定的な役割を果たす．

表1 ジフェニルポリエンの鎖長，色および吸収極大波長の関係

鎖長 k	化合物の色	吸収波長（nm）
1	無色	319
2	微黄色	352
3	帯緑黄色	377
4	帯緑クローム黄色	404
5	橙色	424
6	橙褐色	445
7	青銅色	465
11	黒紫色	530
15	黒緑色	570

K. W. Hausser, R. Kuhn, A. Smakula, *Z. Phys. Chem.* **B29**, 363 (1935). より

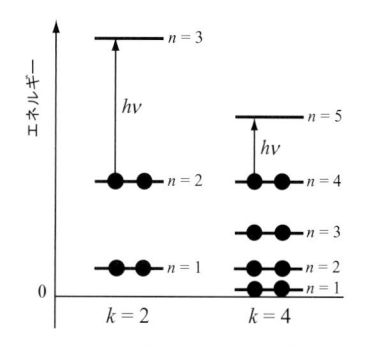

図6 箱の中の粒子のエネルギー準位に基づく π 電子の電子配置
黒丸は電子を表す．

6 バネでつながった原子

　化学結合をしている分子の中の原子の運動は，それらが互いにバネでつながっているものとして考えることができる．ここでは 2 原子分子を考え，その運動が量子力学でどう記述されるか考察する．

　質量 m_1 と m_2 の原子が r の距離で結合している 2 原子分子を考える．結合距離 r は固定されているのではなく，2 つの原子はこの周りで振動運動をしている．2 つの原子の間に働く力は，ほぼフックの法則に従う．

$$f = -kx$$

ここで x は r からの変位であり，k は結合の力の定数である．この力をポテンシャルエネルギーのかたちに書くと，

$$V(x) = \frac{1}{2}kx^2$$

となる．古典力学ではこのような系は単振動をする．これをハミルトニアンのかたちで書くと，

$$H = \frac{1}{2\mu}p^2 + \frac{1}{2}kx^2$$

となる．式中に現れる μ は，

$$\mu = \frac{m_1 m_2}{m_1 + m_2}$$

で定義され換算質量とよばれる．換算質量を用いることで，2 つの原子の運動はみかけ上 1 つの粒子の運動とみなせる．量子力学では，上のハミルトニアンに対するシュレディンガー方程式 $H\Psi(x) = E\Psi(x)$ を解く．このときの固有エネルギーは，

$$E_v = h\nu\left(v + \frac{1}{2}\right)$$

で与えられる．ただし，$v = 0, 1, 2, \cdots$ は振動状態を表す量子数である．また，ν は，

$$\nu = \frac{1}{2\pi}\sqrt{\frac{k}{\mu}}$$

で与えられ，これは古典力学の単振動の振動数に対応する．

　ポテンシャルエネルギーに対して，固有エネルギーの位置をプロットすると図1（左）のようになる．

　また，シュレディンガー方程式の解の具体的な式，すなわち，バネでつながった分子の振動の波動関数（調和振動子の波動関数）は，

$$\Psi_v(x) = \left(\frac{1}{2^v v!}\right)^{\frac{1}{2}} \left(\frac{\alpha}{\pi}\right)^{\frac{1}{4}} H_v(\sqrt{\alpha}\,x) e^{-\frac{\alpha}{2}x^2}$$

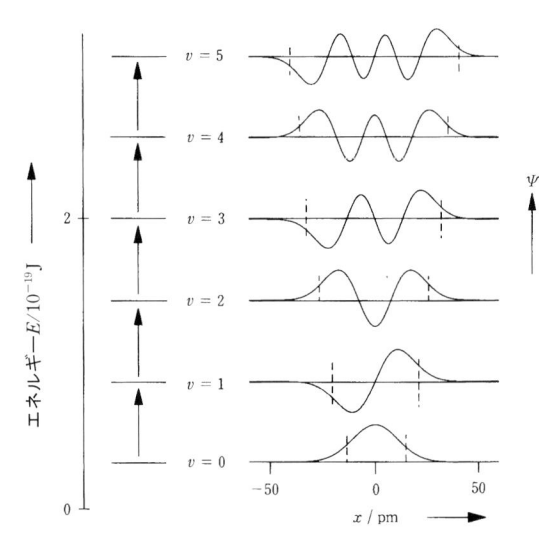

図1　1 次元調和振動子（2 原子分子の振動のモデルによる）の波動関数と，許される遷移（左の矢印）

となる．ただし，$a\equiv\sqrt{\mu k}/\hbar$ である．$H_v(y)$ はエルミート多項式とよばれ，その具体的な関数形は表1のとおりである．

表1　エルミート多項式 $H_v(y)$

v	$H_v(y)$
0	1
1	$2y$
2	$4y^2-2$
3	$8y^3-12y$
4	$16y^4-48y^2+12$

その波動関数を図示すると図1（右）のようになる．図の関数の両端に書かれた点線は，そのエネルギーが，ポテンシャルエネルギー曲線と交差する点を表している．古典的な単振動では x がこの領域の外にくることはありえないが，量子力学の世界ではこの領域も関数は値をもち，x がこの領域の外にくることができる．結合している2つの原子が異なる異核2原子分子では，v が1つだけ異なる2つの状態のエネルギー差に対して $\Delta E=h\nu$ の関係を満たす振動数の電磁波を吸収（放出）することができる．上の固有エネルギーの式から明らかなように，共鳴する電磁波の振動数は古典的な単振動の振動数に等しい．

CO分子を例にとって量子化されたエネルギーの大きさと，共鳴する電磁波の振動数を計算してみよう．それぞれの原子の質量は，

$$m_\mathrm{C}=12.0\,\mathrm{u}=1.993\times10^{-26}\,\mathrm{kg}$$
$$m_\mathrm{O}=15.994\,\mathrm{u}=2.656\times10^{-26}\,\mathrm{kg}$$

であり，結合の力の定数は，

$$k=18.7\times10^2\,\mathrm{N/m}$$

であることが知られている．これから，

$$\nu=6.45\times10^{13}\,\mathrm{Hz}=64.5\,\mathrm{THz}$$

が得られる．よって，CO分子は波長約 $4.3\,\mu\mathrm{m}$ の電磁波（赤外領域）を吸収することがわかる．また，v が1だけ異なる状態間のエネルギー差をJ単位で表すと，この場合，

$$\Delta E=4.28\times10^{-20}\,\mathrm{J}=26\,\mathrm{kJ/mol}$$

となる．これは，典型的な化学結合のエネルギーに対して1桁あまり小さい．

下の図2に示したのは，DCl分子の吸収スペクトルである．この分子は波長 $5\,\mu\mathrm{m}$ 弱の電磁波を吸収する．

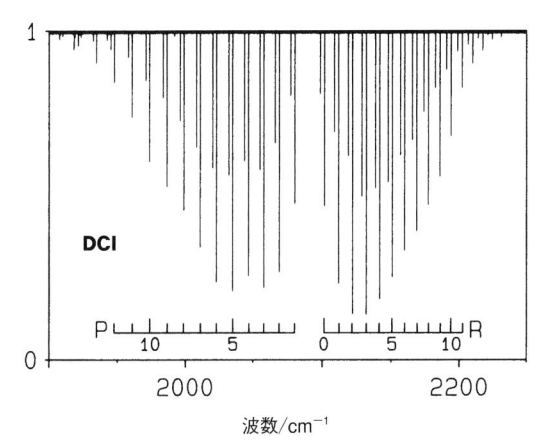

図2　DCl分子の赤外スペクトル
この分子は波長 $5\,\mu\mathrm{m}$ 弱の電磁波を吸収する．気体分子のスペクトルでは図のように分子の回転に伴う構造が見える．

7 水素原子のエネルギー準位

N. Bohr（ボーア）の原子モデルにより水素原子の取りうるエネルギー準位が，

$$E_n = -\left(\frac{Z^2 \mu e^4}{32\pi^2 \varepsilon_0^2 \hbar^2}\right)\frac{1}{n^2}$$

のように量子化されることが説明されたが，そのときに課されたさまざまな仮定は，必ずしも根拠のはっきりしたものではなかった．その後，E. Schrödinger（シュレディンガー）や W. Heisenberg（ハイゼンベルグ）等によってより完成したかたちの量子力学が定式化されることにより，エネルギー準位が完全なかたちで説明できるようになった．ここでは，シュレディンガーの波動方程式によって，量子化された水素原子のエネルギー準位を考察する．

水素原子を構成する陽子と電子の間のクーロン引力は，

$$F = -\frac{Ze^2}{4\pi\varepsilon_0 r^2}$$

と書けるが，これはポテンシャルエネルギーのかたちでは，

$$U(r) = -\frac{Ze^2}{4\pi\varepsilon_0 r}$$

となる．

一方，陽子と電子の重心の周りでの相対的な運動の運動エネルギーは，

$$T = \frac{1}{2\mu}(p_x^2 + p_y^2 + p_z^2)$$

と表される．ただし，μ は換算質量であり，水素原子の場合は下の式で与えられる．

$$\mu = \frac{m_e m_p}{m_e + m_p}$$

運動量を演算子に置き換えた水素原子の量子力学的ハミルトニアンは，

$$H = -\frac{\hbar^2}{2\mu}\left(\frac{\partial^2}{\partial x^2} + \frac{\partial^2}{\partial y^2} + \frac{\partial^2}{\partial z^2}\right) - \frac{Ze^2}{4\pi\varepsilon_0 r}$$

とかける．

このハミルトニアンに対応するシュレディンガー方程式は，波動関数を $\Psi(x, y, z)$ として，

$$H\Psi = E\Psi$$

となる．ここで，ポテンシャルエネルギーの項が核と電子の距離 r だけの関数なので，極座標を用いて表すのが適当である．すなわち，

$$-\frac{\hbar^2}{2\mu r}\frac{\partial^2}{\partial r^2}(r\Psi) - \frac{\hbar^2}{2\mu r^2}\Lambda^2 \Psi - \frac{Ze^2}{4\pi\varepsilon_0 r}\Psi = E\Psi$$

ただし，

$$\Lambda^2 = \frac{1}{\sin^2\theta}\frac{\partial^2}{\partial \phi^2} + \frac{1}{\sin\theta}\frac{\partial}{\partial \theta}\sin\theta\frac{\partial}{\partial \theta}$$

である．

このかたちのシュレディンガー方程式は $\Psi(r, \theta, \phi) = R(r)\Theta(\theta)\Phi(\phi)$ と変数分離のかたちで解くことができる．解の波動関数が原点を除きなめらかで，かつ $r = \infty$ で 0 に収束するという

条件 (境界条件) を課すと許される解は，
$$\Psi(r, \theta, \phi) = R_{nl}(r) Y_{lm}(\theta, \phi)$$
のかたちのものだけになる．ここで n, l, m は水素原子の状態を記述する量子数で，それぞれ，

$$n = 1, 2, 3, \cdots$$
$$l = 0, 1, \cdots, n-1$$
$$m = -l, -l+1, \cdots, 0, \cdots, l-1, l$$

の値を取るものだけが許される．このとき，E として取ることのできる値は，
$$E_n = -\left(\frac{Z^2 \mu e^4}{32\pi^2 \varepsilon_0^2 \hbar^2}\right)\frac{1}{n^2}$$
となり，これは，ボーアモデルから導かれたものと同一である．

　動径部分の関数 $R_{nl}(r)$ はラゲールの陪関数 (associated Laguerre functions)，また角度部分 $Y_{lm}(\theta, \phi)$ は球面調和関数 (spherical harmonics) とよばれるもので，それぞれの具体的なかたちは「8　水素原子の原子軌道」でみる．量子力学的な状態は，これら3つの量子数で指定される．水素原子のエネルギー準位の著しい特徴は，エネルギーが量子数 n だけに依存し，他の2つの量子数 l, m にはよらないことである．したがって，ある n に対し，l, m の異なる状態はすべて同じエネルギーをもつことになる．このように同じエネルギーをもつ状態が複数ある場合，エネルギー準位が縮退しているという．水素原子の場合，ある n に対し，準位は n^2 重の縮退をしている．

　状態の縮退も考慮してエネルギー準位を図示すると図1のようになる．さらに詳しい議論によると，光の吸収や放出に伴う状態の変化 (遷移という) は図のエネルギー準位の間で l の ± 1 変化のみが許されることがわかっており，これから水素原子のスペクトルに対するリュードベリの式が導かれる．

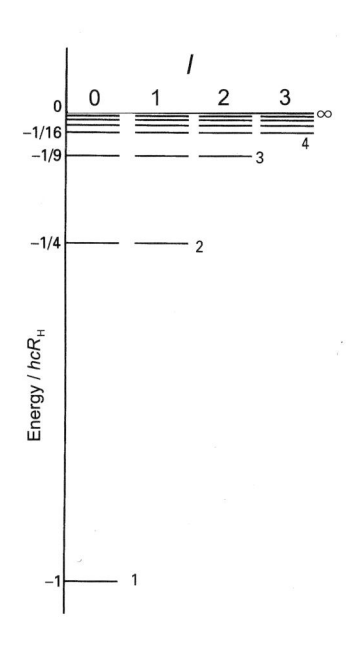

図1　水素原子のエネルギー準位図
ここで $R_H = \mu e^4 / 8\varepsilon_0^2 h^3 c$ である．

8 　　水素原子の原子軌道

　水素原子では核が十分重く電子が軽いので，その波動関数はほぼ電子の動きを表していると解釈できる．量子力学では波動関数の絶対値の二乗が粒子の存在確率を表すので，水素原子の波動方程式を解いて得られた波動関数は，核の周りの電子の存在確率と解釈してよい．これを原子軌道とよぶ．

　動径関数 $R_{nl}(r)$ の具体的なかたちは，

$n=1 \quad l=0 \quad \left(\dfrac{Z}{a_0}\right)^{3/2} 2e^{-Zr/a_0}$

$n=2 \quad l=0 \quad \left(\dfrac{Z}{a_0}\right)^{3/2} \dfrac{1}{\sqrt{2}}\left(1-\dfrac{Zr}{2a_0}\right)e^{-Zr/2a_0}$

$ \quad l=1 \quad \left(\dfrac{Z}{a_0}\right)^{3/2} \dfrac{1}{2\sqrt{6}}\dfrac{Zr}{a_0}e^{-Zr/2a_0}$

$n=3 \quad l=0 \quad \left(\dfrac{Z}{a_0}\right)^{3/2} \dfrac{2}{3\sqrt{3}}\left\{1-\dfrac{2}{3}\dfrac{Zr}{a_0}+\dfrac{2}{27}\left(\dfrac{Zr}{a_0}\right)^2\right\}e^{-Zr/3a_0}$

$ \quad l=1 \quad \left(\dfrac{Z}{a_0}\right)^{3/2} \dfrac{8}{27\sqrt{6}}\dfrac{Zr}{a_0}\left\{1-\dfrac{1}{6}\dfrac{Zr}{a_0}\right\}e^{-Zr/3a_0}$

$ \quad l=2 \quad \left(\dfrac{Z}{a_0}\right)^{3/2} \dfrac{4}{81\sqrt{30}}\left(\dfrac{Zr}{a_0}\right)^2 e^{-Zr/3a_0}$

ここで，

$$a_0 = 4\pi\varepsilon_0\hbar^2/\mu e^2 \quad \text{（ボーア半径）}$$

　これを r に対して図示すると図1のようになる．$l=0$ の関数を除いて原点（$r=0$）で関数の値が0になっている．また，それぞれの関数は，$r>0$ で $n-1$ 回 r 軸と交差している（$n-1$ 個の節が存在する）．一方，角度部分の関数はさらに，

$$Y_{lm}(\theta,\phi) = P_{lm}(\theta)\Phi_m(\phi)$$

と書ける．ここで $P_{lm}(\theta)$ はルジャンドルの陪関数（associated Legendre functions）とよばれる．また，$\Phi(\phi)$ は

$$\Phi_m(\phi) = e^{im\phi}$$

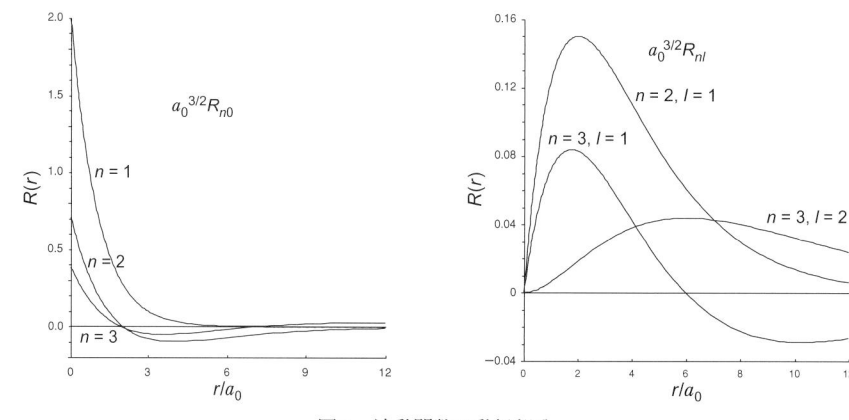

図1　波動関数の動径部分

というかたちをしている．角度部分の関数の特徴は量子数 l で最もよく表されるので，それぞれの l に対して以下のように名前が付けられている．

$$
\begin{array}{ll}
l=0 & \text{s} \\
l=1 & \text{p} \\
l=2 & \text{d} \\
l=3 & \text{f} \\
l=4 & \text{g} \\
\vdots &
\end{array}
$$

この記号の前に主量子数をつけて，たとえば $n=2, l=1$ の関数を 2 p などとよぶ．

あらわな式のかたちは下の式のようになる．

$$
\begin{array}{lll}
l=0 & m=0 & \dfrac{1}{2\sqrt{\pi}} \\[2mm]
l=1 & m=0 & \dfrac{1}{2}\sqrt{\dfrac{3}{\pi}}\cos\theta \\[2mm]
& m=\pm 1 & \dfrac{1}{2}\sqrt{\dfrac{3}{2\pi}}\sin\theta\ e^{\pm i\phi} \\[2mm]
l=2 & m=0 & \dfrac{1}{4}\sqrt{\dfrac{5}{\pi}}(3\cos^2\theta-1) \\[2mm]
& m=\pm 1 & \dfrac{1}{2}\sqrt{\dfrac{15}{2\pi}}\cos\theta\sin\theta\ e^{\pm i\phi} \\[2mm]
& m=\pm 2 & \dfrac{1}{4}\sqrt{\dfrac{15}{2\pi}}\sin^2\theta\ e^{\pm 2i\phi}
\end{array}
$$

角度部分の関数は，$\varPhi(\phi)$ の部分のために一般には複素関数となっており，波動関数の様子を図示するのが困難であるが，m の絶対値の等しい関数どうしが複素共役になっているので，それらの和あるいは差をとることによって実数関数にすることができる．実際に分子の結合を考えるときは，この実数形に直した関数の方が有用である．

$l=1$（p 軌道）の関数を実数形に直したものを図 2 に示す．このうち p_z は $m=0$ の関数そのものである．これらの 3 つの関数はその向きが違うだけで，すべて同じかたちをしている．

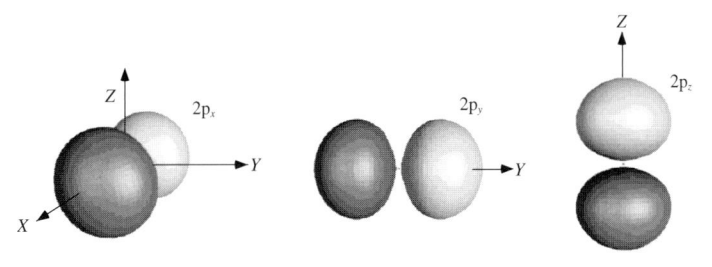

図 2　水素原子の 2 p 軌道の形

⑨ スピンの性質

(1) 電子スピンの定義

電子は，自転（スピン）に基づく電流により，固有の磁気モーメント μ_s をもっている．それに対する角運動量を，スピン角運動量（$\sqrt{s(s+1)}\hbar$）という（図1）．

電子はさらに核の周囲を回転しているので，軌道角運動量，および軌道磁気モーメント（μ_l）を生ずる（図2）．

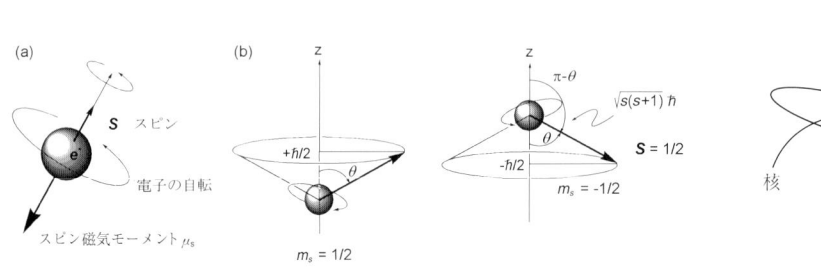

図1 電子スピンの描像
(a) 電子のスピンニングモデル，(b) 電子スピンのベクトルモデル（$\theta = 54.7°$）．2つの量子状態（$m_s = \pm 1/2$）が存在する．

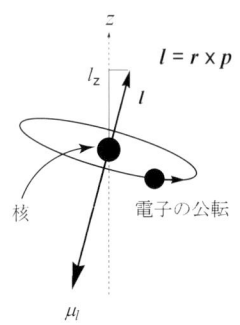

図2 電子の軌道角運動量ベクトル l と軌道磁気モーメント μ_l

(2) シュテルン-ゲルラッハの実験

1922年に O. Stern（シュテルン）と W. Gerlach（ゲルラッハ）は，銀を電気炉に入れて蒸発させ，スリットを通して原子ビームとして真空中に導き，不均一な磁場（縦方向に一様でなく，上に行くほど強くなる磁場）を通す実験を行った．その結果，原子のビームに磁場の力が働いて，道筋が上下方向に曲げられることを見出した．この実験により，銀の原子が磁気モーメントをもつことが証明された．銀原子は不対電子として5s電子しかもたないので，軌道角運動量による磁気モーメントは0であり，測定された磁気モーメントは5s電子のスピン磁気モーメントに起因すると結論できる（図3）．

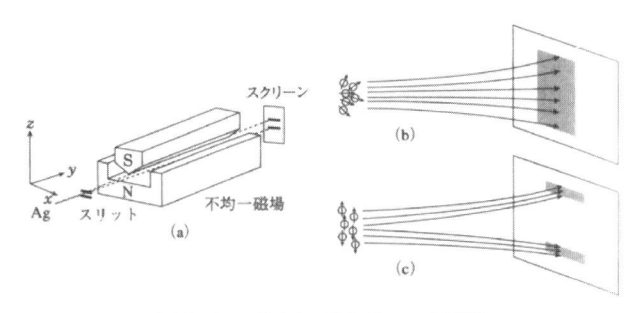

図3 シュテルン-ゲルラッハの実験
(a) 実験の原理；磁石が作りだす不均一な磁場により，原子ビームの軌跡に分裂が引き起こされる．(b) 古典論から予想される電子の軌跡，(c) 電子スピンが量子化されている（$m_s = 1/2$）ためにおこる分裂（朽津耕三・濱田嘉昭編『物質の科学・量子化学』放送大学教育振興会，1998年より）．

(3) スピンをもつ分子

原子が化学結合により分子を形成する際に，逆向きのスピンをもった電子が対になる．このため，電子の磁性は分子では打ち消されている．したがって，ほとんどの分子は磁性を示さない．しかし，分子によっては，等しいエネルギーをもつ分子軌道が存在するため，占有する電子の数によっては，対を作らない電子（不対電子）をもつものもある．このような分子は磁性を示す．

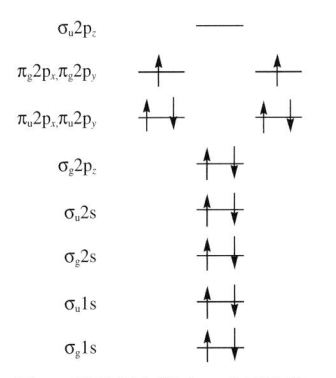

図4 酸素分子（O_2）の分子軌道
縮退した2つのπ^*軌道に，1つずつ電子がスピンの向きを平行にして入る（π^*は反結合性分子軌道を示す）．

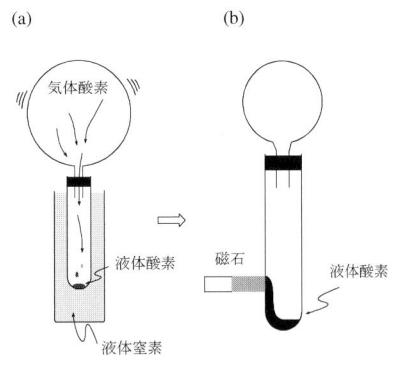

図5 酸素分子と磁場との相互作用
(a) 液体窒素により気体の酸素を液化する．(b) 液体酸素は磁石にひきよせられる．

不対電子をもつ3配位炭素が組み込まれた分子を有機ラジカルという．有機ラジカルは反応性に富み，反応性中間体とよばれる．

図6 有機ラジカル分子

ベンゼンに2つのメチルラジカルを組み込むと，オルト，パラ置換体では2つの不対電子の向きが反対になり化学結合を形成するが，メタ置換体では，2つの不対電子のスピンの向きがそろい，高スピン分子となる．

図7 二重結合のつなぎ方とスピン整列

10 多電子原子の原子軌道とエネルギー準位

電子を2個以上含む原子を多電子原子という．多電子原子では，シュレディンガー方程式を厳密に解くことができないが，以下のような近似法によって原子の基本的な性質を知ることができる．

(1) 遮蔽効果と有効核電荷

核近傍に分布する電子（内側の電子）と，核から離れた位置に分布する電子（外側の電子）をもつ2電子原子を考えよう（図1a）．各々の電子の分布が球対称であるとすると，電磁気学より以下のことが結論される．

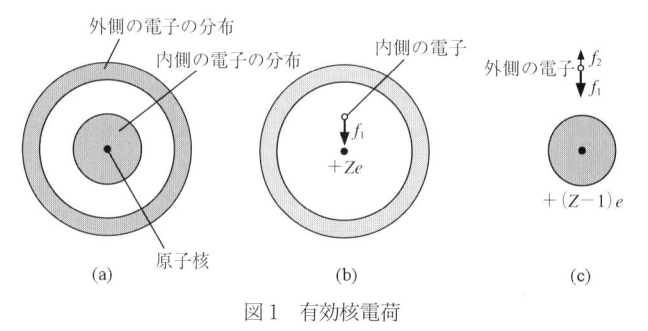

図1 有効核電荷

(i) 内側の電子は，外側の電子による影響を受けない（静電斥力を積分すれば0になる）．したがって，内側の電子には，核電荷 $(+Ze)$ そのものの静電引力 f_1 が作用する（図1b）．

(ii) 外側の電子には，原子核による静電引力 f_1 と内側の電子による静電斥力 f_2 が作用する．その結果，外側の電子には，核の位置に $+(Z-1)e$ の電荷を置いたときと同じ静電引力が作用する（図1c）．核による静電引力が弱められる効果を電子による遮蔽といい，みかけ上の核の電荷を有効核電荷という．

(2) 基底状態における原子の有効核電荷

J. C. Slater（スレイター）は上記の結果を一般原子に適用するための規則を作った（付属資料(4)参照）．表1はこの規則を用いて得られた原子の有効核電荷である．また，図2にNeおよびNa原子の電子分布を示す．

表1 基底状態における有効核電荷

	H							He
1s	1							1.70
	Li	Be	B	C	N	O	F	Ne
1s	2.70	3.70	4.70	5.70	6.70	7.70	8.70	9.70
2s/2p	1.30	1.95	2.60	3.25	3.90	4.55	5.20	5.85
	Na	Mg	Al	Si	P	S	Cl	Ar
1s	10.70	11.70	12.70	13.70	14.70	15.70	16.70	17.70
2s/2p	6.85	7.85	8.85	9.85	10.85	11.85	12.85	13.85
3s/3p	2.20	2.85	3.50	4.15	4.80	5.45	6.10	6.75

(3) 基底状態における原子軌道のエネルギー

比較的精度の高い近似法（ハートリー・フォック近似）によって得られた原子軌道のエネルギーを表2に示す．

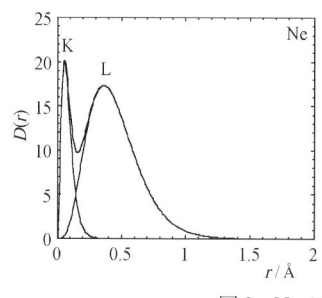

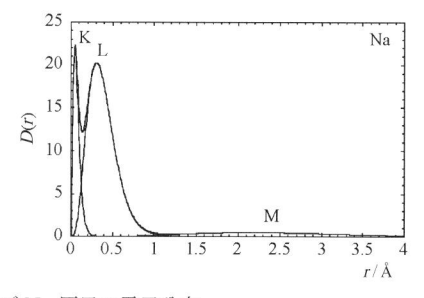

図2 NeおよびNa原子の電子分布

Ne $[1s^22s^22p^6]$ では，1s電子は有効核電荷が大きいために核近傍に局在してK殻を形成し，2s, 2p電子は原子の外側で球殻状に分布してL殻を形成する．Na $[1s^22s^22p^63s^1]$ では，3s電子は有効核電荷が小さく，核の遠方まで分布している．有効核電荷という概念を用いると，原子半径やイオン化エネルギーを理解することができる（「13 イオン化エネルギーと電子親和力」参照）．

表 2　原子の軌道エネルギー（単位：eV）

Z	原子	1s	2s	2p	3s	3p	3d	4s	4p	4d	5s	5p
1	H	-13.606										
2	He	-24.981										
3	Li	-67.423	-5.3417									
4	Be	-128.79	-8.4167									
5	B	-209.40	-13.462	-8.4330								
6	C	-308.20	-19.201	-11.794								
7	N	-425.30	-25.724	-15.446								
8	O	-562.44	-33.860	-17.195								
9	F	-717.93	-42.791	-19.865								
10	Ne	-891.79	-52.530	-23.141								
11	Na	-1101.5	-76.112	-41.311	-4.9553							
12	Mg	-1334.3	-102.52	-62.101	-6.8846							
13	Al	-1591.9	-133.63	-87.576	-10.705	-5.7145						
14	Si	-1872.5	-167.53	-115.81	-14.692	-8.0820						
15	P	-2176.1	-204.39	-146.97	-18.950	-10.656						
16	S	-2503.6	-245.03	-181.84	-23.936	-11.903						
17	Cl	-2854.0	-288.66	-219.67	-29.201	-13.783						
18	Ar	-3227.6	-335.31	-260.46	-34.761	-16.082						
19	K	-3633.6	-394.30	-313.46	-47.588	-25.971		-4.0110				
20	Ca	-4064.4	-457.79	-370.87	-61.102	-36.483		-5.3199				
21	Sc	-4514.5	-519.23	-426.36	-69.864	-42.848	-9.3500	-5.7172				
22	Ti	-4987.1	-582.96	-484.13	-78.194	-48.851	-11.992	-6.0084				
23	V	-5483.2	-649.69	-544.84	-86.621	-54.949	-13.870	-6.2751				
24	Cr	-5997.3	-713.20	-602.47	-89.391	-55.804	-10.164	-6.0383				
25	Mn	-6545.3	-792.14	-675.21	-103.86	-67.472	-17.383	-6.7431				
26	Fe	-7112.4	-869.04	-745.99	-113.46	-74.621	-17.603	-7.0261				
27	Co	-7702.9	-948.86	-819.63	-123.12	-81.807	-18.382	-7.2792				
28	Ni	-8316.5	-1031.8	-896.42	-133.01	-89.190	-19.236	-7.5160				
29	Cu	-8947.0	-1110.7	-969.21	-136.37	-90.458	-13.353	-6.4765				
30	Zn	-9614.0	-1207.2	-1059.2	-153.42	-104.48	-21.296	-7.9595				
31	Ga	-10291	-1310.7	-1156.4	-174.01	-121.98	-32.472	-11.551				
32	Ge	-11027	-1419.1	-1258.2	-195.68	-140.45	-44.486	-15.056	-7.8180			
33	As	-11772	-1532.3	-1364.8	-218.50	-160.03	-57.488	-18.665	-10.055			
34	Se	-12541	-1650.9	-1476.8	-243.07	-181.28	-72.104	-22.790	-10.966			
35	Br	-13336	-1774.2	-1593.4	-268.63	-203.50	-87.628	-27.011	-12.436			
36	Kr	-14155	-1902.2	-1714.6	-295.22	-226.72	-104.09	-31.373	-14.262			
37	Rb	-15006	-2042.3	-1847.9	-330.19	-258.19	-128.76	-41.460	-22.044		-3.7525	
38	Sr	-15883	-2187.6	-1986.4	-366.68	-291.17	-154.95	-51.618	-29.884		-4.8546	
39	Y	-16783	-2335.1	-2127.0	-401.62	-322.57	-179.56	-59.001	-35.389	-6.8003	-5.3281	
40	Zr	-17704	-2483.3	-2268.4	-433.62	-351.06	-201.31	-62.680	-37.664	-6.7622	-5.5512	
41	Nb	-18652	-2638.8	-2417.0	-469.27	-383.12	-226.57	-68.966	-42.293	-8.1309	-5.8288	
42	Mo	-19626	-2798.8	-2570.1	-505.74	-415.99	-252.63	-75.135	-46.862	-9.7092	-6.0411	
43	Tc	-20628	-2968.0	-2732.4	-547.83	-454.44	-284.20	-85.767	-55.537	-14.795	-6.2887	
44	Ru	-21647	-3133.7	-2891.0	-582.69	-485.68	-308.64	-88.591	-57.140	-11.203	-6.0302	
45	Rh	-22696	-3307.9	-3058.1	-622.53	-521.84	-337.95	-95.250	-62.256	-12.281	-5.9975	
46	Pd	-23765	-3482.0	-3225.4	-658.67	-554.31	-363.53	-97.454	-63.252	-9.0126		
47	Ag	-24867	-3670.4	-3406.4	-705.31	-597.22	-399.44	-108.87	-72.822	-14.605	-5.9785	
48	Cd	-25997	-3866.0	-3594.7	-754.78	-642.91	-438.11	-121.13	-83.114	-20.779	-7.2112	
49	In	-27152	-4065.5	-3787.1	-806.13	-690.48	-478.63	-135.42	-95.435	-28.926	-10.136	-5.3635
50	Sn	-28333	-4271.7	-3986.3	-859.87	-740.41	-521.46	-150.01	-108.00	-37.256	-12.964	-7.2112
51	Sb	-29541	-4483.4	-4190.6	-915.30	-792.03	-565.96	-164.99	-120.95	-45.934	-15.829	-9.1079
52	Te	-30774	-4701.1	-4401.0	-972.97	-845.86	-612.62	-180.88	-134.77	-55.469	-19.062	-9.7909
53	I	-32034	-4924.0	-4616.8	-1032.3	-901.32	-660.87	-197.13	-148.94	-65.344	-22.344	-10.969
54	Xe	-33318	-5152.3	-4837.7	-1093.3	-958.46	-710.75	-213.78	-163.50	-75.589	-25.696	-12.441

藤永　茂『分子軌道法』岩波書店, 1979年より

11 構成原理

基底状態における原子の電子配置は，以下の原理によって組み立てることができる．

構成原理

① 電子はエネルギーの低い原子軌道から順に収容される．
② 原子軌道のエネルギーは以下のようになる．

$$1s<2s<2p<3s<3p<(4s,3d)<4p<(5s,4d)<5p<(6s,4f,5d)<6p<(7s,5f,6d)$$

ただし，（ ）内の原子軌道は左側の方が低いが，原子によって逆になることがある．このような例は，第4周期ではCrやCu，第5周期ではNb以降の原子でみられる．

③ 1つの軌道に対する電子配置は，以下の4通りである（パウリの原理）．

④ s, p, d, f 軌道には各々 2, 6, 10, 14 個まで電子が収容される．
⑤ エネルギーが等しい複数個の原子軌道に2個以上の電子を配置するとき，以下のフント則に従う．(i)できる限り別々の原子軌道に収容される．(ii)できる限りスピンをそろえて収容される．

表1 基底状態における原子の電子配置

周期	原子番号	原子	K	L		M			N			
			1s	2s	2p	3s	3p	3d	4s	4p	4d	4f
1	1	H	1									
	2	He	2									
2	3	Li	2	1								
	4	Be	2	2								
	5	B	2	2	1							
	6	C	2	2	2							
	7	N	2	2	3							
	8	O	2	2	4							
	9	F	2	2	5							
	10	Ne	2	2	6							
3	11	Na	2	2	6	1						
	12	Mg	2	2	6	2						
	13	Al	2	2	6	2	1					
	14	Si	2	2	6	2	2					
	15	P	2	2	6	2	3					
	16	S	2	2	6	2	4					
	17	Cl	2	2	6	2	5					
	18	Ar	2	2	6	2	6					
4	19	K	2	2	6	2	6		1			
	20	Ca	2	2	6	2	6		2			
	21	Sc	2	2	6	2	6	1	2			
	22	Ti	2	2	6	2	6	2	2			
	23	V	2	2	6	2	6	3	2			
	24	Cr	2	2	6	2	6	5	1			
	25	Mn	2	2	6	2	6	5	2			
	26	Fe	2	2	6	2	6	6	2			
	27	Co	2	2	6	2	6	7	2			
	28	Ni	2	2	6	2	6	8	2			
	29	Cu	2	2	6	2	6	10	1			
	30	Zn	2	2	6	2	6	10	2			
	31	Ga	2	2	6	2	6	10	2	1		
	32	Ge	2	2	6	2	6	10	2	2		
	33	As	2	2	6	2	6	10	2	3		
	34	Se	2	2	6	2	6	10	2	4		
	35	Br	2	2	6	2	6	10	2	5		
	36	Kr	2	2	6	2	6	10	2	6		

周期	原子番号	原子	K	L	M	N				O				P			Q
						4s	4p	4d	4f	5s	5p	5d	5f	6s	6p	6d	7s
5	37	Rb	2	8	18	2	6			1							
	38	Sr	2	8	18	2	6			2							
	39	Y	2	8	18	2	6	1		2							
	40	Zr	2	8	18	2	6	2		2							
	41	Nb	2	8	18	2	6	4		1							
	42	Mo	2	8	18	2	6	5		1							
	43	Te	2	8	18	2	6	6		1							
	44	Ru	2	8	18	2	6	7		1							
	45	Rh	2	8	18	2	6	8		1							
	46	Pd	2	8	18	2	6	10									
	47	Ag	2	8	18	2	6	10		1							
	48	Cd	2	8	18	2	6	10		2							
	49	In	2	8	18	2	6	10		2	1						
	50	Sn	2	8	18	2	6	10		2	2						
	51	Sb	2	8	18	2	6	10		2	3						
	52	Te	2	8	18	2	6	10		2	4						
	53	I	2	8	18	2	6	10		2	5						
	54	Xe	2	8	18	2	6	10		2	6						
6	55	Cs	2	8	18	2	6	10		2	6			1			
	56	Ba	2	8	18	2	6	10		2	6			2			
	57	La	2	8	18	2	6	10		2	6	1		2			
	58	Ce	2	8	18	2	6	10	1	2	6	1		2			
	59	Pr	2	8	18	2	6	10	3	2	6			2			
	60	Nd	2	8	18	2	6	10	4	2	6			2			
	61	Pm	2	8	18	2	6	10	5	2	6			2			
	62	Sm	2	8	18	2	6	10	6	2	6			2			
	63	Eu	2	8	18	2	6	10	7	2	6			2			
	64	Gd	2	8	18	2	6	10	7	2	6	1		2			
	65	Tb	2	8	18	2	6	10	9	2	6			2			
	66	Dy	2	8	18	2	6	10	10	2	6			2			
	67	Ho	2	8	18	2	6	10	11	2	6			2			
	68	Er	2	8	18	2	6	10	12	2	6			2			
	69	Tm	2	8	18	2	6	10	13	2	6			2			
	70	Yb	2	8	18	2	6	10	14	2	6			2			
	71	Lu	2	8	18	2	6	10	14	2	6	1		2			
	72	Hf	2	8	18	2	6	10	14	2	6	2		2			
	73	Ta	2	8	18	2	6	10	14	2	6	3		2			
	74	W	2	8	18	2	6	10	14	2	6	4		2			
	75	Re	2	8	18	2	6	10	14	2	6	5		2			
	76	Os	2	8	18	2	6	10	14	2	6	6		2			
	77	Ir	2	8	18	2	6	10	14	2	6	7		2			
	78	Pt	2	8	18	2	6	10	14	2	6	9		1			
	79	Au	2	8	18	2	6	10	14	2	6	10		1			
	80	Hg	2	8	18	2	6	10	14	2	6	10		2			
	81	Tl	2	8	18	2	6	10	14	2	6	10		2	1		
	82	Pb	2	8	18	2	6	10	14	2	6	10		2	2		
	83	Bi	2	8	18	2	6	10	14	2	6	10		2	3		
	84	Po	2	8	18	2	6	10	14	2	6	10		2	4		
	85	At	2	8	18	2	6	10	14	2	6	10		2	5		
	86	Rn	2	8	18	2	6	10	14	2	6	10		2	6		
7	87	Fr	2	8	18	2	6	10	14	2	6	10		2	6		1
	88	Ra	2	8	18	2	6	10	14	2	6	10		2	6		2
	89	Ac	2	8	18	2	6	10	14	2	6	10		2	6	1	2
	90	Th	2	8	18	2	6	10	14	2	6	10		2	6	2	2
	91	Pa	2	8	18	2	6	10	14	2	6	10	2	2	6	1	2
	92	U	2	8	18	2	6	10	14	2	6	10	3	2	6	1	2
	93	Np	2	8	18	2	6	10	14	2	6	10	4	2	6	1	2
	94	Pu	2	8	18	2	6	10	14	2	6	10	6	2	6		2

(注) K, L, M, N, O, P, Q は各々K殻, L殻, M殻, N殻, O殻, P殻, Q殻を表す.

12　原子の大きさ

　原子は原子核とそれをとりまく電子からなっているが，その電子密度は中心から離れるにつれて連続的に減少するが，0にはならない．原子の大きさを絶対的に定義することはできない．しかし，化学では物質の化学構造や化学的性質を考える際に，"原子の大きさ"を重要な原子のパラメーターの1つとして用いている．実験的に知ることができる単体や化合物の原子間距離について，原子を単純に球体で近似し，その原子の守備範囲はここまでという"結合半径"として"原子の大きさ"を定義している．原子の大きさは，それらの存在状態（単体か化合物か，結合の種類，酸化数，配位数）に依存する．金属結合，共有結合，イオン結合，分子間のファンデルワールス力での接触について，それぞれ実測の原子間距離から半径が割り当てられている．

(1) 金属結合半径

　金属元素について，金属単体の原子間距離の半分．たとえば，金（面心立方格子）の金原子間距離は2.88Åであるので，金属結合半径はその半分の1.44Åと計算される．

(2) 共有結合半径

　A—Bの共有結合距離が，分子や結晶の種類によらずほぼ一定の値で，また，A—AとB—Bの共有結合距離の平均にほぼ等しいことから，各結合についてできるだけ加成性が満たされるように，各原子に固有の半径を割り当てて算出したもの．おおむね，同種原子間で共有結合を形成するときの原子間距離の半分に当たる．共有結合半径は結合次数に依存する．たとえば，炭素では，単結合で0.77Å，二重結合で0.67Å，三重結合で0.60Åである．非金属元素について，共有結合半径と類似した結合半径として，「単体分子の原子間距離の半分」と定義したものがある．この半径は，金属元素についての金属結合半径と合わせて，**原子半径**とよばれている．

(3) ファンデルワールス半径

　単原子分子からなる希ガスの固体の場合，結晶中の分子間の引力はファンデルワールス力であるので，その原子間距離の半分をファンデルワールス半径とする．たとえば，固体アルゴンは面心立方格子の結晶で，その原子間距離は3.76Åであるので，アルゴンのファンデルワールス半径は1.88Åとなる．希ガス以外の元素の分子についても，分子間の非結合接触（ファンデルワールス接触）を同様に考え，各非金属元素のファンデルワールス半径を求めることができる．

(4) イオン半径

　電荷をもつイオンの大きさを示すものとしてイオン半径が用いられている．イオン半径は，陽イオンと陰イオンを剛体球と仮定して，イオン性結晶中の最近接の陽イオン-陰イオン間距離が，それぞれの半径の和であると考え，多くのイオン間距離のデータを基につじつまが合うように割り出したものである．イオン半径は，酸化数，スピン状態，配位数の違いによって変わるので，それぞれについて決められている．詳しくは，「73　イオン半径と結晶構造」を参照のこと．

12 原子の大きさ

表1 原子半径（金属結合半径と非金属元素の原子半径）

H 0.37																
Li 1.52	Be 1.13										B 0.83	C 0.77	N 0.71	O 0.60	F 0.71	
Na 1.54	Mg 1.60										Al 1.43	Si 1.17	P 1.15	S 1.04	Cl 0.99	
K 2.27	Ca 1.97	Sc 1.61	Ti 1.45	V 1.32	Cr 1.25	Mn 1.24	Fe 1.24	Co 1.25	Ni 1.25	Cu 1.28	Zn 1.33	Ga 1.22	Ge 1.23	As 1.25	Se 1.16	Br 1.14
Rb 2.48	Sr 2.15	Y 1.81	Zr 1.60	Nb 1.43	Mo 1.36	Tc 1.36	Ru 1.34	Rh 1.34	Pd 1.38	Ag 1.44	Cd 1.49	In 1.63	Sn 1.41	Sb 1.45	Te 1.43	I 1.33
Cs 2.66	Ba 2.17	La-Lu 1.56	Hf 1.56	Ta 1.43	W 1.37	Re 1.37	Os 1.35	Ir 1.36	Pt 1.38	Au 1.44	Hg 1.60	Tl 1.70	Pb 1.75	Bi 1.55	Po 1.67	At —

La 1.88	Ce 1.83	Pr 1.83	Nd 1.82	Pm 1.81	Sm 1.80	Eu 2.04	Gd 1.80	Tb 1.78	Dy 1.77	Ho 1.77	Er 1.76	Tm 1.75	Yb 1.94	Lu 1.73

表2 共有結合半径

H 0.30																
Li 1.23	Be 0.89										B 0.88	C 0.77	N 0.70	O 0.66	F 0.58	
	Mg 1.36										Al 1.25	Si 1.17	P 1.10	S 1.04	Cl 0.99	
K 2.03	Ca 1.74								Ni 1.15	Cu 1.17	Zn 1.25	Ga 1.25	Ge 1.22	As 1.21	Se 1.17	Br 1.14
	Sr 1.92								Pd 1.28	Ag 1.34	Cd 1.41	In 1.50	Sn 1.40	Sb 1.36	Te 1.37	I 1.33
Cs 2.35	Ba 1.98								Pt 1.29	Au 1.34	Hg 1.44	Tl 1.55	Pb 1.54	Bi 1.52	Po 1.53	

表3 ファンデルワールス半径

H 1.20																	He 1.40
Li 1.82												C 1.70	N 1.55	O 1.52	F 1.47		Ne 1.54
Na 2.27	Mg 1.73											Si 2.10	P 1.80	S 1.80	Cl 1.75		Ar 1.88
K 2.75									Ni 1.63	Cu 1.4	Zn 1.39	Ga 1.87	Ge 2.10	As 1.85	Se 1.90	Br 1.85	Kr 2.02
									Pd 1.63	Ag 1.72	Cd 1.58	In 1.93	Sn 2.17	Sb —	Te 2.06	I 1.98	Xe 2.16
									Pt 1.75	Au 1.66	Hg 1.55	Tl 1.96	Pb 2.02				

表1, 2の各半径は，J. Emsley, 'The Elements' 3rd. Ed. (1998) Oxford Univ. Press の値, 表3の各半径は，A. Bondi, *J. Phys. Chem.*, **68**, 441-451 (1964). の値.

13　イオン化エネルギーと電子親和力

原子の性質や反応性はイオン化エネルギーや電子親和力，電気陰性度で評価することができる．ここでは前者2つを取り上げよう．

(1) イオン化エネルギー

中性原子から電子1個を取り去るのに必要なエネルギーを（第一）イオン化エネルギーという．したがって，反応，

$$X \rightarrow X^+ + e^-$$

において，中性原子Xの全エネルギーを$E(X)$，陽イオンX^+の全エネルギーを$E(X^+)$とすると，イオン化エネルギーIは，

$$I = E(X^+) - E(X) \tag{1}$$

と定義される（図1）．なお，2個目，3個目の電子を取り去る際に必要なエネルギーはそれぞれ第二，第三イオン化エネルギーとよばれることがある．図2に光電子分光（COLUMN参照）などにより求められたイオン化エネルギーの原子番号依存性を示す．同一周期内の原子を比較すると，イオン化エネルギーは，(i) アルカリ金属原子で最も小さく，(ii) 原子番号の増加とともに次第に大きくなり，(iii) 希ガス原子で最大値をとる，ことがわかる．これは，有効核電荷（「10　多電子原子の原子軌道とエネルギー準位」）が周期表の右にいくほど増大するために，価電子の結合エネルギーが大きくなるからである．

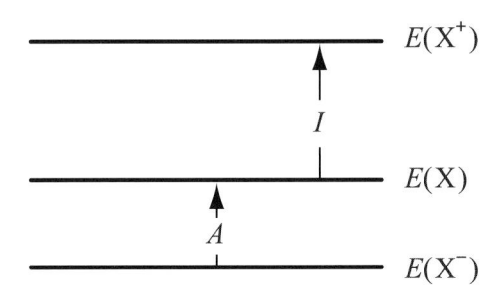

図1　エネルギー準位によるイオン化エネルギーIと電子親和力Aの概念図

COLUMN

光電子分光

一定の振動数νの光を原子に照射すると，光電効果，

$$X + h\nu \rightarrow X^+ + e^-$$

によって原子から電子が放出される．放出電子の運動エネルギーをE_kとすると，エネルギー保存則から，

$$h\nu - E_k = E(X^+) - E(X)$$

が成り立つ．右辺はイオン化エネルギーの定義そのものであるから，放出電子の運動エネルギーを測定することによって，原子のイオン化エネルギーを直接決定することができる．このような実験法を光電子分光といい，照射する光の波長によって紫外光電子分光，X線光電子分光に大別される．

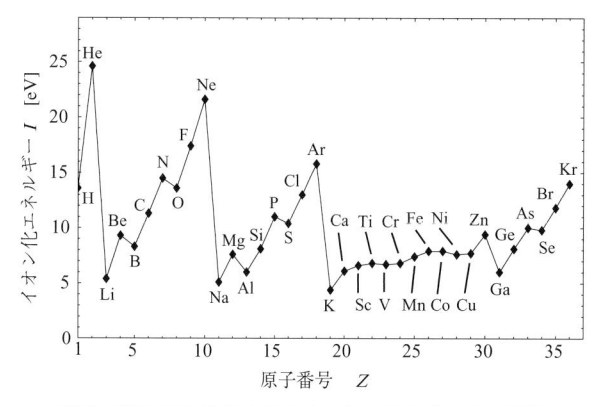

図2 原子番号 Z によるイオン化エネルギー I の変化

(2) 電子親和力

中性原子が陰イオンになるときに放出されるエネルギーを電子親和力という．すなわち，反応，
$$X + e^- \rightarrow X^-$$
において，中性原子 X の全エネルギーを $E(X)$，陰イオン X^+ の全エネルギーを $E(X^-)$ とすると，電子親和力 A は，
$$A = E(X) - E(X^-) \tag{2}$$
と定義される（図1参照）．(1)式から，電子親和力は陰イオンのイオン化エネルギーに等しい．

図3に電子親和力の測定値を示す．イオン化エネルギーと同様に，電子親和力も周期的に変化することがわかる．またハロゲン原子は電子親和力が大きい．これは，ハロゲン原子が電子1個を取り込むと，閉殻構造になるからである．

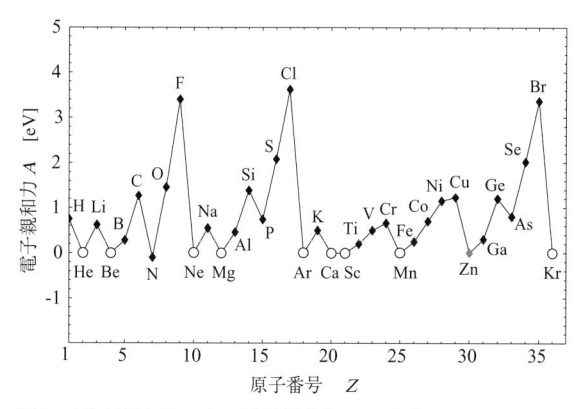

図3 原子番号 Z による電子親和力 A の変化
　　○：$A<0$ であることはわかっているが，観測値が確定していない．

14　電気陰性度

　化合物の性質や化学結合の理解において，原子中の電子をイオン化エネルギーや電子親和力の細かい数値データだけでなく，電子の原子に対する親和性をおおまかに把握することは意味がある．その親和性を定量化した尺度が電気陰性度とよばれるもので，「化合物中の原子が自分の方へ化学結合中の電子を引きつける力の度合い」を示したものである．電気陰性度は，異核二原子分子間における共有結合の結合電子の偏り，すなわち，結合の極性に始まり，結合，構造，反応など化学的特性を，原子の特性に基づき考察する際に大変便利で重要な概念であり，パラメーターである．原子が電子を強く引きつける傾向をもつ場合，その原子は**電気的陰性**であるといい，原子が電子を失う傾向が強い場合は，その原子は**電気的陽性**であるという．この概念を，最初1932 年に L. Pauling（ポーリング）がパラメーターとして数値化した．その後，数値化に関していろいろな提案がなされている．主なものは(1)ポーリングの電気陰性度，(2)オールレッド-ロコウの電気陰性度，(3)マリケンの電気陰性度である．最初のポーリングの電気陰性度が，数値が少しずつ見直されながら現在まで最もよく利用されている（電気陰性度の数値は付属資料 2 の表 4 に掲載）．

(1) ポーリングの電気陰性度

　2 種の原子 A, B が結合するとき，共有している結合電子が両方に同等に属するならば，AB の結合エネルギー D_{AB} は，A_2 と B_2 の結合エネルギー D_{AA} と D_{BB} の平均値に等しくなるはずだが，実際の D_{AB} はそれよりも大きい．

$$\varDelta_{AB} = D_{AB} - \frac{(D_{AA} + D_{BB})}{2} > 0$$

その差は，$A^{\delta+}B^{\delta-}$ のような結合電子の偏り，極性による静電的な力が寄与しているからだと考える．$\varDelta$ はそのイオン性の寄与を表している．共有結合の寄与分を相加平均で見積もると $\varDelta$ が必ずしも正でないことから，相乗平均で見積もるように修正されている．

$$\varDelta_{AB} = D_{AB} - \sqrt{D_{AA} \times D_{BB}}$$

このイオン性の寄与 $\varDelta$ が，原子 A と原子 B の電子に対する親和性の差によって生じるとして，原子 A と原子 B に対する電気陰性度 χ_A と χ_B を，

$$\varDelta_{AB} = k(\chi_A - \chi_B)^2$$

によって与えた．この式では，χ_A と χ_B の絶対値は決められない．水素の電気陰性度 χ_H が 2.1 となるように決められ，最大値はフッ素の χ_F の 4.0 である．係数 k は結合エネルギーが kJ mol^{-1} のとき 96.5 である．

(2) オールレッド-ロコウの電気陰性度

　原子とその原子の共有結合半径 r にある電子との引力 F に基づいて，電気陰性度を与えたものである．ここで Z_{eff} は有効核電荷である．

$$F = \frac{Z_{\text{eff}} e^2}{4\pi\varepsilon r^2}$$

A. L. Allred（オールレッド）と E. G. Rochow（ロコウ）は，$\frac{Z_\text{eff}}{r^2}$ とポーリングの電気陰性度の値との関係から，与える値がポーリングの電気陰性度に近くなるように係数を決めた．次式の係数は共有結合半径 r が Å 単位で与えられた場合である．

$$\chi_\text{AR} = \frac{0.3590 Z_\text{eff}}{r^2} + 0.744$$

(3) マリケンの電気陰性度

第一イオン化エネルギー I (eV) は，原子が電子1個を引き止めている目安を，電子親和力 A (eV) は，原子の電子1個の受け入れやすさを示している．I と A が大きいほど，原子と電子の親和性が高いといえる．R. Mulliken（マリケン）はこの平均値を電気陰性度 χ_M とした．

$$\chi_\text{M} = \frac{1}{2}(I+A)$$

この考え方は簡明であるが，一部の元素しか電子親和力の値が知られていないという欠点がある．また，化合物の構造や電子状態に応じて軌道エネルギーが変化するので，計算に用いられるのに適当な I や A が必ずしも遊離原子のものではないことも考慮しなければならない．

(4) 周期性

電気陰性度が，有効核電荷 Z_eff や，第一イオン化エネルギー I，電子親和力 A によっても表現できることから，電気陰性度に周期性が現れることが理解できる．図1に示すように，同じ周期では，原子番号の増加とともに大きくなり，同じ族では，周期が下がるに従い小さくなる傾向がみられる．周期表全体を見渡せば，右上の F で最大，左下の Cs や Fr で最小となっている．

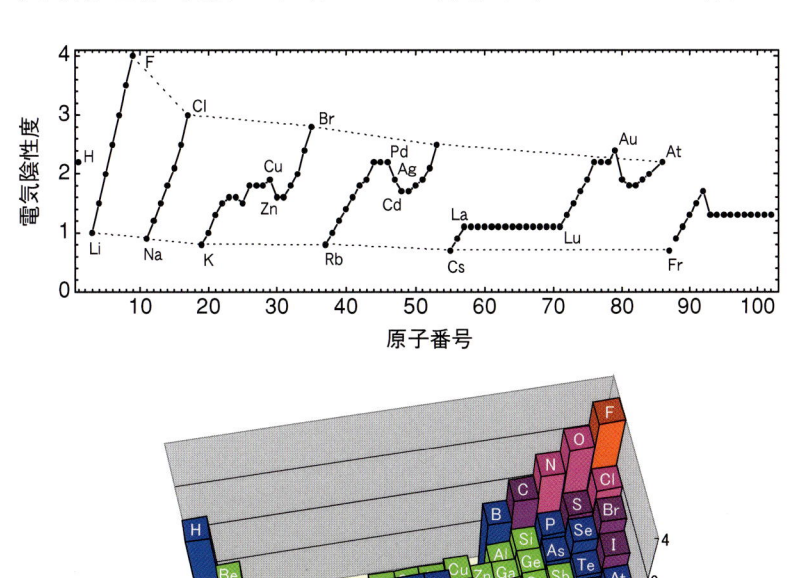

図1 電気陰性度の周期性

15　元素の分布

(1) 宇宙における元素の存在度

元素の宇宙存在度と称する数値は，「10^6 個の Si 原子に対して存在する，相対的な他の元素の原子数」を意味する．それらは 2 組のデータセットをもとにして決められた．

(a)太陽大気（彩層）の元素組成を太陽光の分光学的測定で決める．
(b)始源的隕石（C1 コンドライト）の元素組成を化学分析で決める．

ここで，太陽は宇宙で最もありふれた星の代表と考えられ，揮発性元素組成の情報源として，また，C1 コンドライトはその太陽系に属し，主として非揮発性元素組成を与える物質として使われた．この 2 つのデータセットの対応性は 1：1 であることが確かめられている．こうして決められた相対的存在度を原子番号に対してプロットしたのが図 1 である．

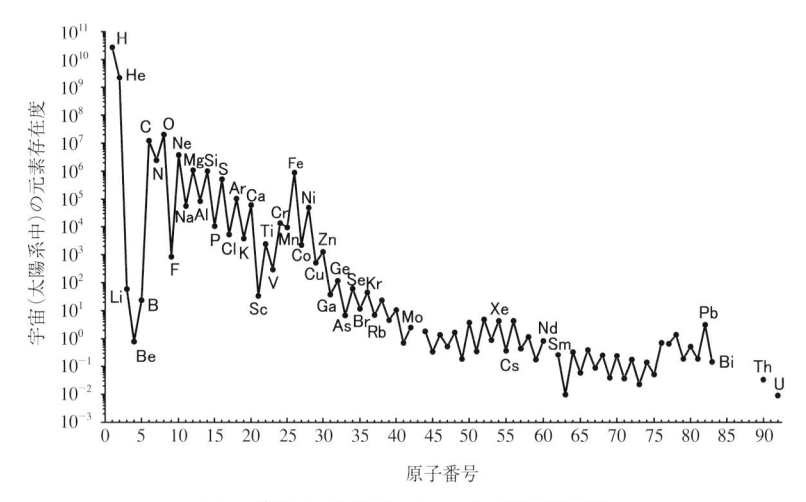

図 1　宇宙（太陽系中）における元素の存在度

この図から，元素存在度の特徴がいくつか読み取れる．

（i）元素は軽い原子から重い原子に向かって指数関数的に減少する．

（ii）Li，Be，B はこの傾向からはずれ，極端に少ない．

（iii）Fe，Ni はその両側の元素群から見て極端に多い（核の安定性を反映．図 2 を参照）．

（iv）偶数番号の元素は奇数番号のそれよりも多い（オッド-ハーキンスの法則）．

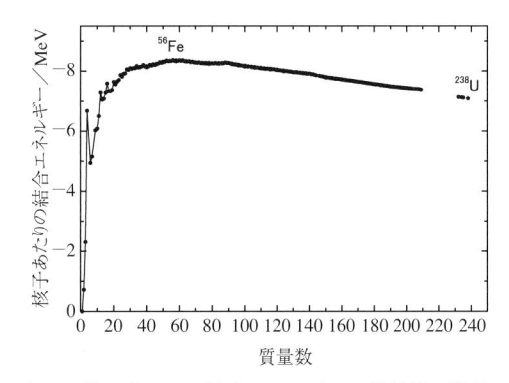

図 2　核子当たりの結合エネルギーと質量数の関係

（i）（ii）（iii）の特徴を踏まえて，元素合成理論が組み立てられた．

(2) 地殻における元素の存在度

地殻における元素存在度は少なからぬ研究者により推定されてきたが，基本的には地殻を構成する代表的岩石（花崗岩：大陸地殻を代表，玄武岩：海洋地殻を代表）の化学分析値をもとに，それらの相対的分布（最も簡単には1：1）を考慮して決められている．研究者による数値のばらつきは見られるものの，O＞Si＞Al＞Fe＞Ca＞Na＞K＞Mg の順に減少し，この8元素で全体の99％を占め，酸素は原子数で60％以上，体積で90％以上を占めるという特徴は一致している．原子番号による存在度を図3に示した．

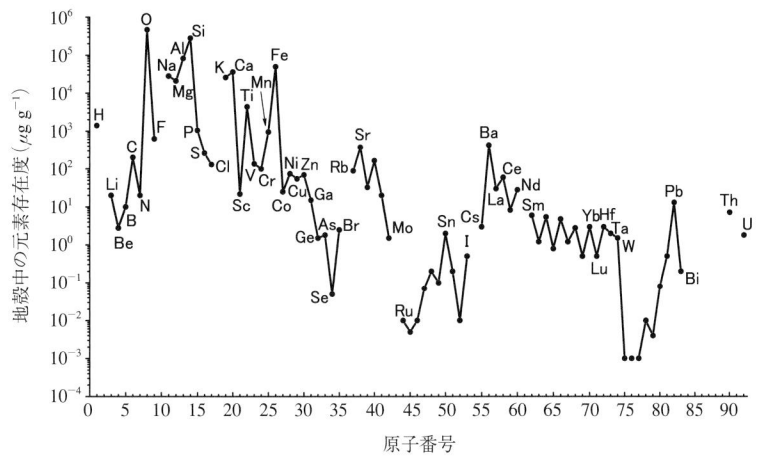

図3 地殻における元素の存在度
（10^{-4} μg g^{-1} 以下の元素は省略）

(3) 地球の平均化学組成

地球全体を代表する物質を実際に入手することはできない．我々が知っているのは地球の層構造と，それらを構成する物質のおおまかな性質だけである．太陽系形成史の中における地球型惑星の形成理論では，揮発性物質に富む隕石（コンドライト）を出発物質として仮定し，その中の各鉱物の組成と存在比が地球のそれと等しいとして地球全体の化学組成を推定している．いくつかの推定値が提出されているが，ここでは B. Mason and C. B. Moore (1982) の値を示した（表1）．トロイライトは鉄の硫化物 FeS である．元素組成値はこの仮定が正しいとしたうえでの有効数字であり，地球の化学組成がこの精度で求められていることを意味しない．今後の研究によって変わる値である．

表1 地球全体の化学組成の計算

	金属	トロイライト	ケイ酸塩	合計
Fe	24.58	3.37	6.68	34.63
Ni	2.39			2.39
Co	0.13			0.13
S		1.93		1.93
O			29.53	29.53
Si			15.20	15.20
Mg			12.70	12.70
Ca			1.13	1.13
Al			1.09	1.09
Na			0.57	0.57
Cr			0.26	0.26
Mn			0.22	0.22
P			0.10	0.10
K			0.07	0.07
Ti			0.05	0.05
	27.10	5.30	67.60	100.00

B. Mason and C. B. Moore, Principles of geochemistry, John Wiley (1982) の値を用いた．

II 化学結合と分子

16 物質の化学結合

原子を結びつけて物質を構成するために原子間に働いている力（相互作用）が化学結合である．化学結合は，その結合様式に従って「共有結合」，「イオン結合」，「金属結合」，「配位結合」や「水素結合」などに分類される．現代の化学では量子力学に基づく化学結合論によって，これらの結合様式を統一的に取り扱うことが可能である．しかし，結合様式による分類は，化学結合を直感的に捉える概念として便利であるため，広く一般に定着している．ここでは共有結合，イオン結合，金属結合を取り上げる．その他の結合に関しては，「54　分子間相互作用」，「55　水素結合」，「56　疎水性相互作用」を参照すること．

(1) 共有結合 (covalent bonds)

共有結合は2つの原子がそれぞれ価電子を1個ずつ提供し，原子間に一対（2個）の電子を共有することによって形成される．共有結合の最も簡単な例は，水素分子 H_2 の結合である．この結合は，2つの水素原子 H が各々の 1s 原子軌道にある電子を出し合い，2つのプロトン核 H^+ が電子対を共有することによって形成されている．共有結合は同種の元素の原子同士が結合する場合（等核結合）や，軌道エネルギーがほぼ等しい原子軌道をもつ原子同士が結合する場合に形成される．

量子論からみた共有結合

結合をつくる原子には，1個の電子で占められた原子価軌道がある．2つの原子が近づくと，それぞれの原子価軌道の重ね合わせによって，1つの結合性分子軌道と1つの反結合性分子軌道が生じる．各原子から供給された2個の電子が，より安定な結合性分子軌道を占めることによって，化学結合が形成される．このとき，2つの原子が一対（2個）の電子を平等に共有するような結合，すなわち共有結合ができるためには，電子の供給源となった原子価軌道のエネルギーが等しいか，同程度であることが必要である（「19　等核二原子分子の分子軌道」，「20　異核二原子分子の分子軌道」参照のこと）．

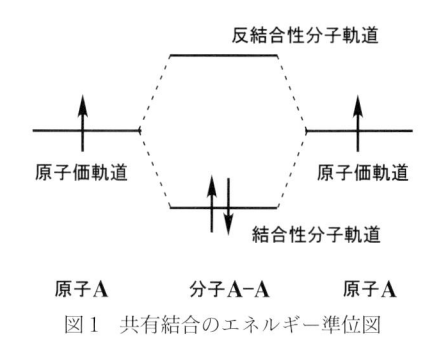

図1　共有結合のエネルギー準位図

(2) イオン結合 (ionic bonds)

イオン結合は，陽イオンと陰イオンが引き合うことによって形成される化学結合である．たとえば，イオン性化合物 NaCl では，Na 原子の 3s 電子が Cl 原子の空の 3p 軌道に移動することにより，Na^+ イオンと Cl^- イオンが静電的な引力によって結合していると考えることができる．上述の水素分子 H_2 の結合は純粋な共有結合である．すなわち，電子対は2つの等価なプロトン核に完全に共有されている．一方，この世に純粋なイオン結合は存在しない．「イオン結合」という概念は，共有結合に対比される極限的なモデルであり，一方の原子から他方の原子へ完全に電子が移動しているような結合は，現実には存在しないのである．しかしながら，「イオン結合」

は，たとえば，金属原子と非金属原子からなる化合物の結合を表現するきわめてよいモデルである．

量子論からみたイオン結合

結合に関与する2つの原子価軌道のエネルギー差が大きい場合には，図2に示すような結合性分子軌道と反結合性分子軌道が生じる．この場合には，結合性分子軌道には，よりエネルギーの近接した原子Bの原子価軌道の性質が多く含まれ，反結合性分子軌道には原子Aの原子価軌道の性質が多く含まれる．そこで，各原子から供給された2個の電子が結合性分子軌道を占めることによって結合がつくられると，電子の分布は原子Bに片寄る．すなわち，原子Aから原子Bに電荷が一部移動したイオン結合が形成される（「20 異核二原子分子の分子軌道」参照のこと）．

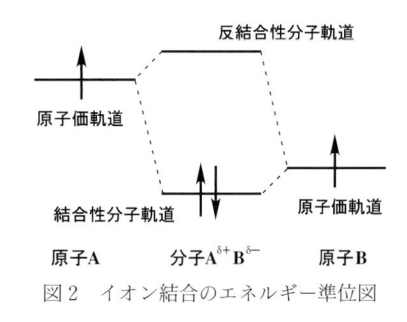

図2 イオン結合のエネルギー準位図

(3) 金属結合 (metallic bonds)

金属固体は，金属原子が3次元に規則正しく並んだ周期的な構造からなっている．金属結合は，この構造に由来した独特の結合様式であり，結合に関与する電子はある特定の原子あるいは原子間にとどまるのではなく，固体内を自由に動き回ることができる．この電子を自由電子という．金属結合は，自由電子が陽イオンの間に介在して静電気的な引力を生じることによる金属原子間の結合である．たとえば，アルカリ金属固体では，+1価の金属イオンが自由電子の作る空間の中に規則的に並んだ構造をとる．金属が示す電気伝導性，熱伝導性，光吸収や反射などの光学的特性はこの金属結合の特徴に起因する現象である．

量子論からみた金属結合

原子価軌道に1個のs電子をもつ金属原子の集合体を考える．2個の原子が結合したときに，2つの原子価軌道から1つの結合性分子軌道と1つの反結合性分子軌道が形成されたのと同様に，$2N$個の金属原子が一列に並んだ集合体では，N個の結合性軌道とN個の反結合性軌道が密集してバンド構造を形成する．$2N$個のs電子は，よりエネルギーの低いN個の分子軌道に収容される．このような結合様式によって，$2N$個の金属原子は$2N$個のs電子を共有することができる．すなわち，電子は$2N$個の金属原子の集合体の中を自由に移動することができる．

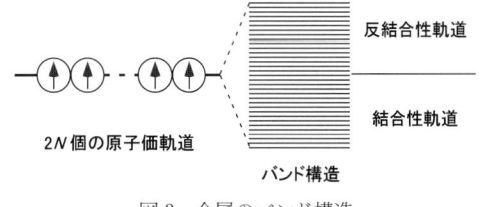

図3 金属のバンド構造

17　最も簡単な分子のエネルギーと軌道

最も簡単な分子として，水素分子イオン（H_2^+）を考えよう．

図1　水素分子イオン

(1) シュレディンガー方程式

水素分子イオンの座標を図1のようにとる．原子核の運動は電子の運動に比べてきわめて緩慢であるため，原子核は静止していると仮定すると，この系のシュレディンガー方程式は次式で与えられる．

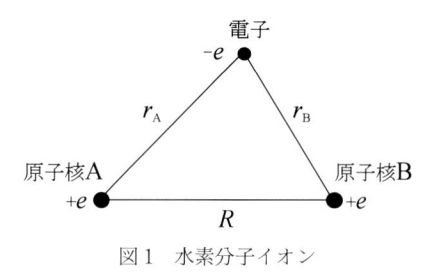

$$H\Psi = \left(-\frac{h^2}{8\pi^2 m}\nabla^2 - \frac{e^2}{4\pi\varepsilon_0 r_A} - \frac{e^2}{4\pi\varepsilon_0 r_B} + \frac{e^2}{4\pi\varepsilon_0 R}\right)\Psi = E\Psi \tag{1}$$

ここで，（ ）内の第1項は電子の運動エネルギー，第2，3項は電子と原子核A，B間のクーロン引力ポテンシャル，4項は原子核A，B間のクーロン反発ポテンシャルを表す．

(2) 分子軌道（MO）法

分子全体に広がった軌道を分子軌道（molecular orbital）とよび，原子軌道の線形結合で近似する方法をLCAO（linear combination of atomic orbital）法という．

LCAO法では，水素分子イオンの分子軌道 ψ は，

$$\psi = C_A \phi_A + C_B \phi_B \tag{2}$$

と表わされる．ϕ_A と ϕ_B は原子核A，Bを中心とする水素原子の1s軌道，

$$\phi_A = \sqrt{\frac{1}{\pi a_0^3}}\exp\left(-\frac{r_A}{a_0}\right), \quad \phi_B = \sqrt{\frac{1}{\pi a_0^3}}\exp\left(-\frac{r_B}{a_0}\right) \tag{3}$$

（a_0：ボーア半径，0.0529 nm）

であり，C_A と C_B は展開係数である．

(2)，(3)式を代入して(1)式を解くと，以下の解が得られる（付属資料(5)参照）．

結合状態　　　　　　　　　$E_g = \dfrac{\alpha + \beta}{1 + S}, \quad \psi_g = \dfrac{1}{\sqrt{2(1+S)}}(\phi_A + \phi_B)$ 　　(4)

反結合状態　　　　　　　　$E_u = \dfrac{\alpha - \beta}{1 - S}, \quad \psi_u = \dfrac{1}{\sqrt{2(1-S)}}(\phi_A - \phi_B)$ 　　(5)

ただし，

$$S = \int \phi_A \phi_B d\tau = \int \phi_B \phi_A d\tau \text{ （重なり積分）}$$

$$\alpha = \int \phi_A H \phi_A d\tau = \int \phi_B H \phi_B d\tau \text{ （クーロン積分）}$$

$$\beta = \int \phi_A H \phi_B d\tau = \int \phi_B H \phi_A d\tau \text{ （共鳴積分）}$$

(3) H_2^+ イオンのエネルギーと分子軌道

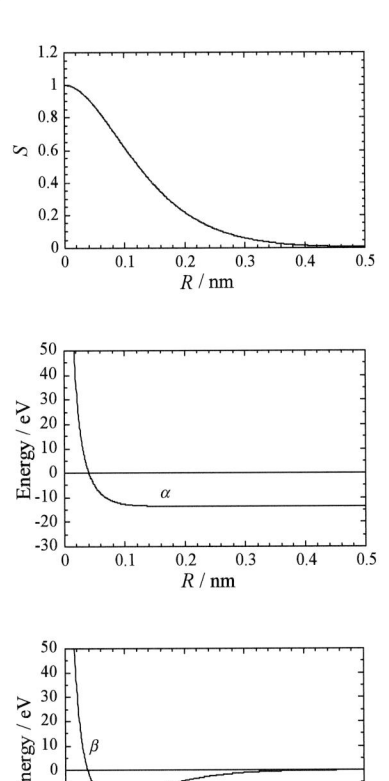

図2 重なり積分 S, クーロン積分 α, 共鳴積分 β

図3 水素分子イオンのエネルギー

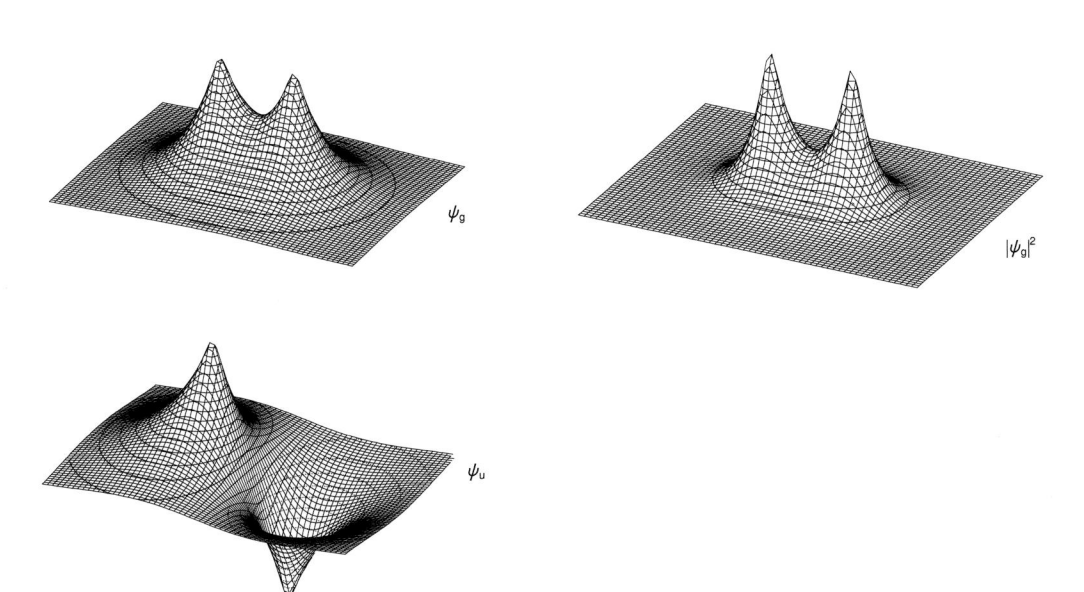

図4 水素分子イオンの分子軌道（左）と電子分布（右）

18 H_2 と He_2 の分子軌道

2個の水素原子は分子を作るが，2個のヘリウム原子は化学結合を作らない．この違いは，分子軌道法と構成原理に基づいて，簡明に説明することができる．

(1) 結合性軌道と反結合性軌道

まず分子軌道の形を比べてみよう（図1）．これらは，核間距離 $R=0.73$Å において計算された H_2 と He_2 分子の結合性軌道（$1\sigma_g$）と反結合性軌道（$1\sigma_u$）である．$1\sigma_g$ 軌道(a)とは対照的に，$1\sigma_u$ 軌道(b)は原子核間に節をもっており，その両側で正と負の値をとる．核間距離が長くなると（$R=2.96$Å），$1\sigma_g$ 軌道(c)，$1\sigma_u$ 軌道(d)ともに原子軌道間の相互作用（波の干渉作用）が小さくなることがわかる．

分子の電子密度から，構成する原子の電子密度を差し引いたものを差密度という．原子が集まることによって，電子密度にどれだけの変化が生じたかを，差密度によって知ることができる．H_2 分子の場合，$1\sigma_g$ 軌道に電子が2個占有されたときの電子密度から，対応する位置にあって，結合していない2個の水素原子の電子密度を差し引いた量が差密度である．

$$\Delta\rho = 2\phi_{1\sigma_g}^2 - (\phi_{1s,A}^2 + \phi_{1s,B}^2)$$

ここで，$\phi_{1s,A}$, $\phi_{1s,B}$ は2個の1s軌道を表す．図2(a)は計算によって得られた差密度で，実線は正の値を，破線は負の値を表す．核間の電子密度が増加しているため，これが2個の核を静電力で引き付けて安定な化学結合をもたらすのである．一方，He_2 分子の場合，さらに $1\sigma_u$ 軌道に2個の電子を占有させる必要がある．これによって，$1\sigma_u$ 軌道の反結合性が，$1\sigma_g$ 軌道の結合性を相殺する．図2(b)は He_2 分子の差密度の計算結果である．H_2 分子とは対照的に，核間で電子密度が減少し，核の外側で電子密度が高くなっていることがわかる．このような電子密度の偏りは，結合解離方向に作用するため，He_2 分子は形成されないのである．

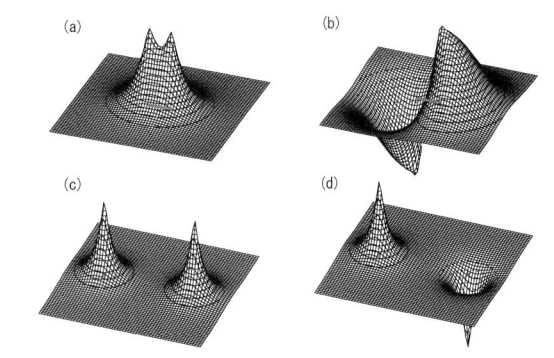

図1 H_2 と He_2 分子の $1\sigma_g$ 軌道と $1\sigma_u$ 軌道

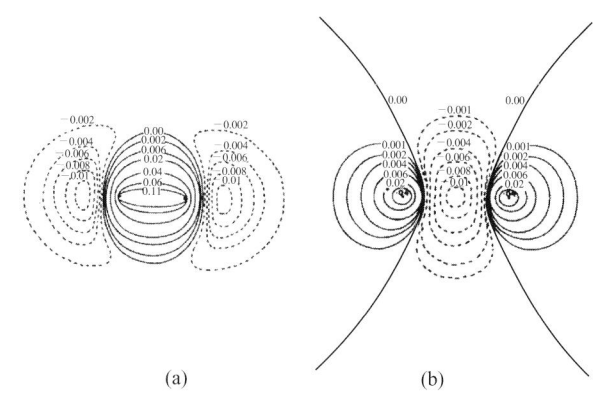

図2 H_2 分子(a)と He_2 分子(b)の差密度
(R. F. W. Bauder *et al.*, *Can. J. Chem.* **46**, 953 (1968) より)

(2) ポテンシャルエネルギー曲線

次に，H_2 分子の核間距離 R をパラメーターとして変化させたとき，各点で電子エネルギー $E(R)$ を計算した結果を示す（図3）．$E(R)$ をポテンシャルエネルギー曲線（多次元のときはポテンシャルエネルギー超曲面）という．$E(R)$ は原子核に働く位置エネルギーの役割を果たす．したがって，位置エネルギーの極小値を与える R が平衡核間距離を決定し，曲率が分子の振動状態を決定するのである．図3の一番下に位置する曲線が基底状態の水素分子のポテンシャルエネルギー曲線である．この図には，それ以外にも多くのポテンシャル曲線が描かれているが，実はこれらですら，可能な曲線群のほんの一部でしかない．このように分子は，無数の電子状態をとることができるのである．物質の世界はこのために，豊かで多様性に富むものとなっている．

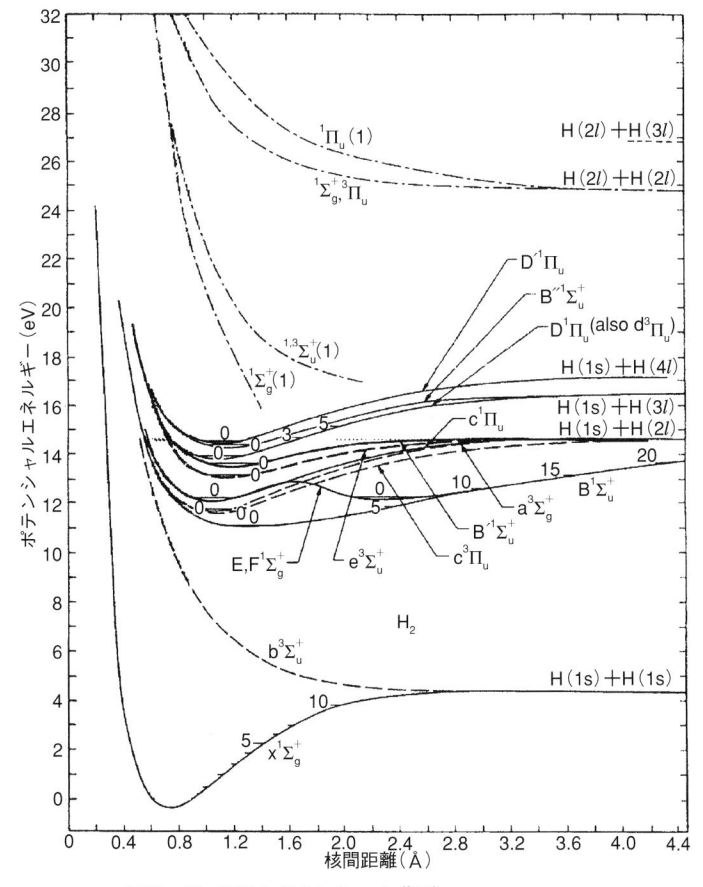

図3 H_2 分子のポテンシャル曲面
（実線：一重項，破線：三重項）
(Ajello *et al.*, *J. Astrophys.* **371**, 422 (1991) より改訂)

・‐COLUMN‐・
軌道描像の破綻と電子相関

分子軌道描像は，結合解離極限において，著しく破綻してしまう．たとえば，水素分子の例では，$α$ スピンと $β$ スピンの一対が結合性軌道 $1σ_g$ を占有すると仮定すると，結合解離極限では，1s 状態にある2個の水素原子にはならず，プロトンと水素原子イオンに対応する状態が混じり込んでしまう．エネルギーも当然，著しく高くなってしまう．このような状態を正しく記述するためには，電子の反発（電子相関という）をもう少し精度良くとりいれる理論が必要である．

19 等核二原子分子の分子軌道

AO（Atomic Orbital，原子軌道）から MO（Molecular Orbital，分子軌道）を作る．等核二原子分子では，同じ原子軌道同士で分子軌道が構成される（図1, 2）．

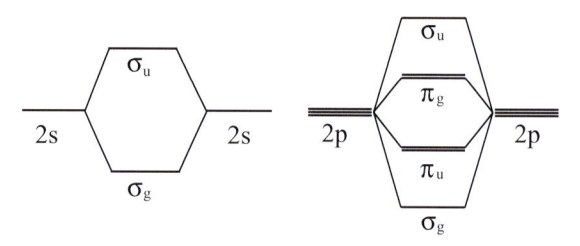

図1　等核二原子分子の軌道エネルギー

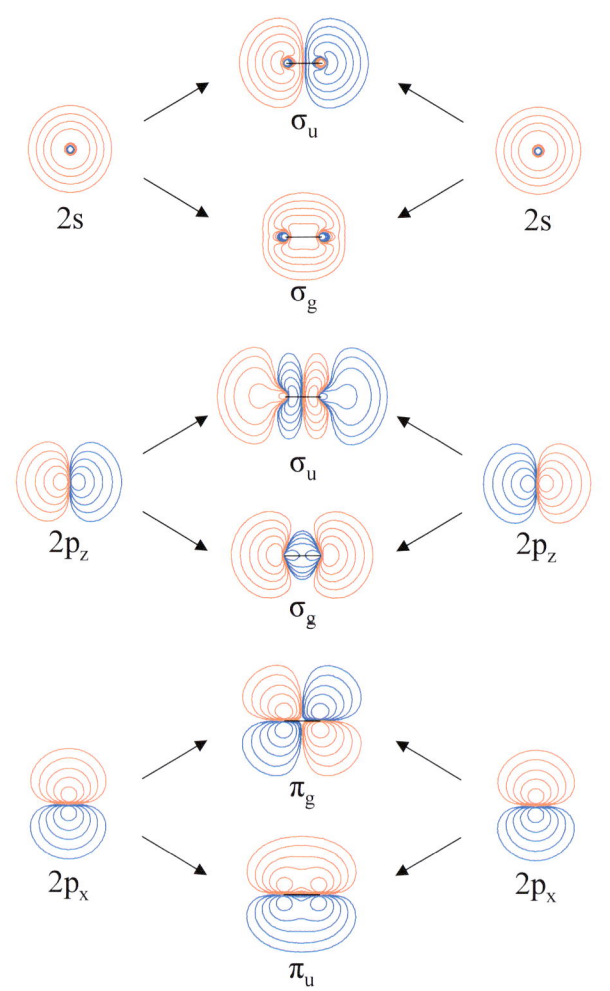

図2　等核二原子分子の分子軌道
ここでは結合軸を z 軸にとっている．$2p_x$ 軌道と同様に，$2p_y$ 軌道も π_u, π_g 軌道を作る．

第 2 周期の等核二原子分子における分子軌道を図 3 に示す（網目の濃淡は符号の違いを表す）．$1\sigma_g$，$1\sigma_u$ 軌道は省略してあるが，形としてはそれぞれ $2\sigma_g$，$2\sigma_u$ 軌道とほぼ同じである．$1\pi_u$，$1\pi_g$ 軌道はいずれも二重に縮退している．原子番号が増すと，2s 軌道と 2p 軌道のエネルギー間隔が大きくなるため，s-p 間の相互作用は次第に小さくなっていく．そのため N_2 から O_2 へいくとき，$3\sigma_g$ と $1\pi_u$ 軌道のエネルギーに逆転が起きる．不対電子をもつ B_2 と O_2 は常磁性を示す．なお，平衡核間距離や解離エネルギーについては「25　実際の分子の形」参照．

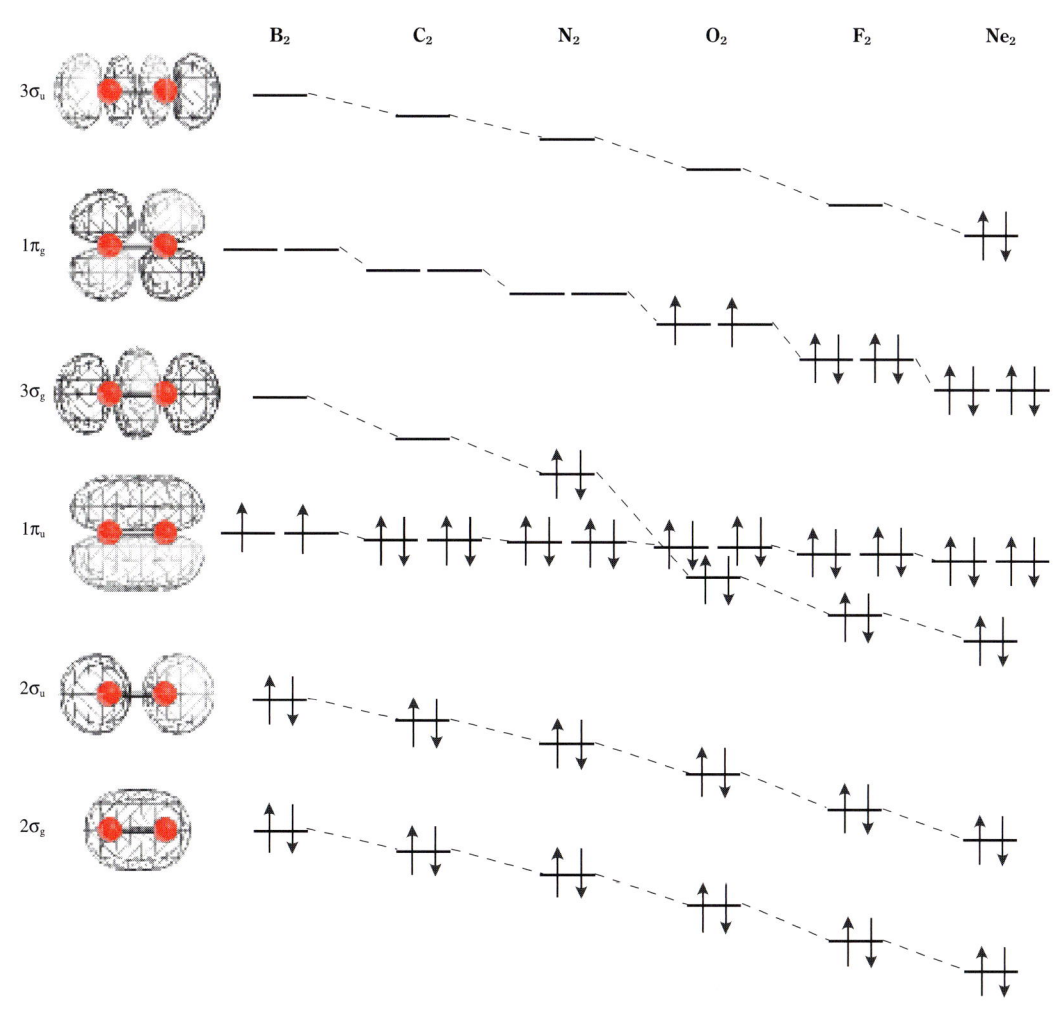

図 3　等核二原子分子の電子配置

20 異核二原子分子の分子軌道

異なる種類の原子同士が結合するとき，結合にかかわる分子軌道は，次の2つの条件を満たす原子軌道から構成される．(1)互いのエネルギーが近い，(2)適切な対称性をもつ．ここで(2)について説明する．図1，2に示すように，縮重したp_x, p_y, p_z軌道の中でp_z軌道がs軌道と結合にかかわる分子軌道を作り，他の2軌道は作らない．なお，ここでは結合軸はz軸にとっている．

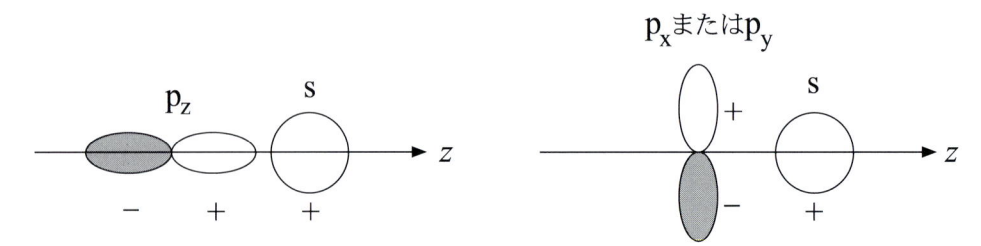

図1　結合にかかわる分子軌道を作る組み合わせ　　図2　結合にかかわる分子軌道を作らない組み合わせ

以下に，LiHとHF分子の分子軌道について考察する．図3はLiHの計算結果である．1σ軌道は本質的にLi 1s軌道である．これはLi 1s-H 1s軌道間のエネルギー差が大きく，軌道間相互作用が有効に働かないからである．Li 2s，H 1s軌道から，結合性の2σ軌道と反結合性の3σ軌道が形成される．

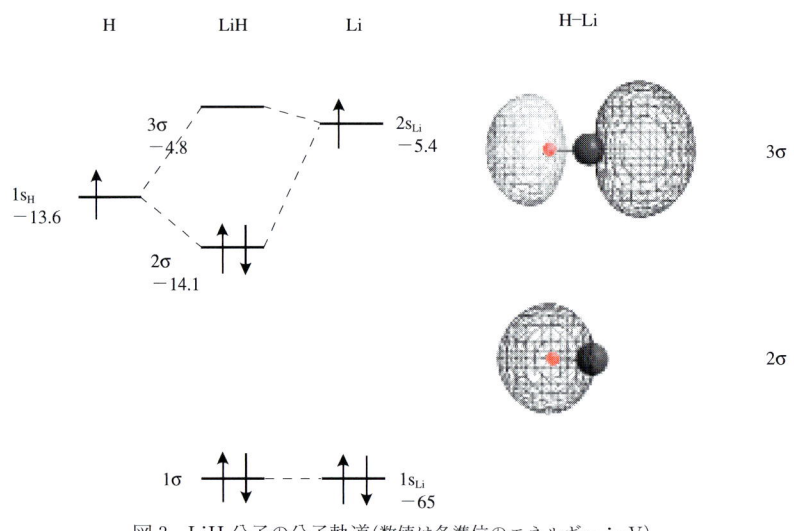

図3　LiH分子の分子軌道(数値は各準位のエネルギー：eV)
分子軌道の網目の濃淡は符号の違いを表わす．
注：LiH分子の計算には拡張Hückel法を用いた．精度の高い分子軌道計算によると，2σ準位は$1s_H$準位と$2s_{Li}$準位の間に位置する．

図4にHFの計算結果を示す．1σ, 2σ軌道は本質的にF 1s, F 2s軌道である．F $2p_z$, H 1s軌道から，結合性の3σ軌道と反結合性の4σ軌道が形成される（図1参照）．F $2p_x$, $2p_y$軌道はH 1s軌道と相互作用せず，非結合性軌道となる（図2参照）．

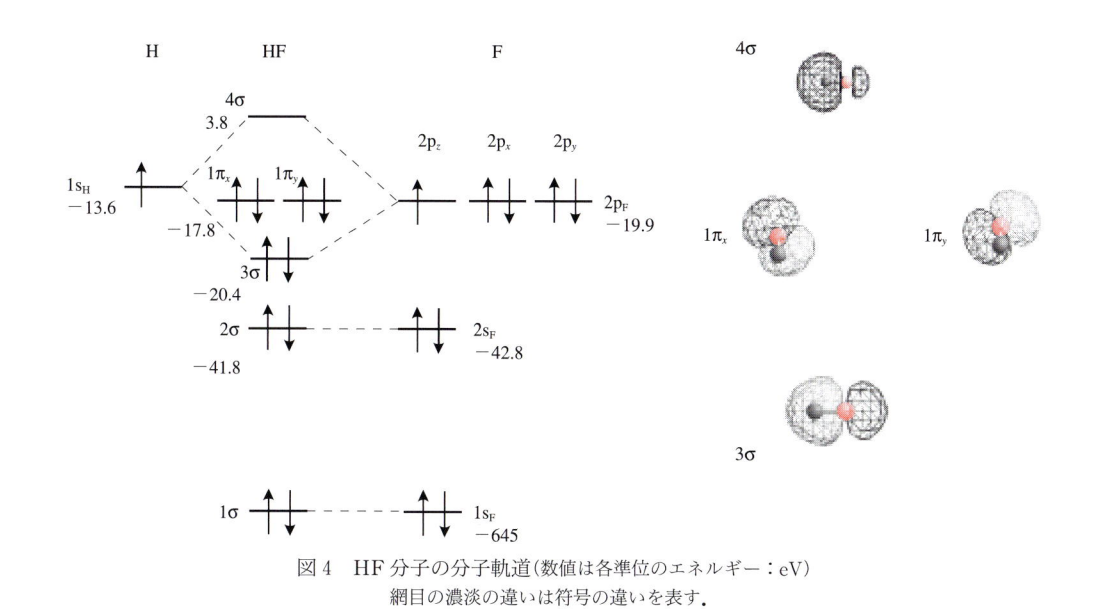

図4　HF分子の分子軌道（数値は各準位のエネルギー：eV）
網目の濃淡の違いは符号の違いを表す．

　異核二原子分子は双極子モーメントをもつ（等核二原子分子は双極子モーメントをもたない）．双極子モーメントの大きさは，電荷の偏りの程度と結合距離によって決まる．電荷の偏りの程度は原子の電気陰性度の違いからわかる．電気陰性度の大きい原子の方に電子が偏る．LiHではHに電子が偏るので，Li ← Hの向きに双極子モーメントが生じる．この項目に関係したH, Li, F原子の電気陰性度は，各々2.20, 0.98, 3.98である（ポーリング目盛）．

　HF分子ではFの電気陰性度の方が大きいので，双極子モーメントはH ← Fの向きになる．また，不対電子をもたないので反磁性であり，結合次数は1であることがわかる．

　異核二原子分子としてNOやCOの結合について調べてみよう．これらの分子は好気的生物の強力な呼吸阻害剤であり，毒性が強い．ところが同時に生体内で情報伝達物質として働いていることがつい最近見出された．我々の体の中にはNOを合成する酵素とNOを受け取って情報を伝える酵素があり，注目を集めている．心筋梗塞にニトログリセリンが薬効を示すのもこの情報伝達機構によるものであった．

21　多原子分子の分子軌道

　現在では，多原子分子の電子状態の量子力学計算も，高速かつ精度よく行われるようになっている．ハートリー・フォック法とよばれる分子軌道理論は，いくつもある計算手法のうち，最も基本的で簡単なものである．それは美しい描像を提供してくれるが，場合によっては，十分な精度を保証しない．ここでは，典型的で簡単な分子軌道を示す．

(1) 水分子の分子軌道

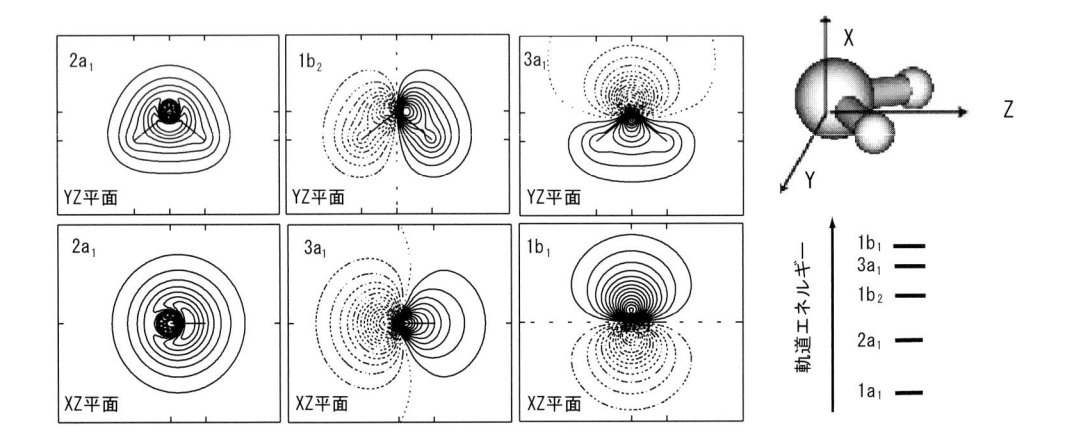

　この例でみるように，分子軌道は化学結合の直感的なイメージとは異なり，分子全体に広がっている．このような分子軌道を正準分子軌道という．正準分子軌道の軌道エネルギーに負号をつけた値は，その軌道から電子を飛び出させてイオン化する際のイオン化エネルギー近似値を与える（クープマンズの定理）．正準分子軌道の組を線形変換して，化学結合に沿って局在する分子軌道を作ることが出来る．これを局在化分子軌道という．

　電子によって占有されている最高エネルギーをもつ分子軌道を最高被占軌道（HOMO；Highest Occupied Molecular Orbital），占有されていない空軌道のうち最低のエネルギーをもつものを最低空軌道（LUMO；Lowest Unoccupied Molecular Orbital）とよぶ．HOMO は電子供与性の反応に，LUMO は電子受容性の反応に，主役の役割を担うことができる．分子が電子を供与する能力をもつ部位は，HOMO が大きな成分をもつ領域であり，電子を受け入れる能力は LUMO の空間的広がりで支配される．相互作用する分子の間で考えられる二つの HOMO–LUMO の組み合わせの様子（HOMO–LUMO のエネルギー差の小ささと，空間的な位相（正と負）の重なりの大きさ）で，化学反応性が予見できる，とするのが福井のフロンティア電子論である．

(2) ポルフィリンの最高被占軌道（HOMO）と最低空軌道（LUMO）

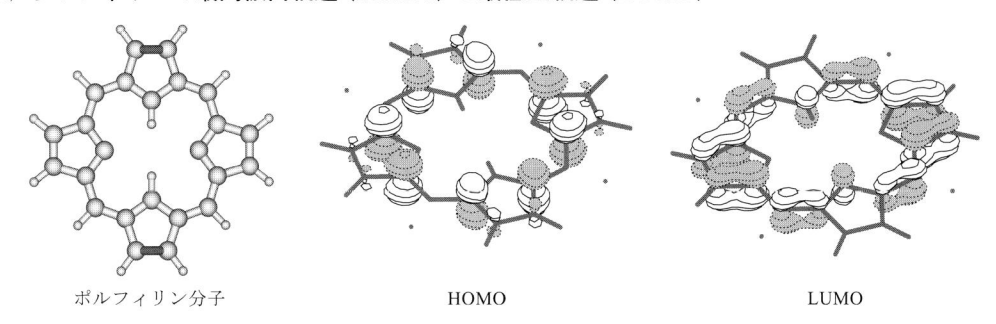

ポルフィリン分子　　　　　　HOMO　　　　　　LUMO

(3) フラーレン（C_{60}）の最高被占軌道（HOMO）と最低空軌道（LUMO）

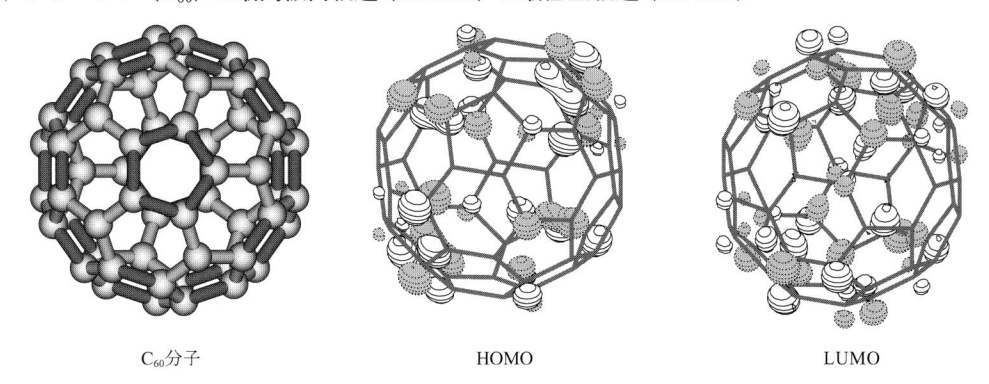

C_{60}分子　　　　　　HOMO　　　　　　LUMO

(4) 1,3-ブタジエンとエチレンのディールス-アルダー反応における HOMO-LUMO 相互作用

(a)　　　　　　　　　　(b)

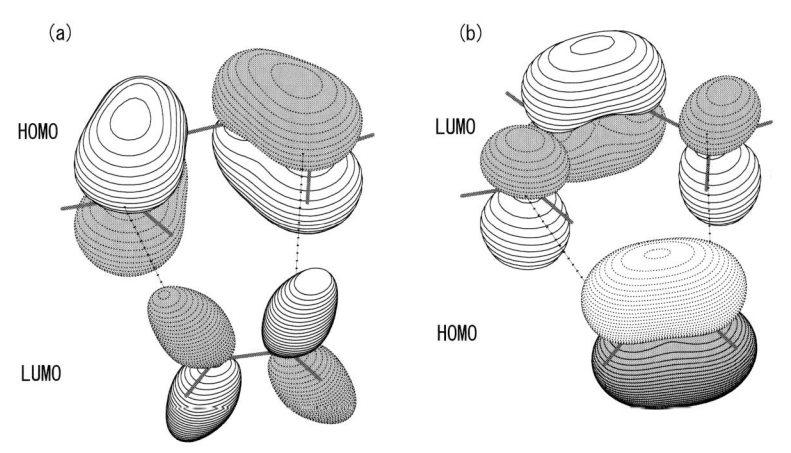

この反応のいずれの HOMO-LUMO 相互作用においても，波動の重ね合わせにおける位相がマッチしていて，反応を有利に進行させることがわかる．

COLUMN

Pople と Kohn

現在では，ある程度の大きさの分子であれば，実験によらず精度よく分子の諸性質（エネルギー，分子構造，双極子モーメント等）が計算できてしまう．それだけにますます，実験化学のセンスの重要性が高まっているともいえよう．このような時代を切り拓いた多数の研究者のうち，J. Pople（ポープル）と W. Kohn（コーン）に 1998 年度のノーベル化学賞が授与された．量子化学が実用的な道具として確立されるまでには，理論と計算手法（アルゴリズム）の多大な貢献が必要であった．この分野では，わが国の少なからぬ研究者が大きな足跡を残している．

22　ウォルシュダイヤグラム——分子軌道と分子の形

1953 年，A. D. Walsh（ウォルシュ）は，AH_2 型，AX_2 型，HAAH 型，AH_3 型（A, X は第 2 周期元素；H は水素原子）などの簡単な分子の構造が，分子軌道の安定化相互作用で決まると仮定し，原子価電子数で安定構造が決まることを示した．これをウォルシュ則という（表 1）．

表 1　分子の安定構造とウォルシュ則

分子の型	原子価電子数	安定構造	例
AH_2 型	3-4	直線型	BeH_2
	6-8	屈曲型	H_2O, H_2S, CH_2
AX_2 型	<17	直線型	CO_2
	17-20	屈曲型	NO_2, O_3
HAAH 型	≦10	直線型	HC≡CH
	12	平面屈曲型	HN=NH
	14	非平面屈曲型	HOOH
AH_3 型	<7	平面型	CH_3^+
	7-8	三角錐型	NH_3, CH_3^-

（参考文献）　A. D. Walsh, *J. Chem. Soc. London*, **1953**, 2260.
B. M. Gimarc, *J. Am. Chem. Soc.*, **93**, 593 (1971).

図 1 は，水分子のウォルシュダイヤグラムである（非経験的分子軌道法（*ab initio* 法）を用い 6-31 G(d) 基底で計算したもの）．直線型（linear；左）から屈曲型（bent；右）への構造変化の過程でエネルギー変化を示す MO は外殻軌道である（$1a_1$ 以外の高準位軌道）．$2a_1$(A)は安定化，$1b_2$(B)は不安定化するので，この 2 つを併せて考えると構造変化にほとんど寄与しない．$1b_1$(D)は分子面に垂直な非共有電子対（LP2），$3a_1$(C)は分子面内の非共有電子対（LP1）であるが，このうち，$3a_1$ が構造変化に対して大きなエネルギー変化を示すので水の安定構造はこの MO でほぼ決まると考えられる．一般に，構造変化に対して動きの大きな MO がエネルギー変化に大きな影響を及ぼすので，表面分子軌道（フロンティア軌道を含む），特に非共有電子対が構造変化に重要な役割をする．

図 2 はアンモニア（NH_3）のウォルシュダイヤグラムである（HF/6-31 G(d)基底；MO の形は原子価（外殻）被占軌道だけを示した）．左端が本来のピラミッド構造の外殻 MO（A, B, C, D）．右端が同じ結合距離の平面正三角形構造の外殻 MO（A′, B′, C′, D′）である．B と C および B′ と C′ はそれぞれ縮重している．D と D′ は非共有電子対（LP）である．構造変化（左から右）に伴って，A, B, C の軌道準位の変化はあまり大きくないが，D（LP）の準位変化が最も大きい（−11.42 eV から −10.29 eV に上昇）．ピラミッド型構造の D（LP）の安定化は，3 個の水素の 1 s 軌道と窒素の 2 p 軌道との同位相混合で生じる．

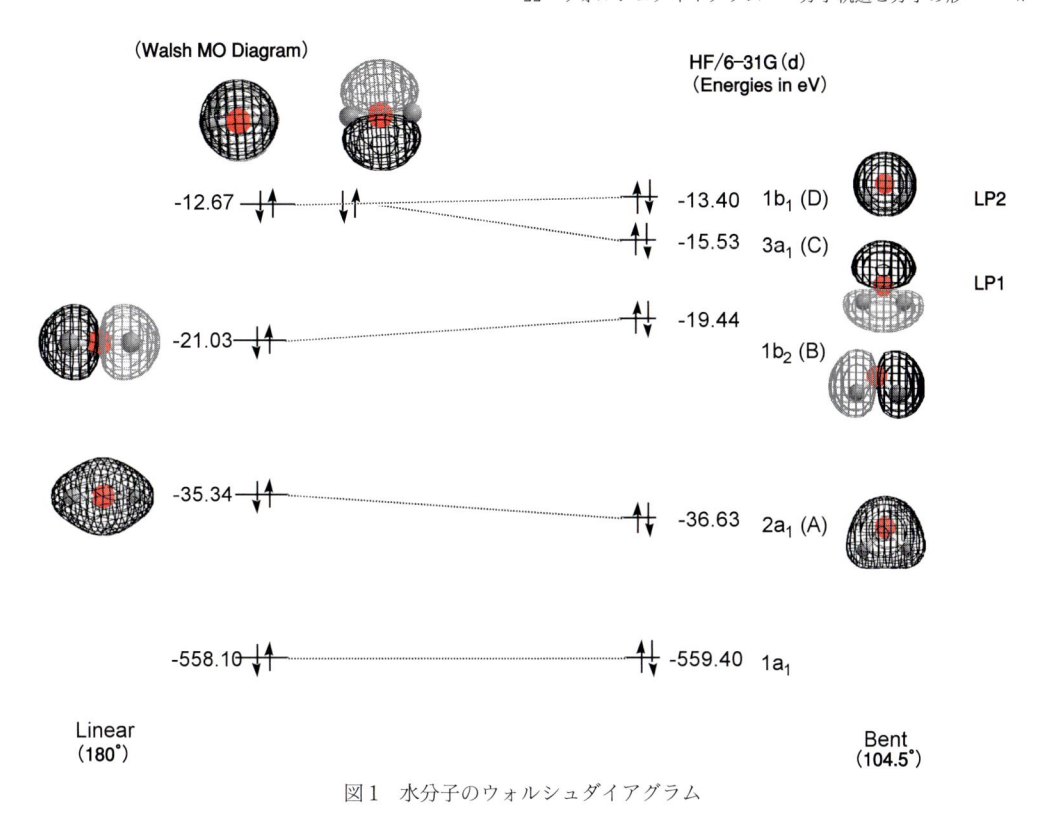

図1　水分子のウォルシュダイアグラム

図2　アンモニア分子のウォルシュダイアグラム

23 ルイス構造と原子価殻電子対反発モデル

(1) ルイス構造

NH_3 分子を図1のように記述する方法はすでにおなじみだろう．このような図をルイス構造（ルイス式，Lewis structure, Lewis diagram）といい，NH_3 分子内の共有結合形成や電子のあり方を示している．むろん，これらの正確な理解には量子化学的な考え方が必要であるが，ルイス構造からもおおよその推測ができ，その簡便性と(2)に述べる VSEPR と併用することにより立体構造の推測までできることから，現在でも分子構造考察の出発点としてよく使われている．ここでは，ルイス構造についてまとめておく．

図1 NH_3 分子のルイス構造

(a) 共有結合は，電子対が2つの原子間に共有されることにより形成される（結合性電子対）．
(b) 原子間に共有されない電子は，原子に孤立電子対（非結合性電子対）として存在する．
(c) 価電子（valence electron）のみを考え，原子の周囲にオクテットを形成するように電子対を分布させる．

(例) NH_3 分子．H の価電子は 1s の 1 個，N の価電子は 2s の 2 個と 2p の 3 個の計 5 個である．よって，NH_3 全体で計 8 個の価電子を N の周囲に図1のように配置する．N-H の共有結合は3本，孤立電子対は1個となる．図1は図2のように書いてもよい．

図2 図1の別表記

(d) 二重結合，三重結合を用いてオクテットを完成させてもよい．

CO_2 CH_2CH_2 N_2

(e) 第3周期以降ではオクテットより大きくなることがある．これを超原子価化合物という．

(例) PCl_3 はオクテットを満足しているが，PCl_5, XeF_4, SF_6, ClF_3 は超原子価化合物である．

PCl_3 PCl_5 XeF_4 SF_6 ClF_3

(f) いろいろなルイス構造（極限構造）がある場合は共鳴を考える．

O_3 NO_2^-

(g) 不自然な形式電荷をもつルイス構造は捨てる．

(例) アセトン分子に対して右の2つのルイス構造が書けるが，(a)ではCおよびOの形式電荷は0であるが，(b)ではOが+2，Cが-2と不自然なものになる．

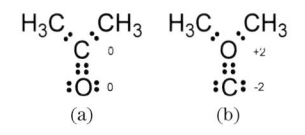

形式電荷 (Formal Charge) ＝（価電子の数）－（結合性電子対の数）－2×（孤立電子対の数）

(h) 典型元素のみに適用可能．
Li, Be, B ではオクテットに満たないことがある．

$BeCl_2$ BF_3

(2) 原子価殻電子対反発モデル (Valence Shell Electron Pair Repulsion model; VSEPR)

電子対間の静電反発を考えることにより分子の構造を推測する方法．

規則1．電子対は互いの反発を避け，互いにできるだけ離れようとする．

電子対の数	2	3	4	5	6
分子の形	直線	平面三角	四面体	三方両錐	八面体

規則2．反発の大きさの順は，孤立電子対どうし＞孤立電子対と結合性電子対＞結合性電子対どうし．

規則3．電子対どうしが120°以上離れている場合は，反発を無視できる．

【補足】本来VSEPRとルイス構造は別物であるが，通例ルイス構造にVSEPRをあてはめる．また，VSEPRで推測された分子形に合う混成軌道を原子がもっていると考えることもよく行われる．

(例) CH_4，NH_3，H_2O，PCl_3 では，すべての電子対を考えると四面体形となる．NH_3，H_2O，PCl_3 では結合角の歪みまで規則2により定性的に推測できる．

∠H–C–H=109.5°　∠H–N–H=106.7°　∠H–O–H=104.5°　∠Cl–P–Cl=100.1°

BF_3　PCl_5　XeF_4　SF_6

(例) エチレン．C原子の構造は四面体なので下図のようになり，すべての原子が平面上にある現実の構造を予測することができる（付属資料(6)参照）．しかし二重結合のあり方については疑問が残る．そこで，この分子形からC原子に sp^2 混成軌道をあてはめ，さらにC原子間に π 結合を考えるとよい．

(例) O_3．各O原子は四面体をとるので右の屈曲構造をとると推測される．これを混成軌道で考えると，真ん中のO原子に sp^2 を，二重結合に π 結合をあてはめる．なお，共鳴があるので，真ん中のO原子をはさんで左右対称 (C_{2v}) の分子構造となる．

(例) ClF_3．Cl周りの電子対が5個なので三角両錐形をとり(A)，(B)，(C)の構造が考えられるが，規則2と3より電子対間の反発の一番少ない(A)と推測できる．

24　分子の形と混成軌道

原子間の結合は一対の電子を2つの原子の間で共有することによる（原子価結合法）．多数の原子からなる分子の形は，混成原子軌道の概念を導入すると原子価結合法で説明できる．混成原子軌道はエネルギーレベルの近い原子軌道（$2s$, $2p_x$, $2p_y$, $2p_z$ など）の一次結合からつくられる．

(1) sp 混成軌道

$BeCl_2$ は直線状の分子である．Be の2つの sp 混成軌道にある電子がそれぞれ Cl の電子とで対をなし，直線状に共有結合している．

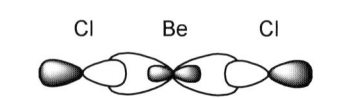

図1　$BeCl_2$ における Be の sp 混成軌道

$\phi(2s) + \phi(2p_x) \rightarrow \psi_1(sp)$　　$\psi_1(sp) = \dfrac{1}{\sqrt{2}}\{\phi(2s) + \phi(2p_x)\}$

$\phi(2s) - \phi(2p_x) \rightarrow \psi_2(sp)$　　$\psi_2(sp) = \dfrac{1}{\sqrt{2}}\{\phi(2s) - \phi(2p_x)\}$

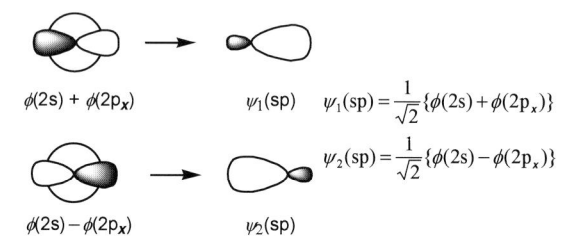

図2　sp 混成軌道の生成

(2) sp² 混成軌道

$$\psi_1(sp^2) = \sqrt{\dfrac{1}{3}}\phi(2s) + \sqrt{\dfrac{2}{3}}\phi(2p_x)$$

$$\psi_2(sp^2) = \sqrt{\dfrac{1}{3}}\phi(2s) - \sqrt{\dfrac{1}{6}}\phi(2p_x) + \sqrt{\dfrac{1}{2}}\phi(2p_y)$$

$$\psi_3(sp^2) = \sqrt{\dfrac{1}{3}}\phi(2s) - \sqrt{\dfrac{1}{6}}\phi(2p_x) - \sqrt{\dfrac{1}{2}}\phi(2p_y)$$

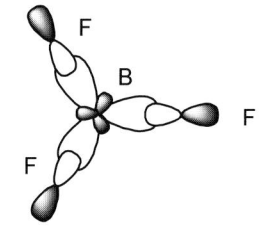

図3　BF_3 における B の sp² 混成軌道

BF_3 は正三角形である．B の3つの電子は3つの等価な sp² 混成原子軌道上にある．それぞれの混成軌道に存在する電子は，各 F の電子と共有電子対をつくる．

(3) sp³ 混成軌道

$$\psi_1(sp^3) = \dfrac{1}{2}\{\phi(2s) + \phi(2p_x) + \phi(2p_y) + \phi(2p_z)\}$$

$$\psi_2(sp^3) = \dfrac{1}{2}\{\phi(2s) + \phi(2p_x) - \phi(2p_y) - \phi(2p_z)\}$$

$$\psi_3(sp^3) = \dfrac{1}{2}\{\phi(2s) - \phi(2p_x) + \phi(2p_y) - \phi(2p_z)\}$$

$$\psi_4(sp^3) = \dfrac{1}{2}\{\phi(2s) - \phi(2p_x) - \phi(2p_y) + \phi(2p_z)\}$$

CH_4 は正四面体形である．C 原子の4つの等価な sp³ 混成原子軌道の電子と水素原子の電子とで共有電子対をつくる．

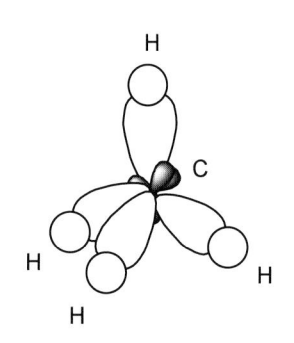

図4　CH_4 における C の sp³ 混成軌道

(4) H₂O あるいは NH₃ と sp³ 混成軌道

酸素原子および窒素原子に sp³ 混成原子軌道を当てはめると，分子の形が理解できる．H₂O では，4 つの sp³ 混成軌道のうち，2 つはすでに電子対で満たされ，残りの 2 つに 1 つずつ存在する電子と水素原子上の電子とで電子対を形成する．NH₃ では混成軌道の 1 つが電子対で満たされ，3 つが水素原子上の電子とで電子対を形成する．電子対間の反発の大きさは，結合電子対どうしの反発＜結合電子対と孤立電子対との反発＜孤立電子対どうしの反発，の順に大きくなる．

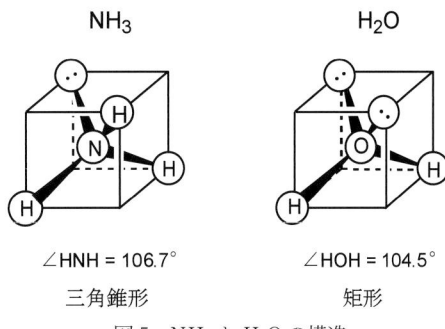

図 5 NH₃ と H₂O の構造

(5) エチレン CH₂＝CH₂ と sp² 混成軌道

炭素原子はそれぞれ sp² 混成軌道により，水素原子と炭素原子と σ 結合を形成する．残りの電子は面に垂直な p_z 軌道にある．2 つの p_z 軌道の重なりにより，一対の電子を共有した π 結合が形成される．

図 6 エチレンの構造

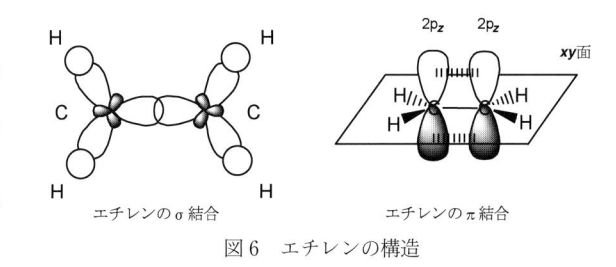

(6) アセチレン CH≡CH と sp 混成軌道

炭素原子はそれぞれ sp 混成軌道により，水素原子および炭素原子と σ 結合を形成する．各炭素の残りの 2 つの電子は分子軸に垂直な面上の p_y，p_z 軌道にあり，それぞれが隣の炭素原子の p_y，p_z 軌道にある電子と共有した 2 つの π 結合（$π_y$, $π_z$）が形成される．

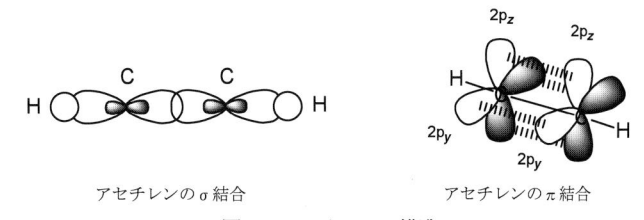

図 7 アセチレンの構造

(7) その他の混成軌道

金属錯体では，5 個あるいは 6 個の等価な軌道をもつ場合がある．これらの軌道も混成軌道の考え方を用いて表現することができる．

表 1 軌道が 5 つ以上の混成軌道

混成軌道の名称	混成される原子軌道の例	混成後の等価な軌道の数	表現される分子の構造	分子の例
sp³d 混成軌道	3s, $3p_{x,y,z}$, $3d_{z^2}$	5	三方両錐形	PF₅
sp³d² 混成軌道	3s, $3p_{x,y,z}$, $3d_{z^2}$, $3d_{x^2-y^2}$	6	正八面体形	SF₆
d²sp³ 混成軌道	4s, $4p_{x,y,z}$, $3d_{z^2}$, $3d_{x^2-y^2}$	6	正八面体形	[Co(NH₃)₆]³⁺

25　実際の分子の形

分子の形は，分子を構成する原子核間の距離と結合角で決まる．最も単純な分子である等核二原子分子の核間距離を表1に示す．核間距離は，分子の中の電子配置に大きく依存する．等核二原子分子の場合，原子番号によって規則的な変化があるが，これらは分子の中の電子配置に基づいて結合の多重度を考えるとうまく説明できる．多原子分子の場合は結合距離に加え結合角が特徴的に異なる．たとえば，H_2O と H_2S の結合角や NH_3 と PH_3 の結合角は，それぞれの電子状態を反映している（表2）．

表1　等核二原子分子

分子	原子価電子の配置						結合の多重度	解離エネルギー D_0 (eV)	核間距離 R (Å)
	$ns\sigma$	$ns\sigma^*$	$np\sigma$	$np\pi$	$np\pi^*$	$np\sigma^*$			
H_2	2						1	4.4781	0.74144
He_2	2	2					0		
Li_2	2						1	1.046	2.6729
Be_2	2	2					0		
B_2	2	2		2			1	3.02	1.590
C_2	2	2		4			2	6.21	1.2425
N_2	2	2	2	4			3	9.759	1.0977
O_2	2	2	2	4	2		2	5.116	1.2075
F_2	2	2	2	4	4		1	1.602	1.4119
Ne_2	2	2	2	4	4	2	0	0.0036	3.09
Na_2	2						1	0.73	3.079
Mg_2	2	2					0	0.0501	3.891
Si_2	2	2	2	2			2	3.21	2.246
P_2	2	2	2	4			3	5.033	1.8934
S_2	2	2	2	4	2		2	4.3693	1.8892
Cl_2	2	2	2	4	4		1	2.4794	1.988
Ar_2	2	2	2	4	4	2	0	0.0104	3.76
K_2	2						1	0.514	3.9051
Ca_2	2	2					0	0.13	4.2773
Br_2	2	2	2	4	4		1	1.9707	2.2811
Kr_2	2	2	2	4	4	2	0	0.0160	4.007
I_2	2	2	2	4	4		1	1.5424	2.666
Xe_2	2	2	2	4	4	2	0	0.0230	4.362

表2　多原子分子

結合距離 (nm)

C－H	0.109	C－C	0.154	C－N	0.147	N－O	0.136
N－H	0.101	C＝C	0.134	C－O	0.143	Si－Sl	0.234
O－H	0.096	C≡C	0.120	C－Cl	0.177	Cl－Cl	0.199

結合角

分子	結合角	実験値	分子の形	分子	結合角	実験値	分子の形
H_2O	HOH	104.5°	折線型	PH_3	HPH	93.3°	三角錐
H_2S	HSH	92.2°	〃	AsH_3	HAsH	91.0°	〃
SCl_2	ClSCl	102°	〃	BCl_3	ClBCl	120°	三角形
H_2Se	HSeH	91.0°	〃	CH_3Cl	HCH	110.5°	四面体
H_2Te	HTeH	89.5°	〃	$CHCl_3$	ClCCl	110.4°	〃
CO_2	OCO	180°	直線型	SiH_3Cl	HSiH	110.2°	〃
NH_3	HNH	106.7°	三角錐	GeH_3Cl	HGeH	110.9°	〃

多原子分子の形は中心となる原子の軌道を混成軌道で考えれば定性的に理解できる．その代表的なものを表3，表4に示す．

表3　混成軌道

混成軌道	軌道数	立体構造	結合角	例
sp	2	直　線	180°	C_2H_2, HCN, BeH_2, $HgCl_2$
sp^2	3	正三角形	120°	BF_3, NH_3^+, C_2H_4, C_6H_6
sp^3	4	正四面体	109°28′	CH_4, NH_4^+, SiH_4, SO_4^{2-}
dsp^2	4	正方形	90°	$[Ni(CN)_4]^{2-}$, $[AuCl_4]^-$
sp^3d	5	三方両錐	90°, 120°, 180°	PCl_5, AsF_5, $SbCl_5$
d^2sp^3	6	正八面体	90°	$[Co(NH_3)_6]^{3+}$, $[PtCl_6]^{2-}$
sp^3d^2	6	正八面体	90°	SF_6

dsp^2 と d^2sp^3 は $(n-1)d$ と ns, np との混成．
sp^3d と sp^3d^2 は ns, np と nd の混成．

表4　C−H 結合の性質

混成	例	結合距離 (nm)	伸縮振動の力の定数 ($N\ m^{-1}$)	結合エネルギー ($kJ\ mol^{-1}$)
sp	アセチレン	0.1060	6.937×10^2	506
sp^2	エチレン	0.1069	6.126×10^2	443
sp^3	メタン	0.1090	5.387×10^2	431
sp^2	CH_3ラジカル	0.1120	4.490×10^2	330

以上は分子の骨格の形である．分子が結晶となった場合の分子の構造は，X線結晶構造解析によって調べられる．このとき同時に分子の充填状態もわかるが，各分子がもつ原子があたかも一定半径の球のように充填されていると考えると，それぞれの球の半径 R を見積もることができる．この半径 R をファンデルワールス半径という．分子はつながれた原子核とそれを取り巻く電子からなっており，結合していない分子間で反発力が働くので，R はこれを反映したものであるが，近似的には分子の大きさを表すものと考えてよい．実測で求められたファンデルワールス半径を表5に示す．ファンデルワールス半径をもとに分子の形を描いたのが図1の分子模型である．

表5　ファンデルワールス半径 (nm)

H	0.12	N	0.15	O	0.140	F	0.135	Ne	0.112
		P	0.19	S	0.185	Cl	0.180	Ar	0.154
		As	0.20	Se	0.200	Br	0.195	Kr	0.169
		Sb	0.22	Te	0.220	I	0.215	Xe	0.190

(a) HCl　　(b) H_2O　　(c) CH_4

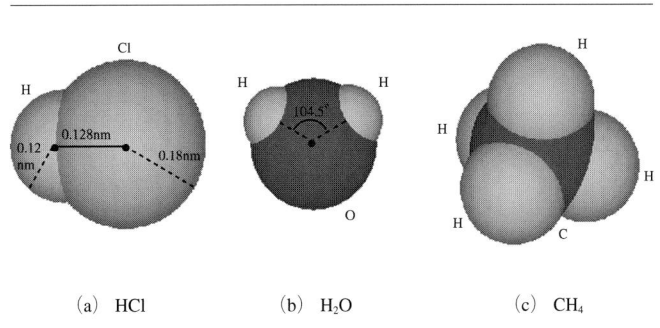

図1　分子模型

26 π結合の化合物

(1) 炭素—炭素結合の結合解離エネルギー

表1 エタン，エチレン，アセチレンの炭素—炭素結合の結合解離エネルギー/kJ mol^{-1}

エタン	エチレン	アセチレン	二酸化炭素	メタノール
$C_2H_6 \rightarrow 2CH_3$	$C_2H_4 \rightarrow 2CH_2$	$C_2H_2 \rightarrow 2CH$	$CO_2 \rightarrow CO+O$	$CH_3OH \rightarrow CH_3+OH$
366.4	719	956.6	526.1	378.1

　参考のため二酸化炭素とメタノールの炭素—酸素結合の結合解離エネルギーも記した．多重結合になるほど結合は強くなる．σ結合に加えてπ結合が付け加わるためである．炭素—炭素π結合1つ当たりの結合エネルギーをごく粗く見積もれば，エタンとエチレンの結合解離エネルギーの差約 360 kJ mol^{-1} と近似できる．

(2) シス-トランス異性化

表2 シス-トランス異性化反応の活性化エネルギー/kJ mol^{-1}

cis-2-ブテン → $trans$-2-ブテン（一部ブタジエン＋H_2）	258〜263
cis-1,2-ジクロロエチレン → $trans$-1,2-ジクロロエチレン	223〜238
cis-2-ヘキセン → $trans$-2-ヘキセン	275

これだけのエネルギーが与えられれば二重結合が捻れる，すなわち，sp^{2}混成軌道がつくる平面どうしが直交して，p軌道どうしの重なりが完全になくなるとみなすことができる．

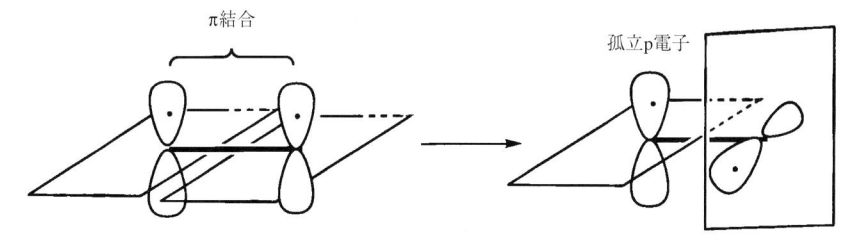

図1 二重結合の捻れに伴うπ結合の切断

(3) π結合が関与する反応と例

π電子が関与する反応の典型的な例をいくつか示す．

付加反応　・　$CH_2=CH_2 + Br_2 \longrightarrow$ H—C(H)(Br)—C(H)(Br)—H

炭素—炭素二重結合にはさまざまな求電子付加反応が起こる．

・　$CH_3-CH=O + HCN \longrightarrow CH_3-CH(CN)-OH$

カルボニル二重結合C=Oには求核付加反応が起こる．

付加重合 ・ 〔図: スチレン → ポリスチレン〕

付加重合による高分子化合物の生成にもπ結合が関与している．

電子環状反応 ・ 〔図: ヘキサジエン → ジメチルシクロブテン（熱）〕

共役ポリエンは熱または光で閉環する．

光反応 ・ 〔図: trans-アゾベンゼン → cis-アゾベンゼン〕

光により電子励起されたπ結合は基底状態では見られない反応を起こす．

(4) π電子が関与する物理化学的性質と化合物の例

いずれも分子軌道の考え方に基づいて説明される．

光吸収（着色） 化合物の色はπ電子系が光を吸収することにより発現する．

〔図: インジゴ〕

インジゴ（天然の青色染料「藍」の主成分）

蛍光 蛍光は，π電子系の励起状態からエネルギーが光として放出される現象である．

〔図: フルオレッセイン〕

フルオレッセイン（緑色の蛍光を発する蛍光染料）

酸化還元 π電子系は電子の授受が起こりやすいため，酸化還元反応に関与する．

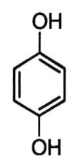

〔図: ヒドロキノン〕

ヒドロキノン（電子を放出して酸化されやすいので，還元剤となる）

電気伝導 π電子は電気伝導性を担う．

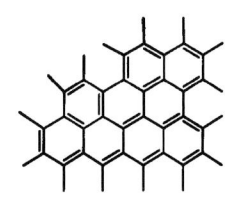

〔図: グラファイト〕

グラファイト（電極にも使われる）

27 共役と共鳴

(1) 炭化水素の水素化熱

表1 炭化水素の水素化熱/kJ mol⁻¹　　　　( ) 内はπ結合1個当たり

化合物	反応	水素化熱
プロペン　$CH_2=CH-CH_3$	$\xrightarrow{H_2}$ $CH_3-CH_2-CH_3$	125.0
1-ブテン　$CH_2=CH-CH_2-CH_3$	$\xrightarrow{H_2}$ $CH_3-CH_2-CH_2-CH_3$	125.9
1,3-ブタジエン　$CH_2=CH-CH=CH_2$	$\xrightarrow{2H_2}$ $CH_3-CH_2-CH_2-CH_3$	236.7 (118.4)
1,5-ヘキサジエン　$CH_2=CH-CH_2-CH_2-CH=CH_2$	$\xrightarrow{2H_2}$ $CH_3-CH_2-CH_2-CH_2-CH_2-CH_3$	251.2 (125.6)
シクロヘキセン	$\xrightarrow{H_2}$	118.6
1,3-シクロヘキサジエン	$\xrightarrow{2H_2}$	229.6 (114.8)
ベンゼン	$\xrightarrow{3H_2}$	205.3 (68.4)

π結合1個当たりの水素化熱は，共役した二重結合の方が孤立した二重結合に比べて小さい．ベンゼンではこの値が著しく小さくなっていることに注目したい．

(2) 炭素—炭素結合距離

表2 炭化水素の炭素—炭素結合距離/Å

化合物	結合	距離	結合	距離
$\overset{a\quad b}{CH_2=CH-CH=CH_2}$　1,3-ブタジエン	C_b-C_b	1.468	C_a-C_b	1.348
$\overset{a\quad b\quad c}{CH_2=CH-CH_3}$　プロペン	C_b-C_c	1.506	C_a-C_b	1.341
$CH_3-CH_2-CH_3$　プロパン	$C-C$	1.532		
シクロヘキセン (a,b)	C_a-C_a	1.334	C_a-C_b	1.50
ベンゼン	$C-C$	1.399		
ナフタレン (a,b)	C_a-C_b	1.381	C_b-C_b	1.417

共役二重結合を構成する炭素—炭素二重結合の距離は，共役のない二重結合距離に比べて長く，単結合の性質が加わったことを示している．また，二重結合を繋ぐ単結合の炭素—炭素距離は，炭素—炭素単結合の距離よりも短い．すなわち，二重結合の性質が加わったことを示している．ベンゼンの6個の炭素—炭素結合の距離はすべて等しく，単結合と二重結合の中間の値をもつ．ここに示すような，単結合と二重結合で交互に結びついた構造式（ケクレ構造式）では，ベンゼンの真の構造を表せないことになる．

(3) π電子の非局在化エネルギー（共鳴エネルギー）

数値の単位はいずれも kJ mol^{-1}

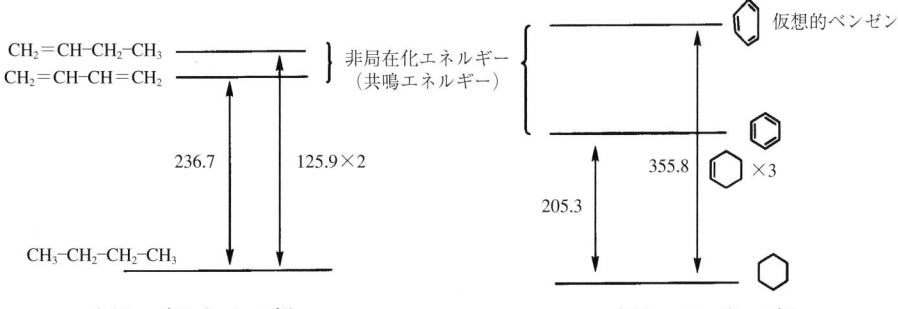

図1　ブタジエンの例

水素化による生成物が同一のブタンであるから，1,3-ブタジエンと1-ブテンの水素化熱を比較することにより，前者の共役による安定化のエネルギーを見積もることができる．

図2　ベンゼンの例

二重結合と単結合が交互に存在する仮想的なベンゼンの水素化熱を，シクロヘキセンの水素化熱の3倍と仮定して，実在のベンゼンの安定化エネルギーを見積もることができる．

(4) 共鳴の概念

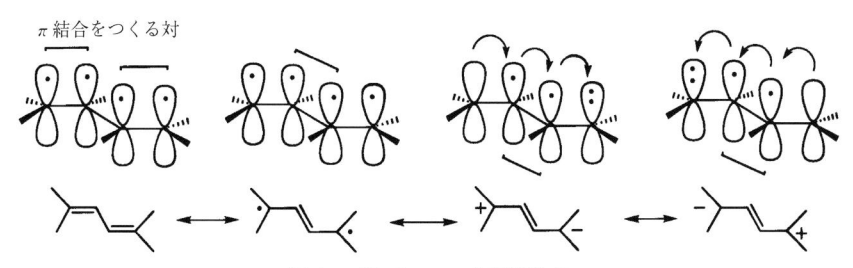

図3　ブタジエンの共鳴構造式

どの構造式（極限構造式）も正しいが，それ1つだけで表すことはできない．これらを重ね合せた共鳴混成体と考える．p電子はもともと属していた炭素原子に束縛されずに非局在化し，すべてのsp^{2}炭素原子に共有された状態にあると考えるとよい．

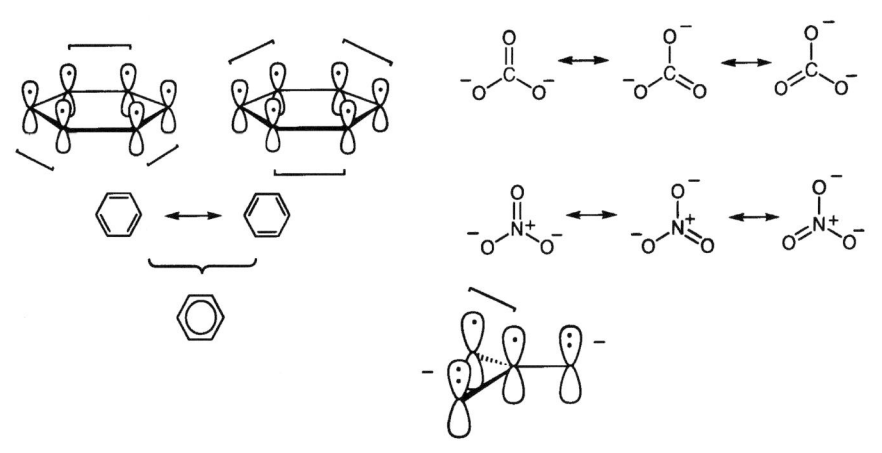

図4　ベンゼンの共鳴構造式

ベンゼンは2つの極限構造式の重ね合わせで表される．どの結合も等価であるため，円を描いた略記法でベンゼンを示すことがある．

図5　炭酸イオン，硝酸イオンの共鳴構造式

CO$_3^{2-}$ や NO$_3^-$ ではp軌道にある電子はすべて共鳴に関与する．

28　ヒュッケル分子軌道法

(1) エチレンのヒュッケル分子軌道法（HMO）

ヒュッケル（Hückel）法によりエチレンの分子軌道を求める手順を示す．

(a) π 電子のみを対象とする（**π 電子近似**）．
(b) 分子軌道関数を原子軌道関数の1次結合で表す（**LCAO法**）．

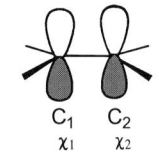

図1　エチレンの分子軌道

$$\Psi = c_1\chi_1 + c_2\chi_2$$

ただし，各電子は独立と仮定し，1電子ハミルトニアン h を用いる（1電子近似）．

$$\varepsilon = \frac{\int (c_1\chi_1 + c_2\chi_2) h (c_1\chi_1 + c_2\chi_2) d\tau}{\int (c_1\chi_1 + c_2\chi_2)^2 d\tau} \tag{1}$$

(c) 重なり積分 S_{12}，クーロン積分 α，共鳴積分 β を用いて表す．また，原子軌道が規格化されているので，(1)式は(2)式のように表される．

$$\int \chi_1^2 d\tau = \int \chi_2^2 d\tau = 1 \qquad \int \chi_1 h \chi_1 d\tau = \int \chi_2 h \chi_2 d\tau = \alpha \text{（クーロン積分）}$$

$$\int \chi_1 \chi_2 d\tau = S_{12} \text{（重なり積分）} \qquad \int \chi_1 h \chi_2 d\tau = \int \chi_2 h \chi_1 d\tau = \beta_{12} \text{（共鳴積分）}$$

$$\varepsilon [c_1^2 + c_2^2 + 2c_1 c_2 S_{12}] = (c_1^2 + c_2^2)\alpha + 2c_1 c_2 \beta_{12} \tag{2}$$

(d) 分子軌道のエネルギー ε が極小値をとる（真の値に最も近くなる）ための条件（**変分法**）を，次のような偏微分で表す．

$$\frac{\partial \varepsilon}{\partial c_1} = 0, \quad \frac{\partial \varepsilon}{\partial c_2} = 0 \qquad \begin{array}{l} c_1(\alpha - \varepsilon) + c_2(\beta_{12} - S_{12}\varepsilon) = 0 \\ c_1(\beta_{12} - S_{12}\varepsilon) + c_2(\alpha - \varepsilon) = 0 \end{array} \tag{3}$$

(e) (3)の方程式が $c_1 = c_2 = 0$ 以外の解をもつための条件から，エネルギー ε が求まる．

$$\begin{vmatrix} \alpha - \varepsilon & \beta_{12} - S_{12}\varepsilon \\ \beta_{12} - S_{12}\varepsilon & \alpha - \varepsilon \end{vmatrix} = 0 \qquad \begin{array}{l} (\alpha - \varepsilon)^2 - (\beta_{12} - S_{12}\varepsilon)^2 = 0 \\ \therefore \quad \varepsilon = \dfrac{\alpha \pm \beta_{12}}{1 \pm S_{12}} \text{（複号同順）} \end{array}$$

HMO法では重なり積分 S を無視して，次のように表される．

$$\begin{cases} \varepsilon_1 = \alpha + \beta_{12} \\ \varepsilon_2 = \alpha - \beta_{12} \end{cases}$$

(f) 対応する分子軌道の係数が(3)式より求まる．

$$\begin{cases} \Psi_1 = \dfrac{1}{\sqrt{2}}(\chi_1 + \chi_2) \\ \Psi_2 = \dfrac{1}{\sqrt{2}}(\chi_1 - \chi_2) \end{cases}$$

(g) エチレンの π 電子の全エネルギーは E は次のようになる．

$$E = 2\varepsilon_1 = 2(\alpha + \beta)$$

(2) HMO で得られたエチレンの分子軌道の概念

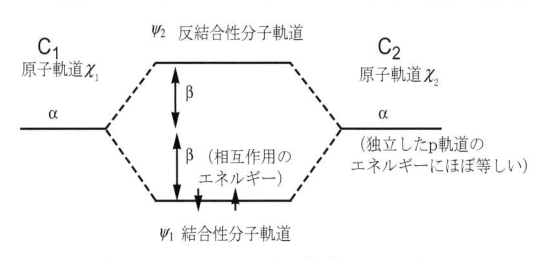

図2 エチレンの分子軌道エネルギー

p電子は，それぞれ結合性分子軌道に収まることにより，共鳴積分 β 分だけ安定化する．

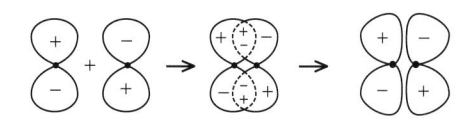

図3 反結合性分子軌道 Ψ_2 の形成
（原子軌道が逆位相で重なる）

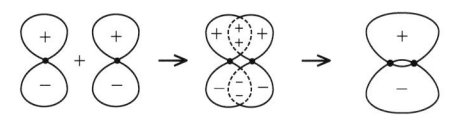

図4 結合性分子軌道 Ψ_1 の形成
（原子軌道が同一位相で重なる）

(3) ブタジエンの分子軌道

HMO法により求められた1,3-ブタジエンの分子軌道関数と軌道エネルギーを示す．Ψ_1 と Ψ_2 が結合性軌道となる．

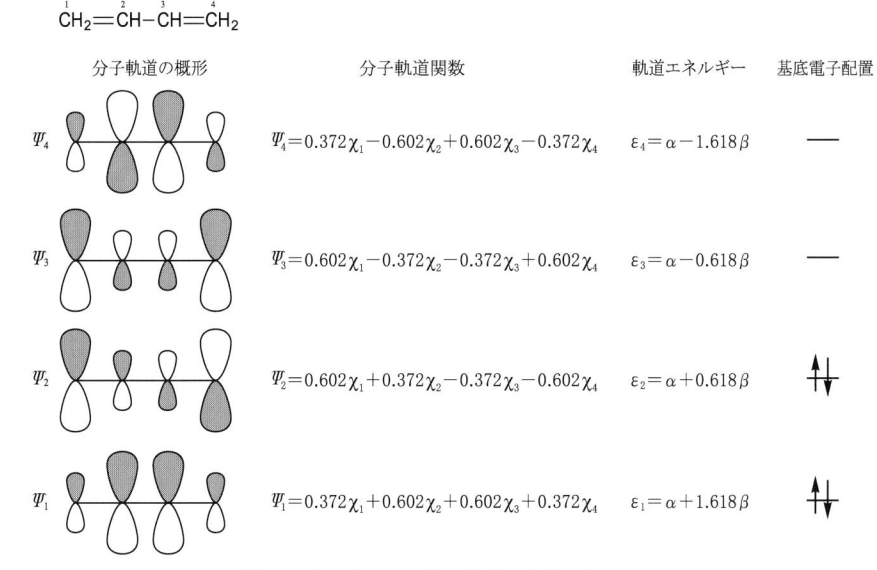

$$\overset{1}{C}H_2=\overset{2}{C}H-\overset{3}{C}H=\overset{4}{C}H_2$$

	分子軌道の概形	分子軌道関数	軌道エネルギー	基底電子配置
Ψ_4		$\Psi_4 = 0.372\chi_1 - 0.602\chi_2 + 0.602\chi_3 - 0.372\chi_4$	$\varepsilon_4 = \alpha - 1.618\beta$	―
Ψ_3		$\Psi_3 = 0.602\chi_1 - 0.372\chi_2 - 0.372\chi_3 + 0.602\chi_4$	$\varepsilon_3 = \alpha - 0.618\beta$	―
Ψ_2		$\Psi_2 = 0.602\chi_1 + 0.372\chi_2 - 0.372\chi_3 - 0.602\chi_4$	$\varepsilon_2 = \alpha + 0.618\beta$	↑↓
Ψ_1		$\Psi_1 = 0.372\chi_1 + 0.602\chi_2 + 0.602\chi_3 + 0.372\chi_4$	$\varepsilon_1 = \alpha + 1.618\beta$	↑↓

図5 ブタジエンの分子軌道と軌道エネルギー

(4) ブタジエンの分子軌道のいろいろな表し方

図5に示したように分子軌道の係数にほぼ比例した大きさの原子軌道のローブを使って表すほかに，(a)電子密度を等高線図で表したもの，(b)電子密度の等しい点を結んで面として表したものなどがある．いずれも，分子軌道の正の部分と負の部分を実線と点線などで区別している．

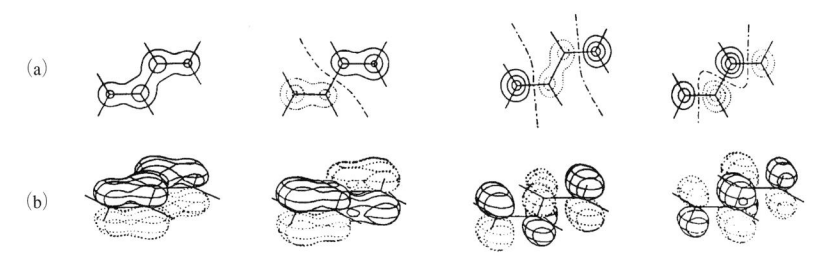

29 ベンゼンの電子状態

最も基本的な芳香族化合物であるベンゼンは，平面正六角形の安定な化合物である（図1）．共鳴理論によると，ベンゼンは等価な2個の極限構造式の重ね合わせによって表現された．分子軌道理論ではベンゼンはどのように表されるだろうか．ヒュッケル（Hückel）近似を用いて，ベンゼンの電子状態を調べてみよう．

図1　ベンゼンの構造式

(1) ベンゼンの永年方程式とその解

ヒュッケル近似によりベンゼンの永年方程式をつくると下式のようになる．ただし，

$$x = \frac{\alpha - E}{\beta} \quad (\alpha；クーロン積分，\beta；共鳴積分)$$

$$\begin{vmatrix} x & 1 & 0 & 0 & 0 & 1 \\ 1 & x & 1 & 0 & 0 & 0 \\ 0 & 1 & x & 1 & 0 & 0 \\ 0 & 0 & 1 & x & 1 & 0 \\ 0 & 0 & 0 & 1 & x & 1 \\ 1 & 0 & 0 & 0 & 1 & x \end{vmatrix} = 0 \implies x = 2, 1, 1, -1, -1, -2 \text{ を得る．}$$

これを解くと

表1　ヒュッケル近似によるベンゼンの軌道エネルギーと波動関数

軌道エネルギー	分子軌道の波動関数
$E_1 = \alpha + 2\beta$	$\Psi_1 = 1/\sqrt{6}\,(\chi_1 + \chi_2 + \chi_3 + \chi_4 + \chi_5 + \chi_6)$
$E_2 = \alpha + \beta$	$\Psi_2 = 1/\sqrt{4}\,(\chi_2 + \chi_3 - \chi_5 - \chi_6)$
$E_3 = \alpha + \beta$	$\Psi_3 = 1/\sqrt{12}\,(2\chi_1 + \chi_2 - \chi_3 - 2\chi_4 - \chi_5 + \chi_6)$
$E_4 = \alpha - \beta$	$\Psi_4 = 1/\sqrt{12}\,(2\chi_1 - \chi_2 - \chi_3 + 2\chi_4 - \chi_5 - \chi_6)$
$E_5 = \alpha - \beta$	$\Psi_5 = 1/\sqrt{4}\,(\chi_2 - \chi_3 + \chi_5 - \chi_6)$
$E_6 = \alpha - 2\beta$	$\Psi_6 = 1/\sqrt{6}\,(\chi_1 - \chi_2 + \chi_3 - \chi_4 + \chi_5 - \chi_6)$

それぞれのエネルギーに対応する分子軌道を求めて得た表．ただし，χ_i は炭素原子 i の 2p 軌道を表す．

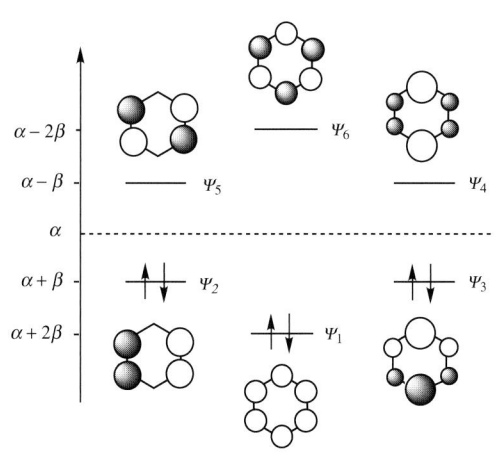

図2　ヒュッケル近似によるベンゼンの分子軌道と電子配置

(2) ベンゼンの分子軌道と電子配置

得られた結果を図示すると図2のようになる．電子は安定な軌道からスピンの向きを逆平行にして2個ずつつまる．図2には，ベンゼンの基底状態の電子配置を併せて示してある．ベンゼンのπ電子はいずれも α より低いエネルギー準位の分子軌道（結合性分子軌道）に入っていることがわかる．

ベンゼンには，Ψ_2 と Ψ_3，Ψ_4 と Ψ_5 のように同じエネルギーを有する分子軌道が存在する．このとき，これらの軌道は「縮重している」という．

(3) 分子軌道とベンゼンの性質

得られた分子軌道とベンゼンの性質がどのように結びつけられるか調べてみよう．

(a) 電子密度：原子 r 上の π 電子密度 q_r は π 電子が占有されている i 番目の分子軌道 Ψ_i についての原子 r の原子軌道の係数 c_{ir} を用いて，

$$q_r = 2\sum_i^{\text{occ}} c_{ir}^2 \quad (\text{occ は被占軌道についてのみ和をとることを表す})$$

と表現される．これに従って原子1上の電子密度を求めると，

$$q_1 = 2\times((1/\sqrt{6})^2+(2/\sqrt{12})^2)=1$$

同様に，他の原子上の電子密度を求めるとすべて1となり，ベンゼンには電荷の分布に偏りがないことが示される．

(b) 結合次数：結合している原子 r と原子 s の間の π 結合次数 p_{rs} は，i 番目の分子軌道 Ψ_i についての原子 r，および原子 s の原子軌道の係数 c_{ir}, c_{is} を用いて，下式のように表される．

$$p_{rs} = 2\sum_i^{\text{occ}} c_{ir}c_{is}$$

ベンゼンの原子1－原子2結合の結合次数を求めると，

$$p_{12} = 2\times((1/\sqrt{6})\times(1/\sqrt{6})+0\times(1/\sqrt{4})+(2/\sqrt{12})\times(1/\sqrt{12}))=2/3$$

同様に，他の結合に関する π 結合次数を求めるとすべて2/3となり，ベンゼンではすべての炭素－炭素結合が等価であり，その次数は単結合（$p=0$）と二重結合（$p=1$）との中間にあることが示される．

(c) 非局在化エネルギー：ヒュッケル近似では，全 π 電子エネルギー E_π は π 電子が占有されている軌道のエネルギー E_i を用いて，次式で与えられる．

$$E_\pi = 2\sum_i^{\text{occ}} E_i$$

ベンゼンについて，全 π 電子エネルギー E_π を求めると，

$$E_\pi = 2\times((\alpha+2\beta)+(\alpha+\beta)+(\alpha+\beta))=6\alpha+8\beta$$

π 電子が局在化している仮想的なベンゼンの π 電子エネルギー $E_{\pi L}$ はエチレン3個分の π 電子エネルギーとみなせるので，$3\times2(\alpha+\beta)=6\alpha+6\beta$ である．$E_{\pi L}$ と E_π の差，$D_E=E_\pi-E_{\pi L}=2\beta$ は，ベンゼンにおいて π 電子が非局在化することによって獲得したエネルギー（非局在化エネルギー）である．

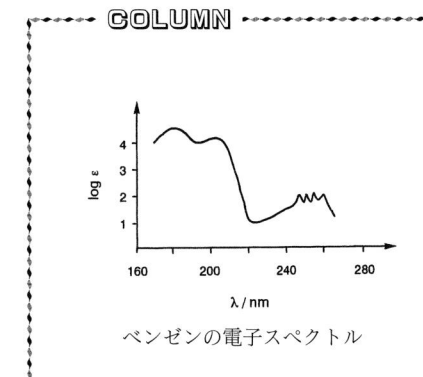

COLUMN

ベンゼンの電子スペクトル

ヒュッケル近似では，ベンゼンのHOMO，LUMOは縮重しているため，これらの軌道間の遷移（$\Psi_2\to\Psi_4, \Psi_2\to\Psi_5, \Psi_3\to\Psi_4, \Psi_3\to\Psi_5$）はすべて同一の波長の吸収を与えることになる．しかし，実際のベンゼンの電子スペクトルには3個の吸収帯が現れる．このように，ヒュッケル近似ではベンゼンの電子スペクトルを説明することができない．これは，ヒュッケル近似では電子間の相互作用が全く考慮されていないためであり，ベンゼンの電子スペクトルの理解にはさらに近似を進めた分子軌道理論が必要になる．

ベンゼンの電子スペクトル

30 芳香族性——ヒュッケル則

　天然に存在する香料には，バニリンやシンナムアルデヒドなどベンゼン環を含むものが多く，古い時代にはベンゼン環が芳香の根源であると考えられていた．芳香族化合物（aromatic compound）という名称はその名残である．現在では，ベンゼンを代表とする環状の共役系化合物が示す特有の性質を芳香族性（aromaticity）といい，その性質をもつ化合物を芳香族化合物とよんでいる．芳香族性を示す化合物にはどのような共通性があるのか，分子軌道理論によって調べてみよう．

図1　天然に存在する芳香族化合物

(1) 単環状共役化合物のヒュッケル分子軌道

　n 個の sp^2 混成炭素原子からなる単環状共役化合物のヒュッケル近似に基づいて計算した分子軌道を，$n=4, 5, 6, 7, 8$ について示す．

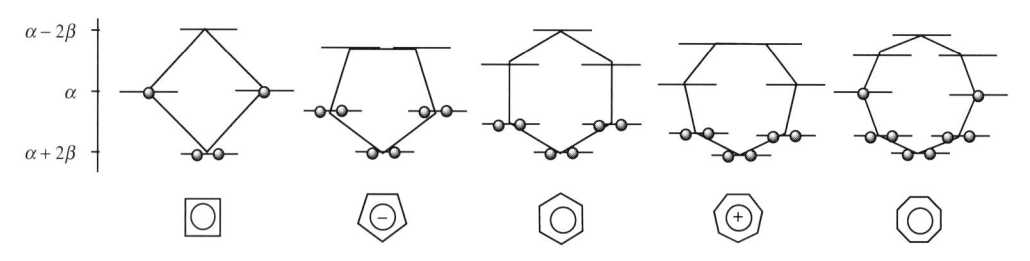

図2　単環状共役化合物のヒュッケル分子軌道

　$n=6$ のときには，α より安定な軌道にすべての電子が対をつくって存在し電子が安定化エネルギーを獲得しており，これはベンゼンの安定性を説明している．同様の電子配置は，$n=5$ に1電子を加えた場合，および $n=7$ から1電子を取り除いた場合にも現れることがわかる．一方，$n=4, 8$ では，安定化のない α のエネルギー準位に不対電子が存在することから，きわめて不安定な電子構造であるといえる．1931年，E. Hückel（ヒュッケル）は，分子軌道理論に基づいた考察から次のような法則を導いた．sp^2 混成軌道をもつ原子が平面状単環式化合物をつくっているとき，π電子が $4n+2$ 個あるとその系は電子的に非常に安定化する．これを，「ヒュッケル則」という．

　また，$4n+2$ 個の π 電子からなる単環式共役化合物は，以下のような共通の性質をもつ．これらの性質を，「芳香族性」という．
(a) 大きな共鳴エネルギーをもち，熱力学的に非常に安定．
(b) 付加反応性が低く，置換反応性が高い．
(c) 環の平面性が高く，環を構成する原子間距離が一様．
(d) 外部磁場を加えると，磁場を打ち消すような2次磁場を誘起するように環電流が流れる．

(2) シクロペンタジエニルアニオンとシクロヘプタトリエニルカチオン

図3 シクロペンタジエニルアニオンの発生

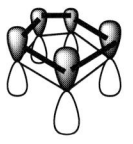

図4 シクロペンタジエニルアニオンにおけるp軌道の重なり
5個の軌道からπ結合が形成され、6個の電子を収容して安定な電子構造をつくる.

シクロペンタジエンの酸性度は炭化水素としては異常に高い（pK_a 16）．これは，発生するアニオンが，ヒュッケル則を満足して安定化するためである．負電荷は五員環内に非局在化しており，5個の炭素原子は等価になっている．一般に，ベンゼン環をもたないが芳香族性を示す化合物を「非ベンゼン系芳香族化合物」という．

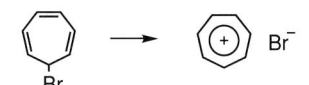

図5 シクロヘプタトリエニルカチオン（トロピリウムカチオン）の発生

臭化シクロヘプタトリエニルは容易にイオン解離し，塩としての性質を示す．シクロヘプタトリエニルカチオンもヒュッケル則を満足する化学種であり，最も安定なカルボカチオンの1つとして知られている．

(3) トロポン（2,4,6-シクロヘプタトリエノン）

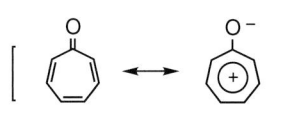

図6 トロポンの共鳴構造式

トロポンもシクロヘプタトリエニルカチオンの誘導体とみることができる．トロポンが塩基性を示すことや大きな双極子モーメント 4.17 D をもつことは，安定なイオン型極限構造が共鳴に大きな寄与をしていることに由来する．

(4) アヌレン

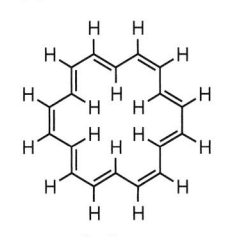

図7 [18]アヌレン

単環式共役ポリエンを総称して「アヌレン」といい，[ ]内に環の炭素数を示して環の大きさを表す．ヒュッケル則を満足する大きいπ電子系が芳香族性を示すかどうかは多くの有機化学者の関心をひくところとなり，さまざまな大環状アヌレンが合成されてその性質が調べられた．1960年代にF. Sondheimer（ゾンドハイマー）らによって合成された［18］アヌレンは，NMRスペクトルの検討から芳香族性をもつことが示されている．

COLUMN

ヒノキチオールの発見

非ベンゼン系芳香族化合物の化学の発展には我が国の有機化学者が大きな役割を果たしている．1926年，台湾に赴任した野副鉄男（1902-1996）はタイワンヒノキの精油の酸性成分の構造決定に着手した．彼はその物質をヒノキチオールと命名し，その構造に対して当時の常識を破るような七員環トリエノン構造を与えた．その後，母体化合物であるトロポン誘導体の合成を世界に先駆けて達成し，さらにアズレンの化学へ展開するなど，非ベンゼン系芳香族化合物の化学の基礎を築いた．

ヒノキチオールの構造式

31 分子軌道法

変分原理によれば，任意の波動関数に対して，系のエネルギーが最小になるように波動関数を選べばそれは真の波動関数に近い．そこで，分子の計算では，分子の波動関数 ψ を n 個の原子軌道の集合 $\{\Phi_i\}$ で1次展開し，n 個の展開係数の集合 $\{C_i\}$ の変化に対し，系のエネルギー ε が最小になるように集合 $\{C_i\}$ を決定してやればよい．

分子の波動関数も規格化されていなければならないので，

$$\psi = \sum_{i=1}^{n} C_i \Phi_i \quad \text{かつ} \quad \int \psi^* \psi \, d\tau = \sum_{i=1}^{n}\sum_{j=1}^{n} C_i C_j \int \Phi_i^* \Phi_j \, d\tau$$
$$= \sum_{i=1}^{n}\sum_{j=1}^{n} C_i C_j S_{ij} = 1 \tag{1}$$

ただし，

$$S_{ij} = \int \Phi_i^* \Phi_j \, d\tau$$

系のエネルギーの期待値 ε は，

$$\varepsilon = \sum_{i=1}^{n}\sum_{j=1}^{n} C_i^* C_j \int \Phi_i^* H \Phi_j \, d\tau \Big/ \sum_{i=1}^{n}\sum_{j=1}^{n} C_i^* C_j \int \Phi_i^* \Phi_j \, d\tau \tag{2}$$

ここで，

$$H_{ij} = \int \Phi_i^* H \Phi_j \, d\tau$$

この定義式を用いると，

$$\varepsilon = \sum_{i=1}^{n}\sum_{j=1}^{n} C_i^* C_j H_{ij} \Big/ \sum_{i=1}^{n}\sum_{j=1}^{n} C_i^* C_j S_{ij} \tag{3}$$

で表される．S_{ij} は，重なり積分 (overlap integral) とよばれ，Φ_i と Φ_j との重なりの大きさを表す．H_{ij} は，$i=j$ のときクーロン積分 (Coulomb integral) とよばれ，通常，α_i で表される．また，$i \neq j$ のとき共鳴積分 (resonance integral) とよばれ，通常，β_{ij} で表される．

式(3)において，エネルギー ε を最小にする条件として，係数 C_i のエネルギー偏微分を0とおくと，集合 $\{C_i\}$ を未知数とする n 個の連立方程式，

$$\sum_{j=1}^{n}(H_{ij} - \varepsilon S_{ij})C_j = 0 \quad (i=1, 2, \cdots, n) \tag{4}$$

が得られる．これらの方程式が集合 $\{C_i\}$ の要素がすべて0でない解をもつためには，次の永年方程式が0でなければならない．すなわち，

$$\det |H_{ij} - \varepsilon S_{ij}| = 0 \tag{5}$$

これを書き換えると，

$$\begin{vmatrix} H_{11} - \varepsilon S_{11} & H_{12} - \varepsilon S_{12} & \cdots\cdots & H_{1n} - \varepsilon S_{1n} \\ H_{21} - \varepsilon S_{21} & H_{22} - \varepsilon S_{22} & \cdots\cdots & H_{2n} - \varepsilon S_{2n} \\ \vdots & \vdots & & \vdots \\ H_{n1} - \varepsilon S_{n1} & H_{n2} - \varepsilon S_{n2} & \cdots\cdots & H_{nn} - \varepsilon S_{nn} \end{vmatrix} = 0 \tag{6}$$

この式を解いて，ε の n 個の根 $\varepsilon_1, \varepsilon_2, \varepsilon_3, \cdots, \varepsilon_n$ を得る．さらに，それぞれの根について，式

(4)および規格化条件(1)を用いて，集合 $\{C_i\}$ の要素をすべて決定し，対応する n 個の分子軌道波動関数 $\phi_i = \sum_{j=1}^{n} C_i \Phi_j$ $(i=1, 2, \cdots, n)$ を求める．

(1) 重なり積分，クーロン積分，共鳴積分

(a) 重なり積分

$S_{ij} = \int \Phi_i^* \Phi_j \, d\tau$ で定義され，原子軌道 Φ_i と Φ_j が一定の距離を隔てて重なるときの重なりの大きさを表す量であり，一般に通常の結合距離(1.2-2.2Å)において，0.2-0.4 程度の大きさをもつ．関与する原子軌道の種類によって異なる値をもつ．

(b) クーロン積分

$\alpha_i = \int \Phi_i^* H \Phi_i \, d\tau$ で定義され，原子軌道 Φ_i を含む原子への電子の集まりやすさを支配し，近似的に軌道のイオン化エネルギーの符号を変えたものに等しい．

(c) 共鳴積分

$\beta_{ij} = \int \Phi_i^* H \Phi_j \, d\tau$ で定義され，異なる2個の原子軌道 Φ_i と Φ_j の重なった領域に存在する電子の量(2つの軌道間の電子密度)を表し，化学結合の形成に重要な役割を果たしている．通常，β_{ij} には次の重要な関係が成立する（ウォルフスバーグ-ヘルムホルツの式）．

$$\beta_{ij} \fallingdotseq K \, S_{ij} (\alpha_j + \alpha_i)/2 \qquad (K=1.75) \tag{7}$$

(2) 種々の分子軌道法

(a) ヒュッケル法 (Hückel Method : HMO)

最も簡単な分子軌道法であり，以下の特徴をもつ．(i) π 電子系のみを取り扱う．(ii) 重なり積分をすべて無視する．分子軌道の規格化は重なりを0とした式を用いる．(iii) 共鳴積分 β_{ij} は，π 共役系に対して，隣接 β 以外は0とおく．

(b) 拡張ヒュッケル法 (Extended Hückel Method : EHMO)

外殻の π 電子系と σ 電子系をすべて含めて計算する．定量性もかなりあるので，軌道相互作用の議論に最適である．EHMO は以下の特徴をもつ．(i) スレーター型原子軌道を用い，σ 電子も含める．(ii) 重なり積分をすべて考慮する．(iii) 共鳴積分 β_{ij} は，通常の有機化合物に対しては，ウォルフスバーグ-ヘルムホルツの式(7)を用いる．(iv) クーロン積分 α_i は，電子のイオン化エネルギー I_i を用いて，$\alpha_i = -I_i$ として評価する．

(c) 非経験的分子軌道法 (*ab initio* MO Method)

積分をすべて基底関数より精密に計算する．3-21 G (*)，6-31 G*，6-31 G** 基底などの高精度関数を用いる．安定構造，エネルギー準位など定量性に優れており，高精度で実験データを再現できる．

32 光の吸収と分子軌道法

　物質の光吸収は，低い分子軌道にあった電子が高い分子軌道に励起されることによって起こる（これを光励起という）．基底状態で最高被占軌道（HOMO；Highest Occupied Molecular Orbital）にあった電子がエネルギーの高い最低空軌道（LUMO；Lowest Unoccupied Molecular Orbital）に光励起された状態が最低励起状態である．水素分子の場合，2個の電子はいずれもHOMOのσ軌道にあり，それによって結合力が生まれているが，光励起などによりHOMOにあった電子がLUMOに入ってしまうと，その電子はバラバラの水素原子にある電子のエネルギーより高いエネルギーをもつことになり，2つの水素原子核を遠ざけるように作用する（図1）．このようなLUMOは反結合性軌道であることを示す「＊」をつけてσ^*軌道とよぶので，σ軌道から反結合性のσ^*軌道への電子の励起は，$\sigma^* \leftarrow \sigma$遷移とよばれる．$\sigma^* \leftarrow \sigma$遷移が起こると解離する場合が多い（光解離）．

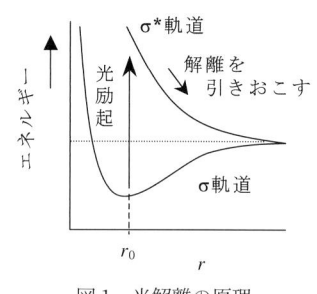

図1　光解離の原理

　エチレンでは，sp^{2}混成軌道に使われなかった残りのp軌道が，π軌道を形成する．結合性軌道がπ軌道（HOMO），反結合性軌道がπ^*軌道（LUMO）である．π軌道の安定化のエネルギーとπ^*軌道の不安定化のエネルギーは，もとのp軌道間の重なりが小さいため，σ軌道やσ^*軌道に比べると小さくなる．つまり，同じ分子では，π軌道にある電子をπ^*軌道に光励起するほうがσ軌道の電子のσ^*軌道への光励起より小さなエネルギーで起こる．これが$\pi^* \leftarrow \pi$遷移である．二重結合がつながって共役二重結合を形成すると，HOMOとLUMOのエネルギー差は小さくなり，$\pi^* \leftarrow \pi$遷移の光吸収は可視領域に現れる．シアニン色素では，共役鎖が伸びると吸収はより長波長になる（図2）．多くの色素はこのようなπ軌道が多数つながった構造をもっているために着色する．

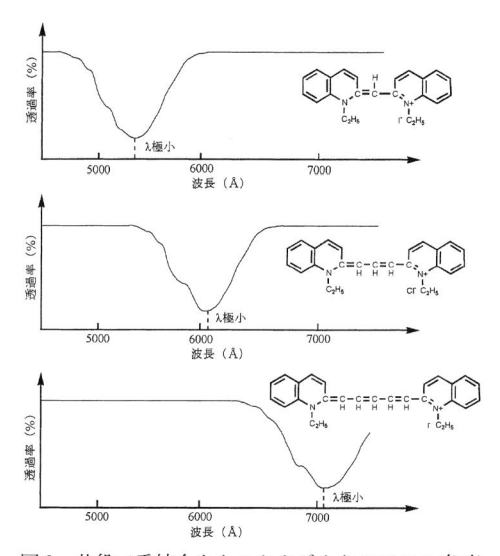

図2　共役二重結合をもつさまざまなシアニン色素の吸収スペクトル

視細胞のロドプシン中にある 11-*cis*-レチナールの光吸収は，共役二重結合の $\pi^* \leftarrow \pi$ 遷移の典型例である．共役二重結合の $\pi^* \leftarrow \pi$ 遷移は，$\sigma^* \leftarrow \sigma$ 遷移のような光解離ではなく光異性化を起こすことがある．共役鎖がその光励起された状態でどこか1つの C=C 二重結合で回転異性化する．ロドプシンの中にある 11-*cis*-レチナールの場合は，光異性化で *all-trans*-レチナールができ，その情報がタンパクから神経に伝わり視覚情報として脳に伝達される（図3）．

図3 レチナールの光異性化

C=O 二重結合をもつカルボニル化合物の代表であるホルムアルデヒドのOの 2p 軌道の1つはCの sp² 軌道の1つと相互作用し，結合性の σ 軌道と反結合性 σ^* 軌道をつくる．Oの第二の p 軌道はCの 2p 軌道と混ざり合って π 軌道と π^* 軌道をつくる．Oの残りの p 軌道（非共有電子対）には2個の電子が詰まっていて，安定化も不安定化もせず非結合性 (non-bonding) であり n 軌道とよばれる．光吸収で重要な役割を担うのは電子の詰まっている軌道では n と π，電子の詰まっていないものでは π^* である．ホルムアルデヒドの場合，最低励起状態は，n 軌道の電子1個が π^* 軌道に移る $\pi^* \leftarrow n$ 遷移で生じる．この遷移では，基底状態でOの非共有電子対にあった電子が，光励起状態ではC─OのCに偏る方向に移動する．基底状態では，電子はOに引きつけられ C^+─O^- の性格が強いが，$\pi^* \leftarrow n$ 励起状態では逆になる．また n 軌道に残る電子1個は孤立した状態に近く，C─O・ラジカルと同様の性格をもっている．この性質がケトンやアルデヒドのラジカル的な光反応の特性を生むことになる．一方，同様の分子であっても，π 軌道の電子が π^* 軌道に移されて生じた $\pi^* \leftarrow \pi$ 励起状態が最低励起状態となるような場合には，$\pi^* \leftarrow n$ 励起状態のような不対電子の局在化がなく，ラジカル性は小さい．

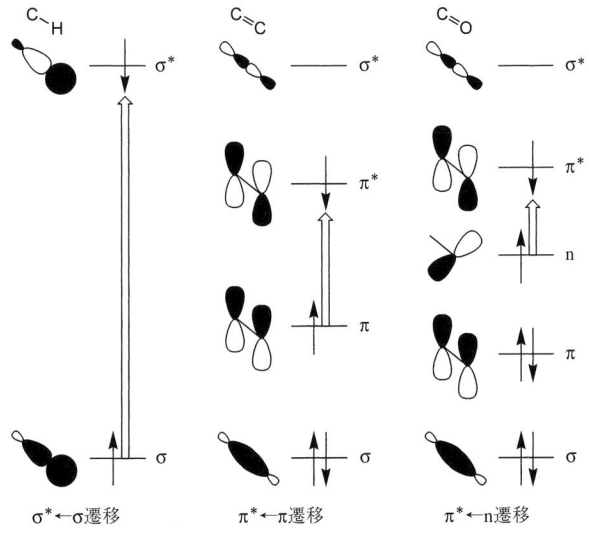

図4 さまざまな結合をもつ分子の光励起による遷移

33 フロンティア軌道理論

1952 年，福井謙一は，化学反応に際して分子表面近傍に広がりをもつ分子軌道が重要な役割を果たすと考え，次のような仮定に基づいてフロンティア軌道理論を提唱した．

(a) ある分子の最もエネルギーが高い被占軌道（電子が入っている分子軌道）を最高被占軌道とよび，HOMO (Highest Occupied Molecular Orbital) と略称する．この軌道のエネルギー準位が高いほど，電子を与えやすく，求核反応性が高くなる．

(b) ある分子の最もエネルギーが低い空軌道（電子が入っていない分子軌道）を最低空軌道とよび，LUMO (Lowest Unoccupied Molecular Orbital) と略称する．この軌道が低いほど，電子を受け取りやすく，求電子反応性が高くなる．

(c) HOMO と LUMO の相互作用が有機化学反応の主な推進力となる．この相互作用による安定化が大きければ，反応の活性化エネルギーが低く，反応速度は速くなると考える．その条件は 2 つある．

(i) HOMO-LUMO 間のエネルギー差が小さいこと（最小エネルギー差の原理）．一方の分子の HOMO のエネルギー準位が高く，他方の分子の LUMO のエネルギー準位が低ければ反応は速い．(ii) 相互作用点の軌道位相が等しく，各軌道の空間的広がりが大きい（最大重なりの原理）．

フロンティア軌道理論で説明される有機化学反応の例を以下に示す．

(1) 求電子置換反応

ナフタレンのニトロ化反応は，選択的に 1 位（α 位）に起こる．これはナフタレンの HOMO の 1 位の炭素の係数が最大であるためだとフロンティア軌道理論ではじめて明快に説明された例である．

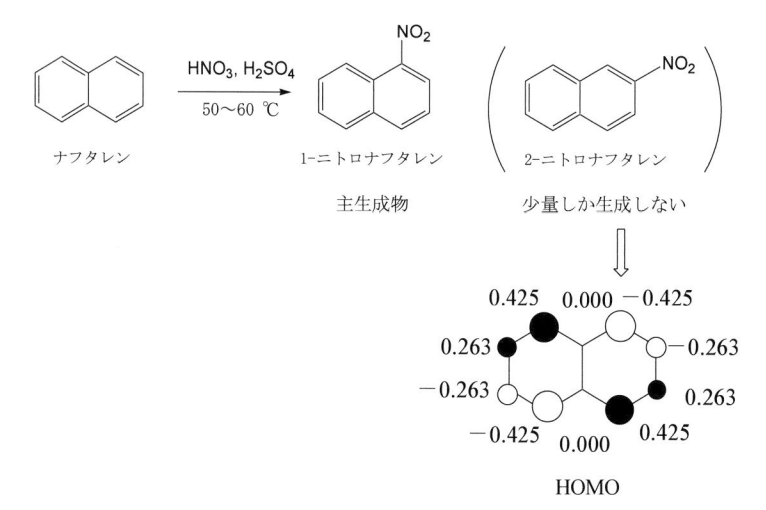

図1 ナフタレンの HOMO の係数

ナフタレンの HOMO（π 型分子軌道）を分子面に垂直な方向からみた図を図1に示す．白丸，黒丸は 2p 軌道の位相を示す（黒が正，白が負，またはその逆）．求電子試薬の反応位置は 2 通

りあるが，試薬は，HOMO の各炭素上での空間的広がり，すなわち HOMO の各炭素の 2 p 軌道の寄与の大きさ（分子軌道の係数）の絶対値が大きい方を優先的に攻撃する．

(2) 付加環化反応

ディールス-アルダー（Diels-Alder）反応は，共役ジエンの HOMO とジエノフィルの LUMO の付加環化反応である．ブタジエンとエチレンのディールス-アルダー反応の例を図 2 に示す．

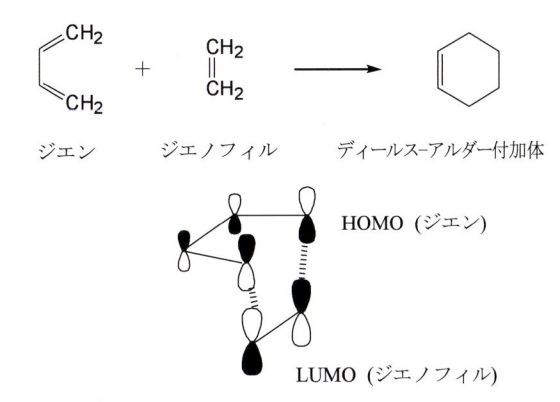

ブタジエンの HOMO とエチレンの LUMO が相互作用して（電荷移動相互作用；ブタジエンからエチレンに電子が移る），反応が進行する．これら 2 つのフロンティア軌道の反応点（2 ヵ所）での相互作用の位相が同位相であることに注意せよ．

図 2　ディールス-アルダー反応のフロンティア軌道相互作用

(3) 2 分子的求核置換反応（S_N2 反応）

$$CH_3I + OH^- \longrightarrow CH_3OH + I^-$$
ハロゲン化アルキル　　求核試薬　　　置換反応生成物
　　　　　　　　　　　　(Nu)

2 分子求核置換反応ではハロゲン化アルキルの LUMO を求核試薬（Nu）が攻撃すると考える．反応基質がヨウ化メチルの例を図 3 に示す．求核試薬は，基質の LUMO の広がりが大きい領域（ヨウ素原子と逆側）からヨウ化メチルの炭素を攻撃し，ヨウ化物イオンが脱離しながら Nu—C 結合が形成され，炭素の立体配置が反転（ワルデン（Walden）反転）して反応が終了する．

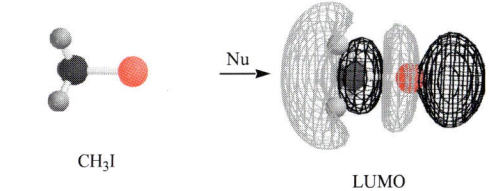

図 3　S_N2 反応のフロンティア軌道論による説明

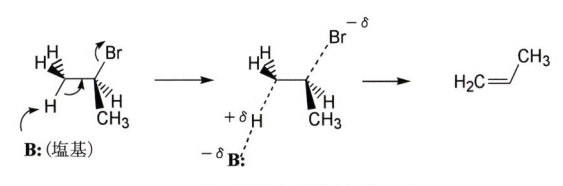

図 4　E2 反応の機構

(4) 2 分子的脱離反応（E2 反応）

この場合にも基質の LUMO が求核試薬（塩基）によって攻撃を受けると考える．ブロモエタンの例を図 5 に示す．メチル基の 3 個の水素のうち，LUMO の広がりが大きいのは C—Br 結合とアンチペリプラナー（同一平面で逆向き）な位置にある水素である．塩基はこの水素を攻撃する．塩基の攻撃が始まり，LUMO に電子が注入されると，C—Br 結合が逆位相なので解離し始める．

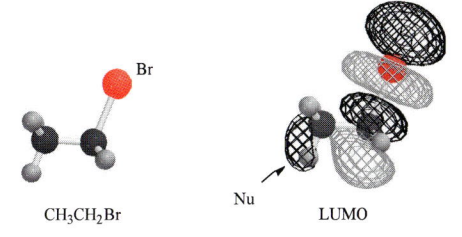

図 5　E2 反応のフロンティア軌道論による説明

34 ウッドワード-ホフマン則

1965年，R. B. Woodward（ウッドワード）と R. Hoffmann（ホフマン）は，化学反応の選択性が関与する分子軌道の反応点の位相に支配されていることを見出し，軌道対称性の保存則としてまとめた．後に，この理論則をウッドワード-ホフマン則とよぶようになり，1950年代に発表された福井謙一のフロンティア軌道理論が注目されるきっかけとなった．特に，π電子系（多くは共役系）が関与し，環状の遷移状態を経由して一段階で進行する一連の協奏反応は，周辺環状反応（pericyclic reaction）とよばれ，付加環化反応，電子環状反応，シグマトロピー転位，キレトロピー反応の4種類の反応が含まれる．周辺環状反応は，有機反応化学における20世紀後半の最大のトピックであり，Hoffmann と福井は1981年ノーベル化学賞を授与された．

これらの反応には，次の特徴がある．(a)比較的低温で起こり，中間体が観測されない一段階（協奏的）反応である．(b)非極性の遷移状態をとり，溶媒効果が大きくない．(c)可逆反応であり，平衡反応になることがある．(d)立体的に規制された遷移状態をとり，高い立体特異性をもつ．(e)熱反応と光反応で立体特異性が逆転する．

(1) 許容過程と禁制過程

周辺環状反応のうちで，比較的低温で起こる立体特異的な反応過程を熱許容過程（thermally allowed process）といい，低温で光照射により起こる立体特異的な反応過程を光許容過程（photochemically allowed process）という．熱許容過程と光許容過程では，常にその立体特異性が逆になる．例を図1に示す．

また，与えられた反応条件では起こらない立体特異的過程を，禁制過程（forbidden process）という．すなわち，同じ反応系で熱許容過程は光反応では禁制過程であり，光許容過程は熱反応では禁制である．

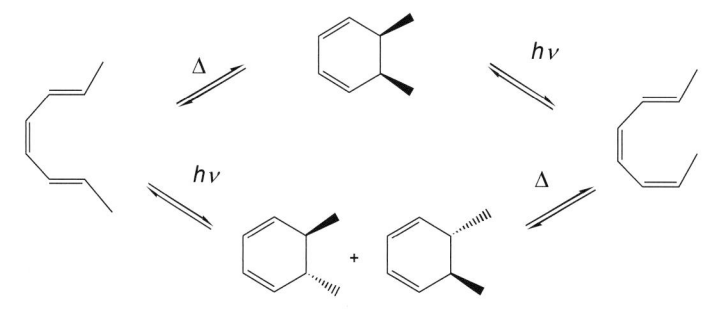

図1 熱許容反応と光許容反応の立体特異性

(2) 同面過程と逆面過程

周辺環状反応の立体化学を考えるうえで重要なのは，分子内の2つの反応部位で結合の生成，あるいは開裂が起こる際の軌道相互作用の空間的方向である．図2に示すように，あるπ電子系（p軌道が1個の場合も含まれる）で反応が起こる場合，(a)のように系が形成する面の一方の

みで結合が生成する場合を，同面過程 (suprafacial) といい，(b)のように面の上下 (または左右) 両方で結合が生成する場合を，逆面過程 (antarafacial) という．σ軌道系でも同様に，σ軌道の同じ側で軌道相互作用が起こる場合を同面過程，逆側で起こる過程を逆面過程と定義する．

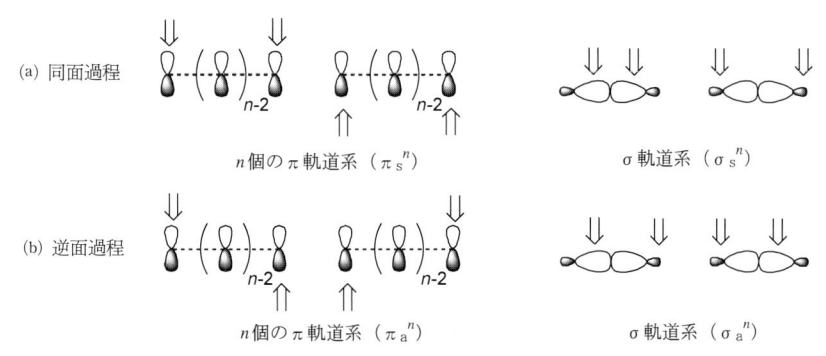

図2 協奏的周辺環状反応における同面過程と逆面過程

これらの過程に関与する電子数を考慮すると，ウッドワード-ホフマン則は次のように一般化して整理することができる．qを正の整数($0, 1, 2, \cdots$)として，反応に関与する電子数 (π または σ) の総和 n が，(i) $4q$ 個の場合：逆面過程の数 p_a が奇数なら熱許容．0 または偶数なら光許容．(ii) $4q+2$ 個の場合：逆面過程の数 p_a が 0 または偶数なら熱許容．奇数なら光許容．

電子数が n 個の同面過程を π_s^n または σ_s^n，逆面過程を π_a^n または σ_a^n と表し，反応にかかわる各過程をあわせて（＋符号を用いて）反応全体を表現する．表1にその一例を示す．

表1 ウッドワード-ホフマン則による許容過程の例

熱反応	光反応
$\pi_s^2 + \pi_a^2$ ($n=4$, $p_a=1$)	$\pi_s^2 + \pi_s^2$ ($n=4$, $p_a=0$)
$\pi_s^4 + \pi_a^2$ ($n=6$, $p_a=0$)	$\pi_s^2 + \pi_s^2 + \pi_a^2$ ($n=6$, $p_a=1$)
$\pi_s^{14} + \pi_a^4$ ($n=18$, $p_a=0$)	$\pi_a^2 + \pi_a^2$ ($n=4$, $p_a=2$)

(3) 同旋過程と逆旋過程

鎖状の共役ポリエンの両端でσ結合を形成して環を生じる分子内反応およびその逆反応を電子環状反応という．その立体選択性は，系の電子数により，また光反応か熱反応かにより逆転する．電子数が $4n$ 個の系では，熱反応では両端の結合が互いに同一方向へ回転するようにして新しい結合が生成し（同旋過程，conrotatory process），光反応では両端の結合が互いに逆方向に回転するようにして新しい結合が生成する（逆旋過程，disrotatory process）．

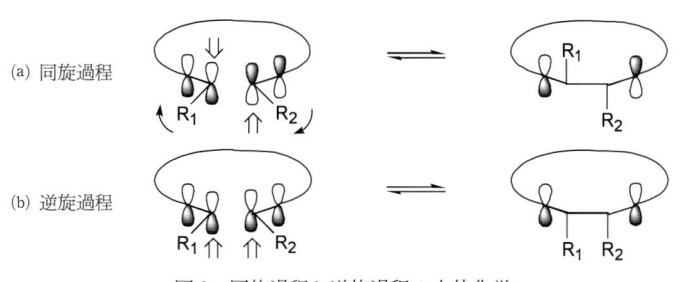

図3 同旋過程と逆旋過程の立体化学

III 有機分子の立体化学

35 構造異性体と立体異性体

　分子式が同じで分子構造の異なる化合物が 2 種類ないしそれ以上存在するとき，この現象を異性といい，これらの化合物は互いに異性体であるという．たとえば，エタノール C_2H_5OH とジメチルエーテル CH_3OCH_3 の分子式は，ともに C_2H_6O であるが，両者は別の化合物であり，互いに異性体である．一般に異性体は，構造異性体と立体異性体とに大別される．

(1) 構造異性体

　分子式は同じであるが，原子の連結順序ないし結合の種類が異なる化合物は，互いに構造異性の関係にあるといい，そのような異性体を構造異性体という．構造異性にはいくつかの種類がある．

(a) 骨格異性：炭素骨格が異なる異性

　（例）

　　　　CH₃－CH₂－CH₂－CH₃　　　　　CH₃－CH－CH₃
　　　　　　　ブタン　　　　　　　　　　　　│
　　　　　　　　　　　　　　　　　　　　　　CH₃
　　　　　　　　　　　　　　　　　　　　　イソブタン

(b) 位置異性：母体化合物の骨格は同一で，置換基の位置が異なる異性

　（例 1）

　　　　CH₃－CH₂－CH₂－OH　　　　　CH₃－CH－CH₃
　　　　　1-プロパノール　　　　　　　　│
　　　　　　　　　　　　　　　　　　　　OH
　　　　　　　　　　　　　　　　　　　2-プロパノール

　（例 2）二置換ベンゼンにおけるオルト，メタ，パラ異性体

　　　　　o-キシレン　　　　m-キシレン　　　　p-キシレン

(c) 官能基異性：官能基が異なる異性

　（例）エタノール C_2H_5OH とジメチルエーテル CH_3OCH_3

(d) イオン化異性：溶液中で電離するイオンが異なる異性

　（例）錯塩 $CoClSO_4 \cdot 5NH_3$ における $[CoCl(NH_3)_5]^{2+} + SO_4^{2-}$ と $[Co(SO_4)(NH_3)_5]^+ + Cl^-$

(e) 連結異性：錯体において，配位子中の複数の原子が金属に配位することによって生じる異性

　（例）$[CoCl(NO_2)(NH_3)_4]Cl$ と $[CoCl(ONO)(NH_3)_4]Cl$

(2) 立体異性体

分子式も構造式も同じであるが，分子の立体構造が異なる異性体が存在することがある．このような異性を立体異性といい，立体異性の関係にある化合物は互いに立体異性体であるという．立体異性は，鏡像異性，幾何異性，立体配座異性などに分類される．

(a) 鏡像異性

ある分子の立体構造を鏡に映したとき，その像（鏡像）がもとの分子と重なり合わない場合には，もとの分子と鏡像分子とは鏡像異性の関係にあるといい，鏡像異性の関係ある立体異性体は互いに鏡像体であるという．鏡像体が存在するためには，立体構造がその鏡像と重なり合わないことと，その2つの立体構造が容易に相互変換しないことである．

(例) 不斉炭素原子に由来する鏡像異性

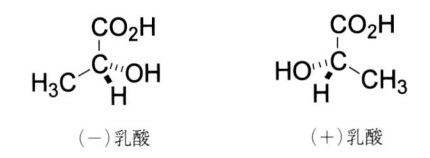

（−）乳酸　　　　（＋）乳酸

(b) 幾何異性

シス-トランス異性ともよばれる．幾何異性は，二重結合に関するものと，環に関するものとに分けられる．

(i) 二重結合に関するシス-トランス異性：同種の基が二重結合の同じ側にある配置をシス形，反対側にある配置をトランス形という．

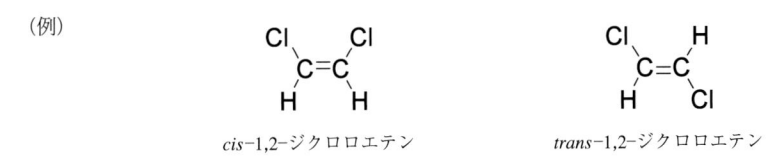

(例)

cis-1,2-ジクロロエテン　　　　*trans*-1,2-ジクロロエテン

(ii) 環に関するシス-トランス異性：同種の基が環の同じ側にある配置をシス形，反対側にある配置をトランス形という．

(例)

cis-1,2-ジブロモシクロヘキサン　　　　*trans*-1,2-ジブロモシクロヘキサン

(c) 配座異性

立体配座の違いによって生ずる立体異性．立体配座とは，単結合の周りの回転によって生ずる異なる立体構造である．

(例) ブタンのアンチ形とゴーシュ形

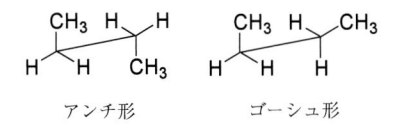

アンチ形　　　　ゴーシュ形

36 立体配座と配座異性体

　単結合は一般に回転することができる．このために，分子はさまざまな形をとることができる．たとえば，エタン CH_3-CH_3 分子の炭素―炭素結合が回転すると，2つのメチル基の相対的な位置関係が異なる無数の形ができる．炭素―炭素結合の数が増えると，分子のとりうる形はきわめて多様になる．たとえば，ガソリンに含まれるオクタン C_8H_{18} は，ジグザグ状の形（図1）や丸まった形（図2）など，さまざまな形をとりうる．いずれの形においても，炭素原子は正四面体形をしており，異なるのは炭素―炭素結合の回転角（ねじれ角）だけである．一般に，結合の回転によって生ずる異なる立体構造を，立体配座ないし配座（conformation）という．分子は無数の立体配座をとりうるが，安定性は異なるので，安定に存在する配座は限られる．また，単結合の回転に要するエネルギー（エネルギー障壁）は小さいことが多く，分子は通常は複数の立体配座の間で絶えず形を変えている．

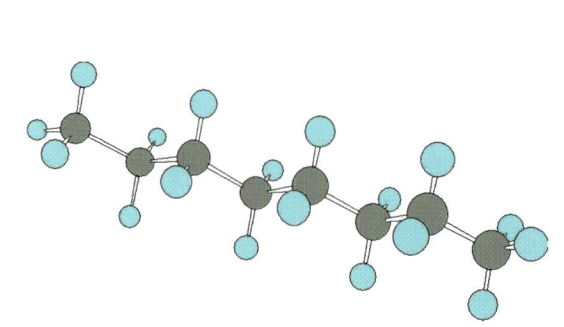

図1　オクタンのジグザグ形配座 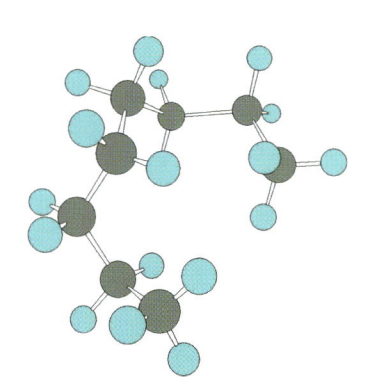　　　　　図2　オクタンの非ジグザグ形配座

(1) 立体配座の表記法

　立体配座は，ふつうは，木挽き台表式，あるいはニューマン投影式で表される．図3にエタンの代表的な配座を示す．

(a) 木挽き台表式　　　　　　　　　　　　(b) ニューマン投影式

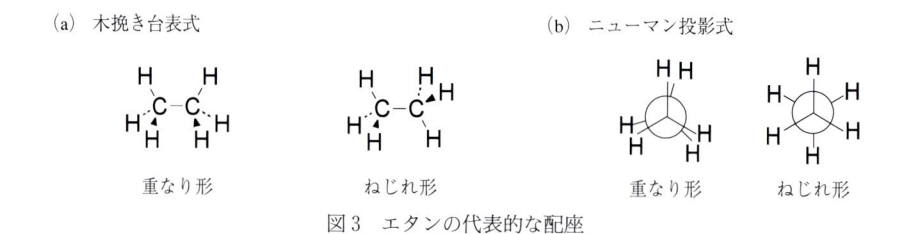

　　重なり形　　　　　ねじれ形　　　　　重なり形　　　　ねじれ形

図3　エタンの代表的な配座

　木挽き台表式において，破線で表した結合は紙面の裏側からのものであることを示し，太線で表した結合は紙面の上からのものであることを示している．ニューマン投影式は，注目する単結合の延長線上から分子を眺めた投影図であり，目に近い方の炭素原子を点で，遠い方の炭素原子を円で表す．

(2) 立体配座とエネルギー

注目した結合の両端の炭素原子から放射線状に出ている各3本の結合の投影線からそれぞれ1本を選び，その2本の投影線のなす角度をねじれ角という．ねじれ角の値によって，配座を表すことができる．ねじれ角が異なると，分子の安定性は異なる．エタン分子の場合，ねじれ角が0°の配座（重なり形配座）が最も不安定で，ねじれ角が60°の配座（ねじれ形配座）が最も安定である．両者のエネルギー差は，約 $3.4\,\mathrm{kcal\,mol^{-1}}$ である．熱平衡状態では，分子はさまざまな立体配座をとる．各立体配座の最安定配座とのエネルギー差を ΔE とすると，各立体配座の存在割合はボルツマン因子 $\exp(-\Delta E/RT)$ に比例する．ここで，R は気体定数，T は絶対温度である．エタン分子の大部分は，最安定配座であるねじれ形として存在する．しかし，この形に固定されているのではなく，さまざまな配座に分布し，しかも，その間で変動している．

(3) 配座異性体

ブタン分子 $\mathrm{CH_3-CH_2-CH_2-CH_3}$ のポテンシャルエネルギーと中央の C—C 結合のねじれ角との関係を図4に示す．3つのエネルギー極小点が存在する．一般に，エネルギー極小点に対応する配座は，互いに配座異性体であるという．ブタンの配座異性体は，いずれもねじれ形配座（図5）である．そのうち，もっとも安定な配座異性体は，メチル基どうしが最も離れた構造をもつアンチ形である．他の2つの配座異性体はゴーシュ形とよばれ，メチル基どうしが約60°離れている．ゴーシュ形はアンチ形よりも約 $0.9\,\mathrm{kcal\,mol^{-1}}$ 不安定である．ブタン分子は，室温では約72%がアンチ形，28%がゴーシュ形として存在している．もし，アンチ形とゴーシュ形を分離して取りだすことができれば，両配座異性体の融点，沸点，密度などの物理的性質は異なると期待される．しかし，両配座異性体は，室温では分離することができない．両配座異性体間のエネルギー障壁が $3.8\,\mathrm{kcal\,mol^{-1}}$ と非常に低いためである．通常，単結合の回転のエネルギー障壁は低く，配座異性体の分離は困難である．しかし，化合物によっては，エネルギー障壁が高く，配座異性体が実際に分離されるものもある．

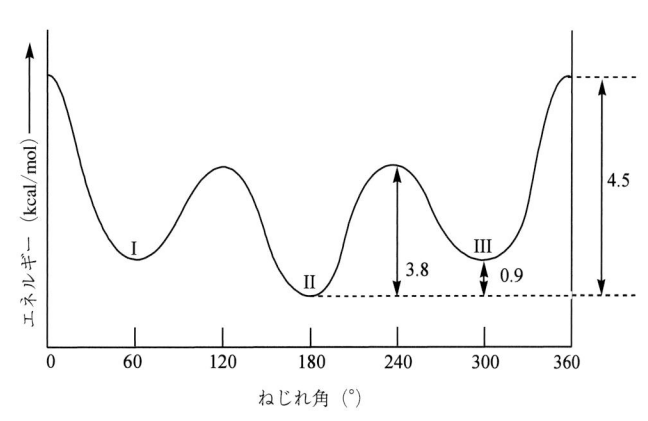

図4 ブタン分子の中央の C—C 結合のねじれ角とポテンシャルエネルギー

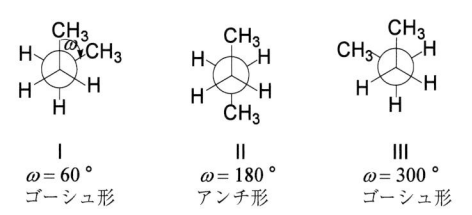

I
$\omega = 60°$
ゴーシュ形

II
$\omega = 180°$
アンチ形

III
$\omega = 300°$
ゴーシュ形

図5 ブタン分子の典型的なねじれ形配座

37　環状化合物の立体配座

sp³ 混成原子から構成されている環状化合物は自然界にも多く存在する．特に，6 個の原子からなる環をもつ化合物は多い．最も代表的な環状炭化水素であるシクロヘキサンとその誘導体について，その構造を考えてみよう．

(1) シクロヘキサン

鎖状化合物と同様に，環状化合物の sp³ 炭素原子は正四面体角 (109.5°) の結合角をとろうとし，炭素—炭素結合についてはねじれ形配座をとろうとする．この結果，シクロヘキサンでは図 1 のような立体配座が最も安定となる．これを「いす形配座」という．

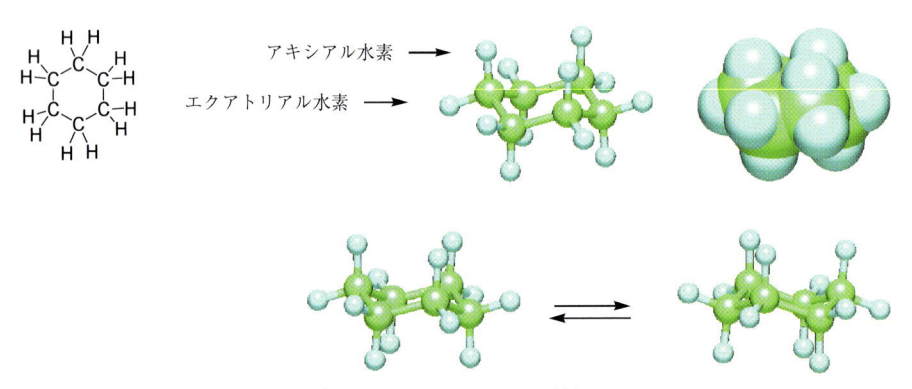

図 1　シクロヘキサンの反転

(a) シクロヘキサンの反転

2 つのいす形間の相互変換を，「シクロヘキサンの反転」という．反転によりアキシアル水素とエクアトリアル水素はその位置を交換する．

(b) シクロヘキサンの立体配座の変化に伴うポテンシャルエネルギーの変化

反転に必要なエネルギー 11 kcal mol⁻¹ は通常の条件下では充分に供給されるため，2 つのいす形は速やかに相互変換している．

(2) メチルシクロヘキサン

シクロヘキサンの水素を 1 個メチル基に置き換えると，反転によってメチル基がエクアトリアル位置を占める配座 (図 3 I) と，アキシアル位置を占める配座 (図 3 II) の二種類の配座異性体が生ずる．メチル基が込みあいの少ない配座 I の方が安定である．

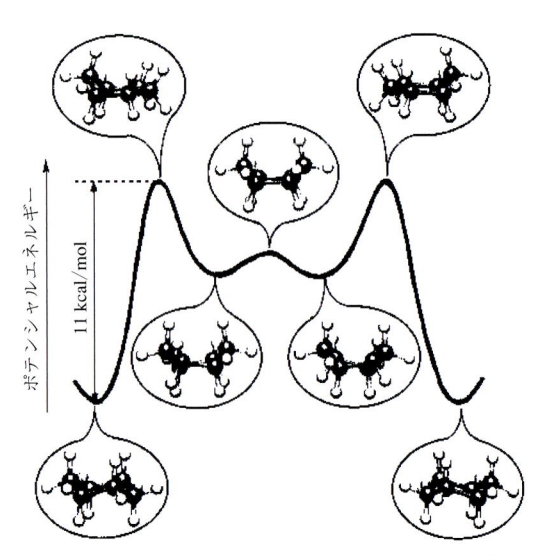

図 2　シクロヘキサンの反転に伴うエネルギー変化

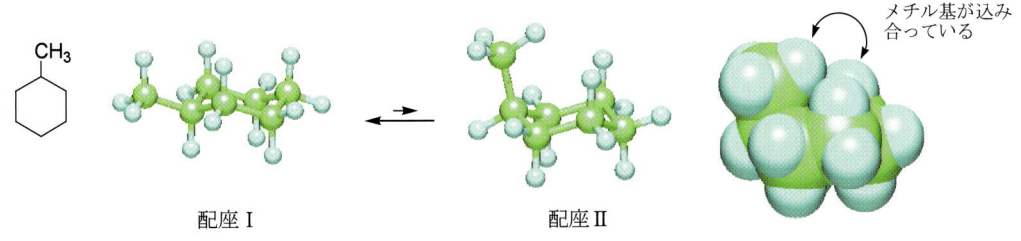

図3　メチルシクロヘキサンの反転

(3) 1,2,3,4,5,6-ヘキサクロロシクロヘキサン（ベンゼンヘキサクロリド，BHC）

1940年代から殺虫剤として多用されたが，環境汚染の原因となったため，1971年に使用が禁止された．塩素原子の相対的な位置関係によって多数の立体異性体がある．

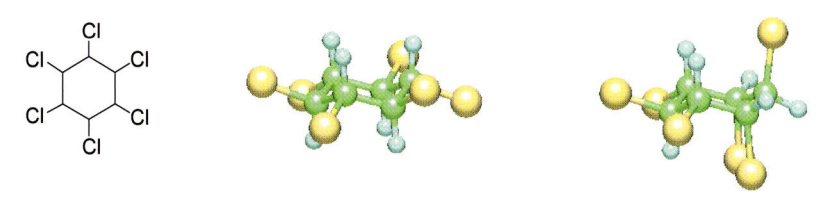

すべての塩素原子がエクアトリアル位置にある最も安定な異性体．殺虫効果はほとんどない．

リンデン，あるいは γ-BHC とよばれる最も殺虫作用が強い異性体．

図4　BHC の代表的な立体異性体の構造

(4) グルコース

自然界に最も多く存在する糖である D-(+)-グルコースは，通常，酸素原子を1つ含む六員環状構造を形成している．水溶液中では，1位炭素—酸素結合の開裂を経由して2個の異性体の平衡混合物として存在している．

α-D-(+)-グルコース　　　α-D-(+)-グルコース　　　β-D-(+)-グルコース

図5　グルコースの異性化

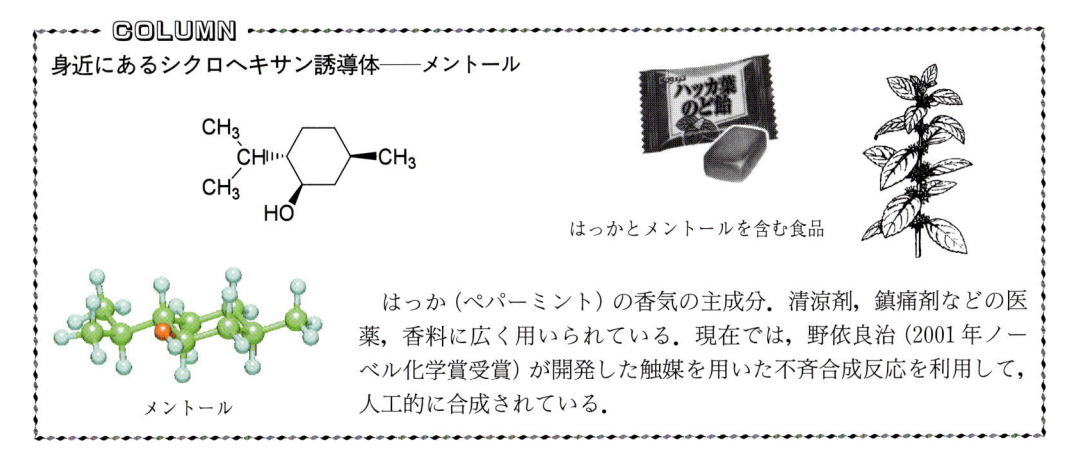

COLUMN

身近にあるシクロヘキサン誘導体——メントール

はっかとメントールを含む食品

メントール

はっか（ペパーミント）の香気の主成分．清涼剤，鎮痛剤などの医薬，香料に広く用いられている．現在では，野依良治（2001年ノーベル化学賞受賞）が開発した触媒を用いた不斉合成反応を利用して，人工的に合成されている．

38 幾何異性体

立体異性体の一種．シス-トランス異性体ともいう．二重結合と環構造に関するものとがある．

(1) 二重結合についてのシス-トランス異性

エチレン誘導体 abC＝Ccd において，a≠b かつ c≠d の場合には，二重結合の周りの基の配置が異なる2種類の立体異性体が存在する（図1）．このタイプの異性を，シス-トランス異性，あるいは幾何異性という．abC＝Cab (a≠b) において，二重結合に関して同種の基（たとえば a）が同じ側にある配置をシス形，反対側にある配置をトランス形という（図2）．

図1　シス-トランス異性　　　　図2　シス形，トランス形の定義

シス-トランス異性の関係にある2種類の異性体は，ジアステレオマーの関係にある．すなわち，鏡像異性の関係になく，すべての物理的，化学的性質が異なる．たとえば，マレイン酸とフマル酸とは互いにシス-トランス異性の関係にあり，マレイン酸はシス形，フマル酸はトランス形の配置をもつ．いずれも光学的に不活性である．融点はフマル酸がマレイン酸よりも著しく高い（フマル酸；300 °C，マレイン酸；133 °C）．フマル酸は，加熱しても変化しにくいのに対して，マレイン酸は加熱によって容易に水を失って，無水マレイン酸に変化する（図3）．

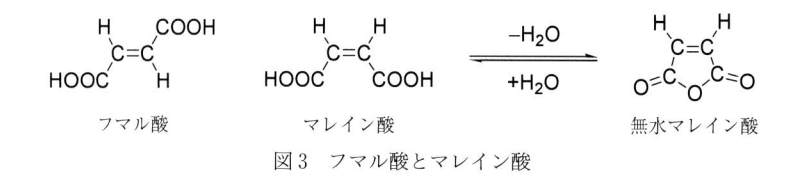

図3　フマル酸とマレイン酸

シス-トランス異性は，N＝N や C＝N などの二重結合についても存在する（図4）．

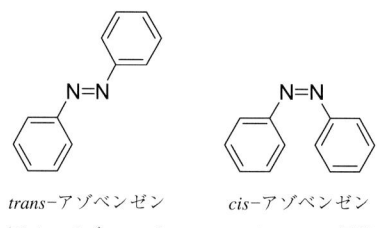

図4　アゾベンゼンのシス-トランス異性

(2) 環についてのシス-トランス異性

シス-トランス異性は，シクロヘキサンのような環状化合物にも存在する．たとえば，1,2-ジクロロシクロヘキサンでは，2種類の立体異性体が存在する．すなわち，2つのクロロ基がともにシクロヘキサン環の同じ側にあるシス体と，反対側にあるトランス体である（図5）．

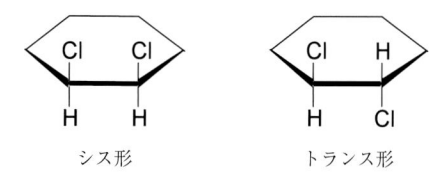

図5　1,2-ジクロロシクロヘキサンのシス-トランス異性

この2種類の立体異性体が存在することは，シクロヘキサン環がいかなる立体配座をとるかとは無関係である．すなわち，シクロヘキサン環は平面構造であると仮定して考えればよい．すでに述べたように，シクロヘキサン環はさまざまな非平面形配座との間で変動している．たとえば，cis-1,2-ジクロロ体では，一方のC—Cl結合はエクアトリアル位に，もう一方のC—Cl結合はアキシアル位をとる．シクロヘキサン環が反転すると，エクアトリアル位にあったC—Cl結合はアキシアル位に，アキシアル位にあったC—Cl結合はエクアトリアル位に変化する．このように，2つのいす形配座の間で相互変換している．しかし，どちらの配座においても，2つのクロロ基は分子面の同じ側に位置している（式1）．

$$\qquad \qquad \rightleftarrows \qquad \qquad \tag{1}$$

一方，$trans$-1,2-ジクロロ体では，2つのC—Cl結合がともにアキシアル位にある配座と，両C—Cl結合がともにエクアトリアル位にある配座との間で相互変換している．しかし，シクロヘキサン環がいかなる立体配座をとろうと，2つのC—Cl結合が，シクロヘキサン環に関して反対側にあることは変わらない（式2）．

$$\qquad \qquad \rightleftarrows \qquad \qquad \tag{2}$$

一般に，環に関するシス-トランス異性は，六員環に限らず，環の立体配座を平面であると仮定して得られる結論と一致する．

39　キラリティーと鏡像異性体

(1) キラルとは

我々の手や足のように，左右の区別があり，鏡に映した鏡像体と実物を重ね合わせることのできないものをキラルといい，我々の体全体のように，鏡の中の像が実物と区別できないものをアキラルという．これには鏡像体という別のものは存在しない．つまりキラルとは鏡像体が存在するものであり，アキラルとは存在しないものである（図1）．

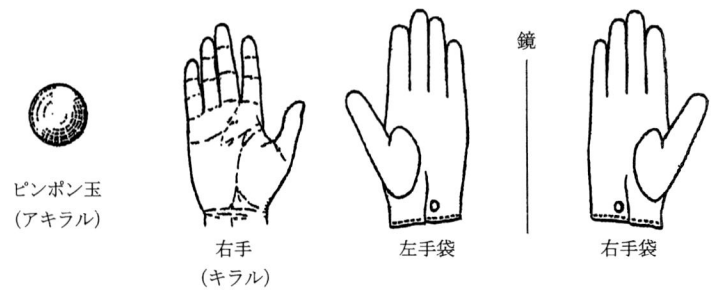

図1　キラリティーと鏡像体

(2) 不斉原子と鏡像異性体

中心原子の4本の結合の手にそれぞれ異なった原子・置換基が結合している場合には，鏡像体が存在し，光学異性体（鏡像異性体：エナンチオマー）とよばれる．また，そのような原子を不斉原子といい，不斉原子を複数もつ化合物もたくさんある．キラルな部分を構成する置換基や原子の空間的配置を化合物の絶対配置という．その記述には，L, D 方式，R, S 方式，金属錯体の場合の Δ, Λ 方式等がある．

最も一般的に用いられている R, S 方式による絶対配置の決定法を以下に示す．

第一段階：後述する〔順位規則〕に従って不斉原子に結合している4個の原子・置換基の優先順位を決定する．

第二段階：優先順位が一番低い原子・置換基を紙面の裏側に向け，残った3個の原子・置換基を眺める．優先順に①，②，③とすると，①→②→③が時計回りであれば R 配置（rectus，ラテン語の右），反時計回りであれば S 配置（sinister，ラテン語の左）と表記する（図2）．

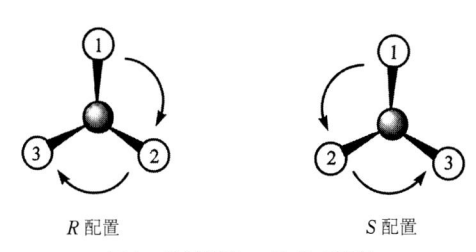

図2　絶対配置の R, S 表記法

〔順位規則〕
1. 不斉原子に結合している原子が4個とも異なる場合，優先順位は原子番号の順となる．
2. 規則1で決められない場合は，置換基の次の原子の位置で同様の比較をして決める．
3. 二重結合または三重結合は，両方の原子を二重または三重に考慮する．

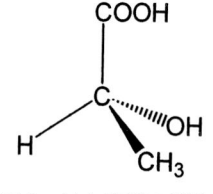

図3 （＋)-乳酸の構造

筋肉の収縮で生成する乳酸は右旋性を示し，図3の構造をもっている．不斉炭素原子に結合している置換基の優先順位は，OH＞COOH＞CH_3＞H であり，最も優先順位の低い H を紙面裏側に向けて眺めると，OH→COOH→CH_3 は反時計回りになるので，この乳酸は S 体である．

(3) キラリティーの発見

キラリティーの発見は約150年前のパスツールの時代に遡る．パスツールは，酒石酸アンモニウムナトリウムの結晶に鏡像関係にある2種があるのに気づき，それを丹念によりわけた．それぞれを水に溶かして旋光性を調べたところ，一方は偏光を右に回し，他方は左に回すことがわかった．当時，鏡像関係にある結晶は水晶などですでに知られており，両鏡像結晶は逆の旋光性を示すことも知られていたが，パスツールはその旋光性の違いが結晶構造の違いによるのではなく，水に溶かしても失われない分子そのものの固有の性質であることを実験的に見事に示したのである．27 ℃以上では水溶液からアキラルな結晶が得られる（図4）．

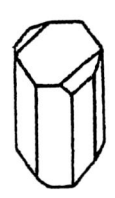

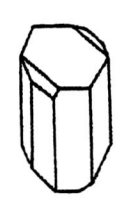

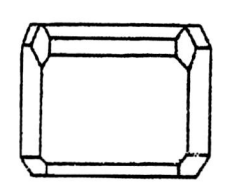

右旋性　　　　左旋性
$Na(NH_4)C_4H_4O_6·4H_2O$
（27 ℃以下で結晶化）

アキラル
$Na(NH_4)C_4H_4O_6·H_2O$
（27 ℃以上で結晶化）

図4 酒石酸アンモニウムナトリウム塩の結晶形と旋光性

COLUMN

キラルな動物たち

多くの動物の外見は左右対称で，アキラルである．しかし例外もあり，巻き貝には右巻きと左巻きがある．現存する巻き貝の9割は右巻きであるが，右巻き種の中にもごくわずか（0.1～2%）逆巻きが天然に存在する．巻型は母親の遺伝子で決定されるがその遺伝子はまだ明らかになっていない．また，左右対称な動物においても体内構造は非対称である．近年，動物の体の左右軸を決定する遺伝子の研究が盛んになってきている．貝の進化の歴史において巻型逆転が何回か起きたと考えられており，その点からも興味深い．

▲ある種の巻き貝（*Lymnaea stagnalis*）の左巻きと右巻き

40　複数のキラル中心をもつ化合物

(1) 2つの異なったキラル中心をもつ化合物

　互いに鏡像異性（エナンチオマー，対掌体）でない立体異性体どうしを，互いにジアステレオマー（diastereomer）であるという．不斉炭素原子が2個以上ある分子には，互いにジアステレオマーの関係にある立体異性体が存在する．下の例では，トレオースはエリトロースのジアステレオマーである．

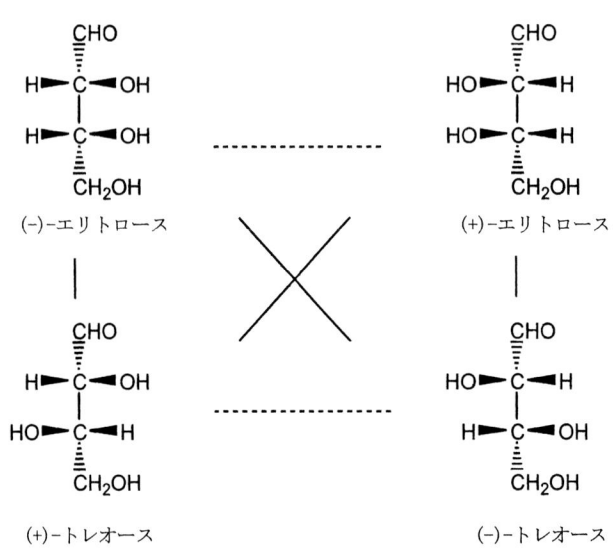

図1　エナンチオマーとジアステレオマー
（破線はエナンチオマーの関係，実線はジアステレオマーの関係）

(2) 2つの同じキラル中心をもつ化合物

　例として酒石酸をあげる．**1**(2R, 3S) の鏡像体は **2**(2S, 3R) と等価である．したがって，**1** はアキラルで，光学不活性である．このように不斉炭素原子をもちながら光学不活性となる立体異性体をメソ異性体（meso isomer）という．酒石酸には光学活性の **3**，**4**，および不活性（メソ）の **1** の計3種の異性体がある．

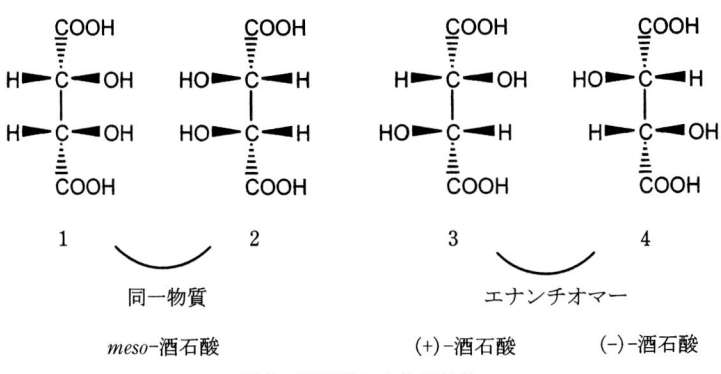

図2　酒石酸の立体異性体

(3) ラセミ体とは

アキラルな分子は旋光性を示さない．一方，キラル要素をもつ化合物でも，両鏡像異性体が当量混合していると，旋光性は打ち消しあい，みかけ上旋光性を示さない．このような混合物をラセミ体（racemate）といい，（±）または dl の記号で示す．

(4) フィッシャー（Fischer）投影図

立体配置をわかりやすく見せるのに正四面体図，くさび画法を用いることがある．しかし最もよく用いられるのは，これらをより簡単にしたフィッシャー投影図である．図3にグリセルアルデヒドの例を示す．エナンチオマーをくさび画法およびフィッシャー投影図で示した．Fischer投影図においては，中心の不斉炭素原子は紙面にあり，左右の結合は紙面から上向きに，上下の結合は紙面から下向きにのびている，と約束する．

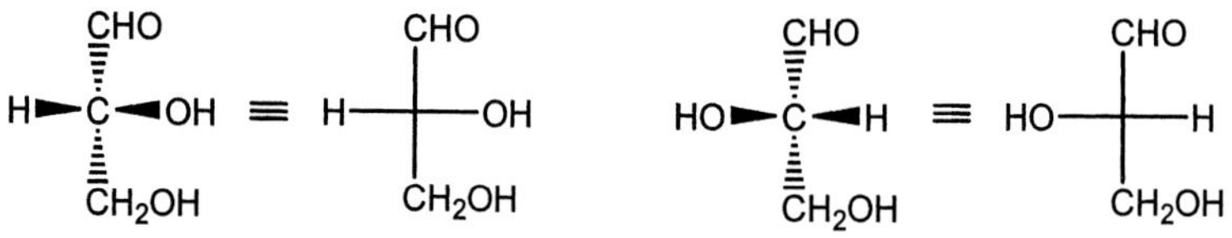

(R)-グリセルアルデヒド　　　　　　(S)-グリセルアルデヒド

図3　フィッシャー投影図の表記法

(5) 多数のキラル中心をもつ化合物

有機化合物の構造が複雑になると，多数のキラル中心をもつ可能性が高くなる．一般に n 個のキラル中心をもつ化合物では，2^n 個の立体異性体が存在する（ただし，メソ化合物が存在する場合は，2^n 個より少なくなる）．我々の食料である炭水化物を構成する糖は，5個，あるいは6個の炭素原子からなる化合物であり，ペントース，ヘキソースとよばれているが，それぞれ3個，4個のキラル中心をもっている．したがって，たとえばペントースには $2^3=8$ 個の立体異性体が存在する．それらは4対のエナンチオマー対に分類されるが，一方のエナンチオマーだけが自然界に存在する．それらの構造式を図4に示す．これらは，互いにジアステレオマーの関係にある．

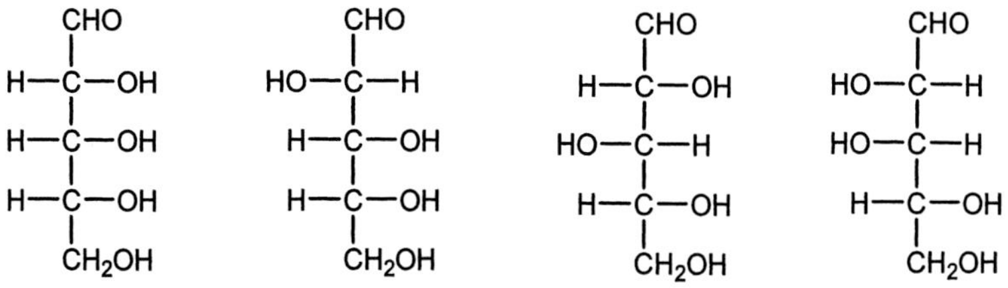

D-リボース　　　D-アラビノース　　　D-キシロース　　　D-リキソース

図4　自然界に存在するペントースの構造

41 鏡像異性体の物性と反応性

(1) 旋光性

旋光性とは，直線偏光がある物質を通過するとき，偏光面が回転する現象である．偏光面を一定角度回転させることができる化合物は光学活性物質といわれる（図1）．一方のエナンチオマーが偏光面を時計方向に回転させると，他方のエナンチオマーは同一条件では同じ角度だけ反時計方向に回転させる．光の進行方向から見て時計方向の回転は右旋性(dextrorotatory)，反時計方向の回転は左旋性(levorotatory)といい，それぞれ d または($+$) および l または($-$) で示す．

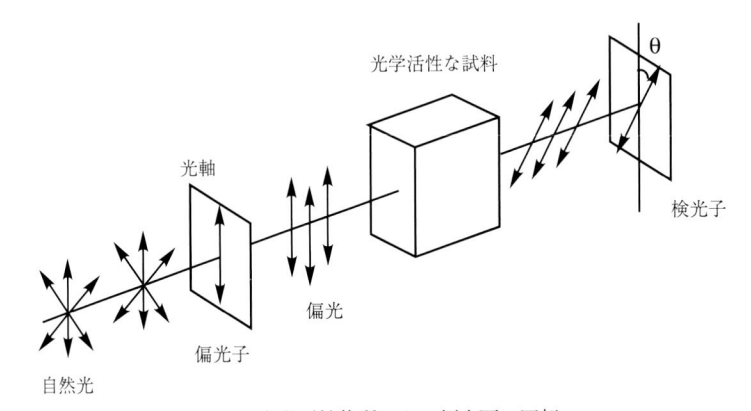

図1 光学活性物質による偏光面の回転

回転の大きさは化合物の種類だけではなく，濃度，光路の長さ，溶媒，用いる光の波長，温度によって異なるので，ある指定された温度，波長，溶媒に対して，溶液1ml当たり1gの光学活性物質を含む，長さ10cmのセルの試料の旋光を比旋光度(specific rotation) $[\alpha]^t_\lambda$ と定義する．λ は用いた光の波長または種類，t は温度を示す．一般には以下のとおり．

$$[\alpha]^t_\lambda = \frac{旋光度の実測値(°)}{試料の長さ(dm) \times 濃度(g/ml)}$$

偏光面が回転しながら進む円偏光には，右巻きと左巻きがある．これらの円偏光に対する吸光係数の差 ($\Delta\varepsilon = \varepsilon_l - \varepsilon_r$) を波長に対してプロットしたのが円二色性(circular dichroism)スペクトルで，各吸収波長に対する光学活性な性質を知ることができる．

(2) 鏡像異性体の物性

エナンチオマーは旋光性およびキラルな試薬との反応性を別にすれば，すべての物理的性質，化学的性質が等しい．2-メチル-1-ブタノールの物性を例として以下に示す．

表1 ($+$) および ($-$)-2-メチル-1-ブタノールの性質

	($+$)-2-メチル-1-ブタノール	($-$)-2-メチル-1-ブタノール
比旋光度	$+5.90°$	$-5.90°$
沸点	128.9 °C	128.9 °C
密度	0.8193	0.8193
屈折率	1.4107	1.4107

(3) 鏡像異性体の反応性

光学活性化合物（キラル）と光学不活性化合物との反応では反応性は同じであるが，キラルな化合物とは左右により反応性が異なる．生体系においては，この光学活性化合物の反応性は特に重要である．なぜなら我々を含む地球上の生物は，L-アミノ酸により成るタンパク質から構成され，また核酸中のデオキシリボースはD型のみから構成されており，ホモキラルであるために，光学活性体が対掌体により生理活性をまったく異にする場合がある．たとえばグルタミン酸の場合，L体（S）には旨味があるが，D体（R）には旨味はなく酸味が感じられるだけである．

妊婦が服用することで胎児に奇形を引き起こすという不幸な事件のために有名になったサリドマイド（図2）（N-phthaloylglutamimide）は，R体は催奇形性をもたないがS体は強い催奇形性を示すことが動物実験から示唆されている．なお，当初ラセミ体を使用したことが悲惨な薬害事件を引き起こした原因とされていたが，最近ではサリドマイド分子は生体中（胃のような酸性条件下）で容易にラセミ化することが確認されている．サリドマイドはハンセン病などの特効薬として，現在，再認可され使用されている国もある．また抗パーキンソン剤として知られているドーパも，光学異性体R，S体で薬理活性が異なる．農薬の効果も，鏡像異性体によって大きく異なることがある．このように生体構成物質がキラルであることにより，光学活性化合物との反応性が鏡像異性体によって異なる．

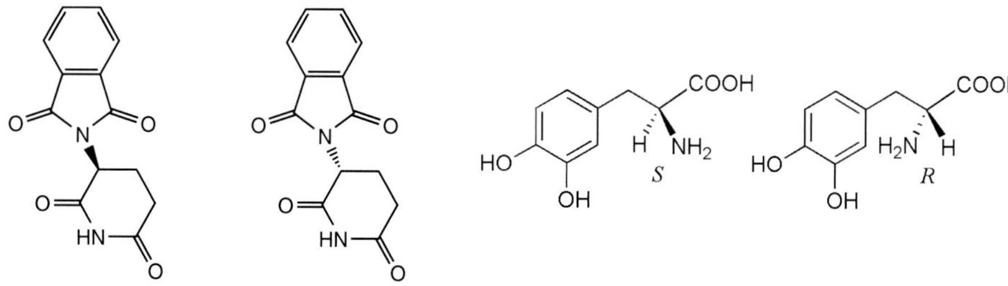

(S)-(−)-サリドマイド（催奇形性）　　(R)-(+)-サリドマイド（無毒）　　(S)-ドーパ（抗パーキンソン剤）　　(R)-ドーパ（生理作用なし）

図2　サリドマイドとドーパの構造

> **COLUMN**
> ### 生命世界のホモキラリティーと生命の起源
> 　生命世界は核酸を構成している糖と，タンパク質を構成しているアミノ酸がそれぞれD-型，L-型のみと，左右の一方から成っている．これを生命世界のホモキラリティーという．キラリティーは地球上の全生物に共通しており，進化の歴史をたどっても同じであった．キラリティー決定は化学進化の結果なのか生物進化の結果なのか，今のキラリティーに決まったのは偶然か必然か？　これらは生命の起源に関連した重大な謎である．生命世界のキラリティー決定にはさまざまな仮説がある．地球上の生命は，宇宙の偏光によって破壊されにくいL-アミノ酸をより多く含んだ隕石が地球に落ちてきてそこから何らかの過程を経て誕生したとする説もある．

42 分子不斉

不斉炭素原子などのキラル中心をもたないが,分子全体の対称性によって分子がキラルになる現象を「分子不斉」という.分子不斉を示す代表的な分子を以下に示す.いずれの化合物も,鏡像とそれ自身との相互変換速度は非常に遅いので,室温で光学分割することができる.それぞれ,鏡像がそれ自身と重ならないことを確かめてみよう.

(1) アレン誘導体

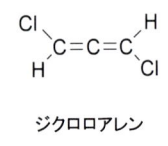

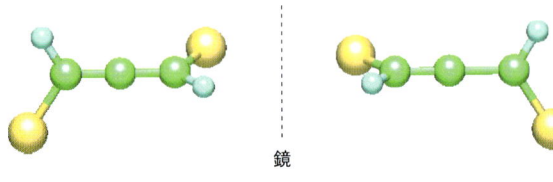

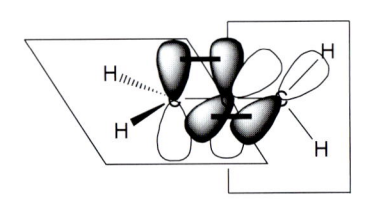

ジクロロアレン

アレン分子を構成する p 軌道の重なり

アレン $H_2C=C=CH_2$ は,紙面に書いた構造式では平面構造に見えるが,実はそうではない.両端の $C=CH_2$ 部分は平面であるが,中央の炭素原子の左右でその平面は直交している.混成軌道の考え方を用いると,両端の炭素原子は sp^2 混成,中央の炭素原子は sp 混成軌道をとっているとみることができる.アレン誘導体の分子不斉は $C=C=C$ 結合軸に関する不斉であるから,「軸不斉」ともよばれる.

(2) ビナフチル誘導体

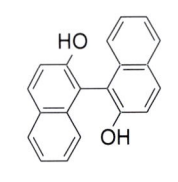

1,1'-ビナフチル-2,2'-ジオール

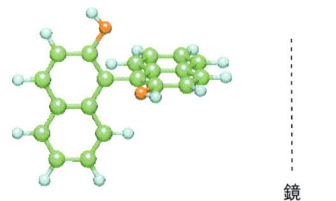

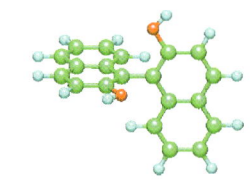

鏡

ビナフチル誘導体も平面構造ではない.2個のナフチル基は,それらの間の立体的な反発を避けるように互いにほぼ直交した構造をとっている.しかも,2個のナフチル基を結んでいる炭素—炭素単結合の周りの回転障壁は非常に高いので,室温では回転は起こらない.これも軸不斉の例である.

COLUMN

不斉触媒 BINAP 遷移金属錯体

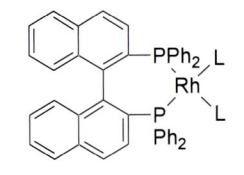

Ph はフェニル基,L は配位子を表す

光学活性な物質を化学合成する方法を,不斉合成という.不斉合成を行うためには,反応系がキラルでなくてはならない.野依良治は,ビナフチルの分子不斉を利用して光学活性な触媒 BINAP 遷移金属錯体を開発した.この物質は,不斉合成のための優れた触媒として,さまざまな光学活性物質の合成に利用されている.

(3) シクロファン誘導体

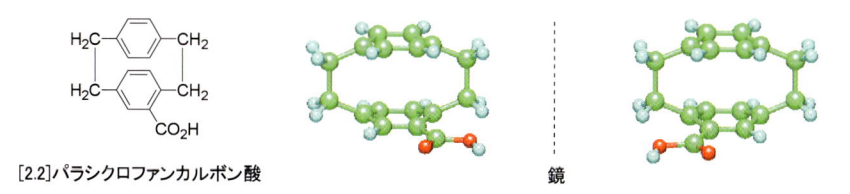

[2.2]パラシクロファンカルボン酸　　鏡

　ベンゼン環のオルト，メタ，あるいはパラ位が架橋された化合物群を「シクロファン」という．上記の化合物の基本骨格である [2.2]パラシクロファンは，2個のベンゼン環が向き合って平行に並んだサンドイッチのような構造をもっている．それぞれのベンゼン環は，他方のベンゼン環の立体的な影響のため，室温において自由に回転することができない．シクロファンの分子不斉は，ベンゼン環のつくる面に基づいて発生する不斉であるから，「面不斉」ともよばれる．

　面不斉の他の例として，メチレン鎖によって架橋されたパラシクロファン，あるいは *trans*-シクロオクテンがある．いずれも，一方の鏡像異性体のみ示した．

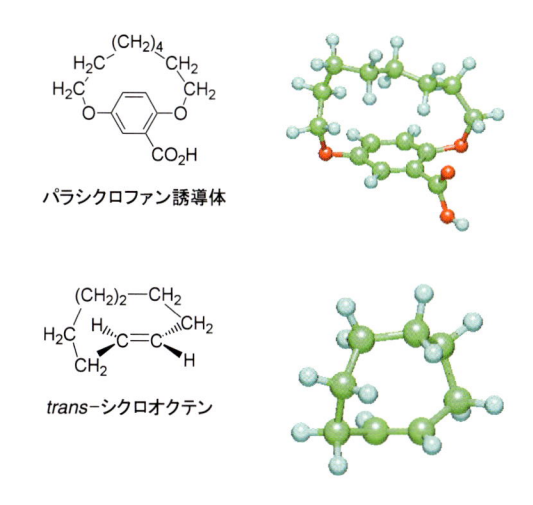

パラシクロファン誘導体

trans-シクロオクテン

(4) ヘリセン

ヘキサヘリセン 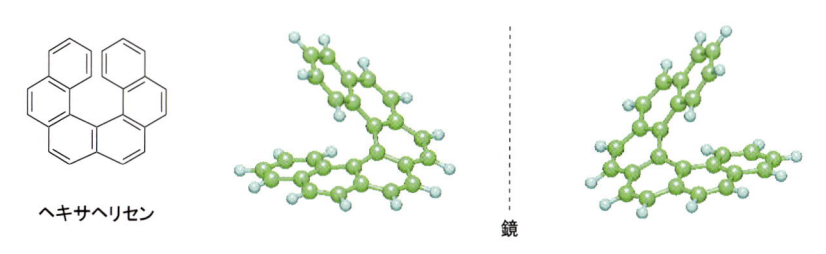　　鏡

　ベンゼン環がらせん状に縮合してできている芳香族炭化水素を一般に「ヘリセン」という．環数が多くなると，末端のベンゼン環の間の立体的な反発によって平面構造をとることができなくなり，らせん構造をとる．らせん構造は，右回りらせんと左回りらせんがあるキラルな構造であるが，ベンゼン環が6個以上になるとそれらの間の相互変換速度が著しく遅くなり，室温で安定な鏡像異性体が得られる．

43　光学分割と不斉合成

(1) 鏡像異性体 (enantiomer) とラセミ体 (racemate)

　鏡像異性体どうしは，旋光性以外の物理化学的性質（たとえば融点，沸点，溶解度など）は同じであり，この等量混合物はラセミ体とよばれ，光学不活性である（旋光性がない）．これに対して，鏡像異性体どうしの異なる量を含む混合物は光学活性である（旋光性がある）．一般に，片方の鏡像異性体を過剰に得るには，(i)天然物から抽出する，(ii)ラセミ体を光学分割する，(iii)不斉合成反応により化学合成する，の方法をとらなければならない．

(2) 光学分割法

　キラル（不斉な）分子を人工的に作り分けるためには，まず両鏡像異性体を識別しなければならない．キラリティーのない環境では，鏡像関係にある分子を区別することはできない．そこで，区別したい両鏡像異性体に，特定の不斉な分子（分割剤とよぶ）を結合させた（共有結合でも塩形成でもよい）ものは，鏡像異性の関係は失い，ジアステレオマー（非鏡像異性体）の関係になり，両者は物理化学的性質（たとえば，溶解度や極性）が全く異なる化合物となる．たとえば溶解度が異なることを利用して，再結晶法を用いて，一方のジアステレオマーを結晶化して分離し，加えた不斉分子の部分を取り除けば，一方の鏡像異性体を優先して手にすることができる（ジアステレオマー法）．この他，優先晶出法を用いた分割，キラルな固定相を分離剤として用いたクロマトグラフィー（ガスクロマトグラフィー，液体クロマトグラフィー，薄層クロマトグラフィーなど）による分割，酵素反応を利用した分割，などの方法がある．

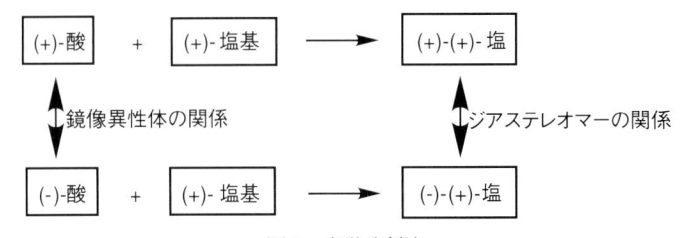

図1　光学分割法

　キラリティーをもたない試薬を用いた化学反応では，両鏡像異性体が等量ずつ含むラセミ体が生成するので，一方の鏡像異性体を取り出すためには，光学分割法を行わなければならない．したがって，望まない鏡像異性体は無駄な物質として廃棄となることが多く，物質の効率的合成の点から見ると好ましくない．しかし，化合物によっては不要な鏡像異性体をラセミ化させてラセミ体に戻すことが可能であり，この場合再び光学分割が行われて，望みの異性体が効率よく得られる場合もある（動的光学分割）．

(3) 不斉合成法

　化学合成により不斉分子を合成する方法には，(i)分子内にもともと存在する不斉な構造（不斉補助基）のキラリティーを利用して，反応で新たに生じる不斉点を制御する方法，(ii)微量の不斉源（不斉触媒）から，大量の不斉分子を合成する（触媒的不斉合成）方法，がある．(i)の方法は，

原理的に1つの不斉源を用いて，新たに1つの不斉点がつくられるので，不斉な化合物を大量に合成するためには，大量な不斉源が必要となり，効率的な合成法とはいえない．触媒的不斉反応は，不斉分子を作るのに最も優れた方法であるが，触媒サイクルが1回りする間に，複雑な反応過程をいくつも経なければならず，どのような触媒活性種を発生させ反応に組み込むか，すなわち触媒設計が非常に重要となってくる．触媒的不斉合成反応の研究は1970年代から始まり，「触媒的不斉合成」の業績で米国の K. B. Sharpless（シャープレス），W. S. Knowles（ノールズ），および日本の野依良治の3人に，2001年度のノーベル化学賞が授与された．Sharpless は触媒的不斉酸化反応，他の2人は触媒的不斉還元反応に関する研究を行った．

(a) 触媒的不斉酸化反応（Sharpless による研究例）

収率70〜90%
＞90%e.e.

97%e.e.

(DHQD)₂-PHAL

(b) 触媒的不斉還元反応（野依による研究例）

エノン/Ru触媒＝100,000/1

(S,S)–[Ru]:

Ar = 3,5–(CH₃)₂C₆H₃

97%e.e.

%e.e.（鏡像体過剰率）
互いに鏡像体関係にある化合物RとSが，[R]，[S]の量で混ざりあっているとき，一方の鏡像体Rがもう一方の鏡像体Sより過剰に存在する割合を鏡像体過剰率といい，

$$\frac{[R]-[S]}{[R]+[S]} \times 100 = \%R - \%S$$

で表される．この数値をしばしば光学純度（opitical purity）とよぶこともある．

IV 配位化合物の化学

44 金属錯体の立体化学

(＊のついた図では見やすくするため水素原子を省いてある．)

図1　直線2配位
[Ag(NH$_3$)$_2$]$^+$

図2　直線2配位
[Au(CN)$_2$]$^-$

図3　平面3配位
[HgI$_3$]$^-$

図4　四面体4配位
[Cd(CN)$_4$]$^{2-}$

図5　平面4配位
trans-[PtCl$_2$(NH$_3$)$_2$]

図6　平面4配位
cis-[PtCl$_2$(NH$_3$)$_2$]

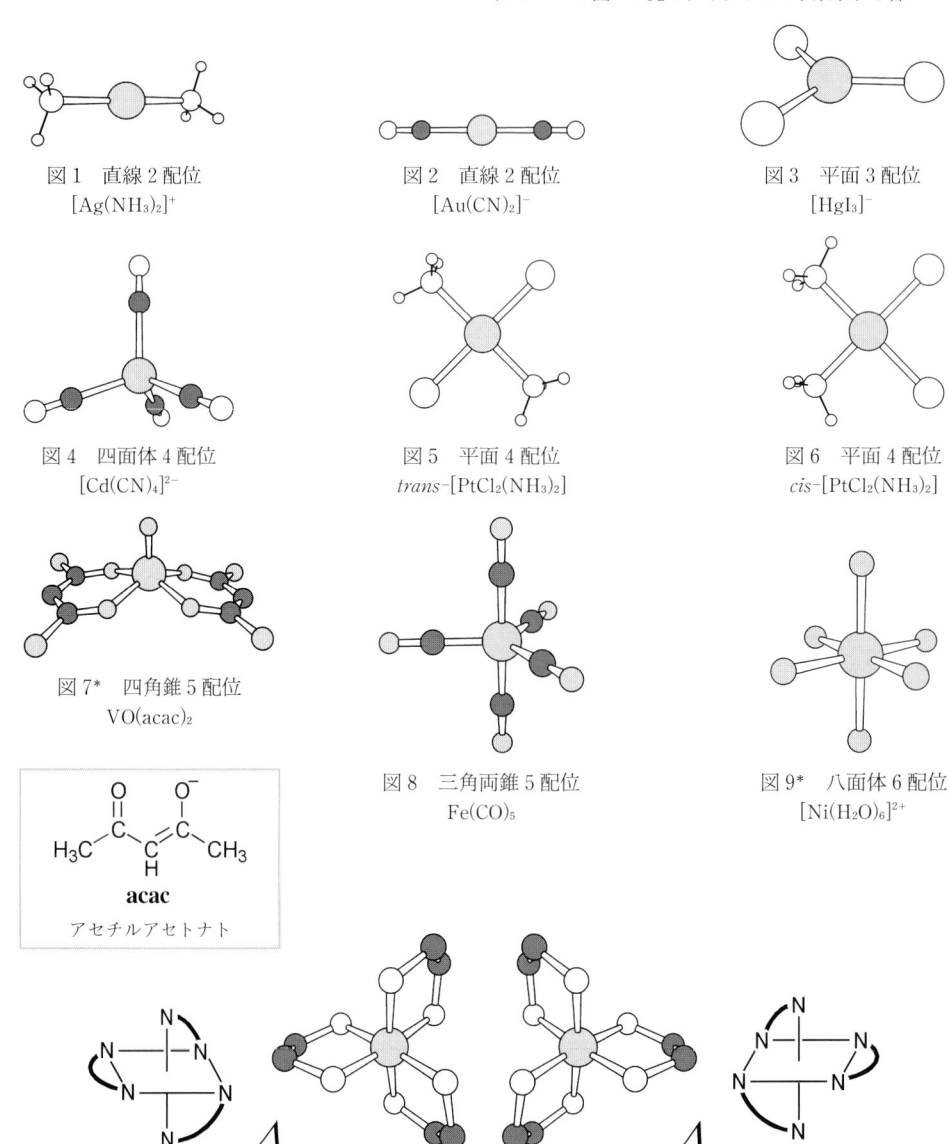

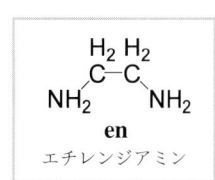

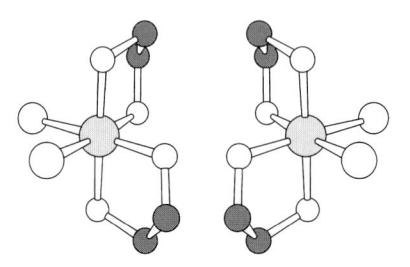

図7＊　四角錐5配位
VO(acac)$_2$

図8　三角両錐5配位
Fe(CO)$_5$

図9＊　八面体6配位
[Ni(H$_2$O)$_6$]$^{2+}$

acac
アセチルアセトナト

Δ　　　　Λ

図10＊　八面体6配位 [Co(en)$_3$]$^{3+}$

en
エチレンジアミン

図11＊　八面体6配位 cis-[CoCl$_2$(en)$_2$]$^+$

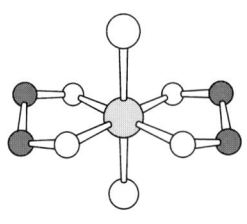

図12＊　八面体6配位
trans-[CoCl$_2$(en)$_2$]$^+$

dien
ジエチレントリアミン

図13* 八面体6配位
s-fac-[Co(dien)$_2$]$^{3+}$

図14* 八面体6配位
u-fac-[Co(dien)$_2$]$^{3+}$

図15* 八面体6配位
mer-[Co(dien)$_2$]$^{3+}$

phen
1,10-フェナントロリン

図16* 八面体6配位
Λ-[Fe(phen)$_3$]$^{2+}$

edta
エチレンジアミンテトラアセタト

図17* 八面体6配位
[Co(edta)]$^-$

図18* 7配位
[Fe(edta)(H$_2$O)]$^{2-}$

図19 五角両錐7配位
[Re(CN)$_7$]$^{4-}$

図20 1次元連続構造
AgCN結晶中に見られる{AgCN}$_\infty$の構造.

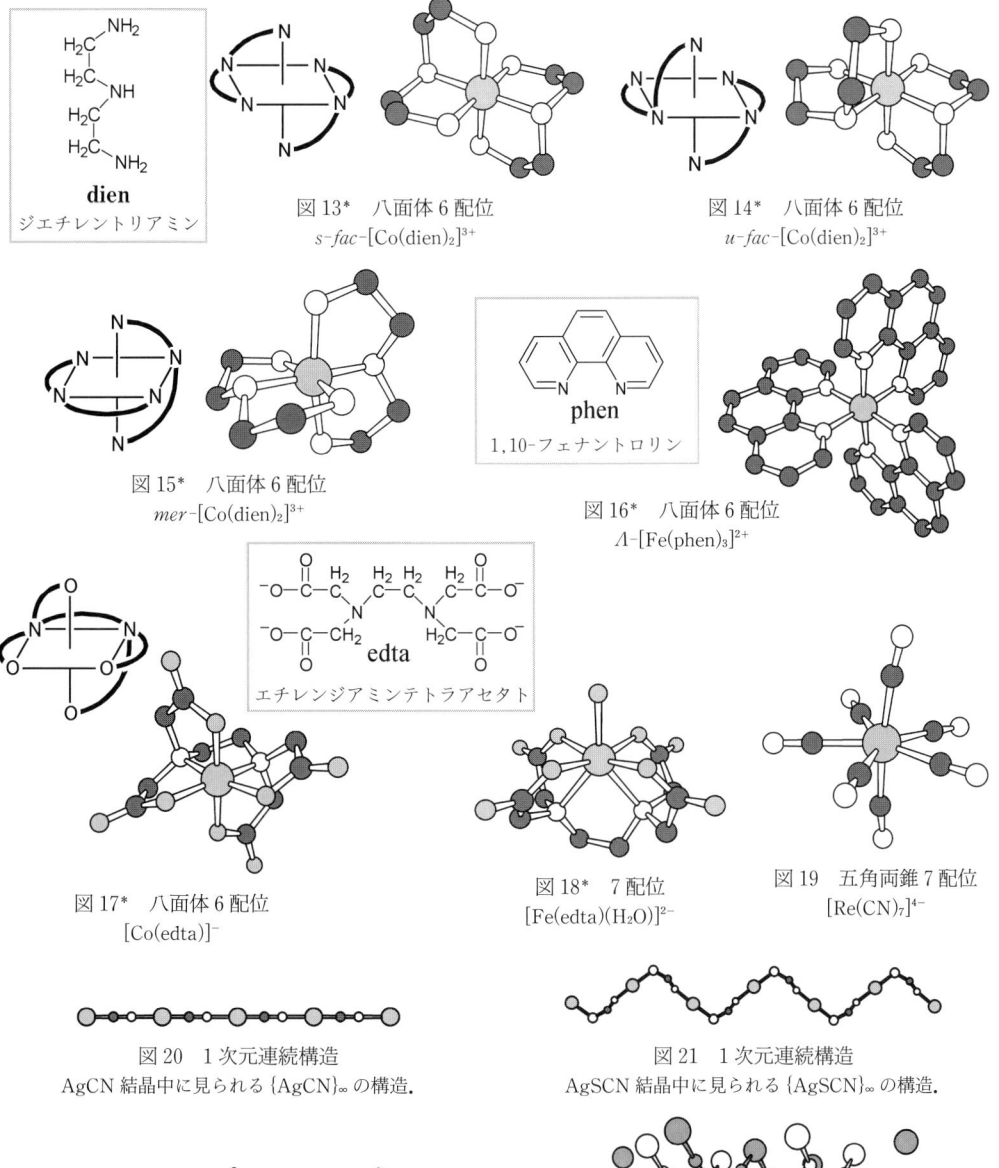

図21 1次元連続構造
AgSCN結晶中に見られる{AgSCN}$_\infty$の構造.

図22 2次元連続構造
K[Cu$_2$(CN)$_3$]·H$_2$O結晶中に見られる{[Cu$_2$(CN)$_3$]$^-$}$_\infty$の構造.

図23 3次元連続構造
Cd(CN)$_2$の結晶構造．ダイヤモンド型格子構造の{Cd(CN)$_2$}$_\infty$が2つ接触することなく相互に貫入し合った構造をとっている．

45　d軌道と遷移元素

(1) d軌道

　d軌道は，原子中の電子がとる軌道関数のうち，主量子数(n)3以上で表れる方位量子数(l)2の軌道関数である．d軌道は，図1に示すように，$d_{xy}, d_{yz}, d_{zx}, d_{x^2-y^2}, d_{z^2}$ の5つの軌道からなる．それぞれ，節面が2面あり，軌道関数の広がりに方向性をもっている．節面のないs軌道と比較すると，節面がある分，ある方位に空間的に押し込められた窮屈な軌道である．

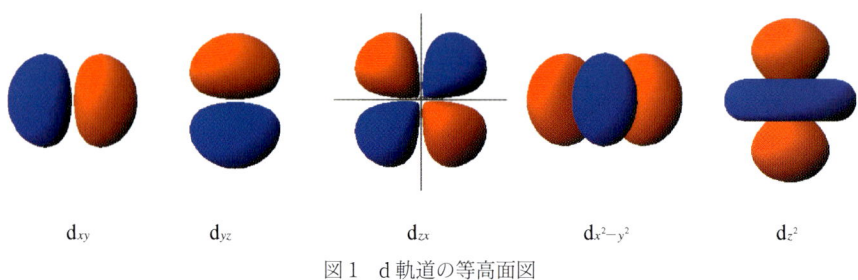

d_{xy}　　d_{yz}　　d_{zx}　　$d_{x^2-y^2}$　　d_{z^2}

図1　d軌道の等高面図

　3d軌道を例に，d軌道の軌道エネルギーを前後の軌道 (3s, 3p, 4s, 4p) と比較してみる．図2にAr～Krの3s～4pの軌道エネルギーを示した．3dの軌道エネルギーは，特にSc～Cu (Zn) において，主量子数が同じ3s, 3pの軌道エネルギーよりも，主量子数が1つ大きい4s, 4pの軌道エネルギーと近い．以下に示すように，3～12族の元素 (dブロック元素) では，nd と $(n+1)$s軌道が原子価殻となっている．nd と $(n+1)$s の軌道エネルギーの近さゆえである．

　nd軌道の動径方向の広がりについてみてみると，nd軌道は軌道エネルギーが高く，$(n+1)$s軌道のそれと近いわりには，収縮している．例として，Coの3s～4p軌道の動径分布関数を図3に示した．3d軌道の動径分布関数のピークは，4s, 4pの最も外側のピークより，3s, 3pの最も外側のピークに近い．

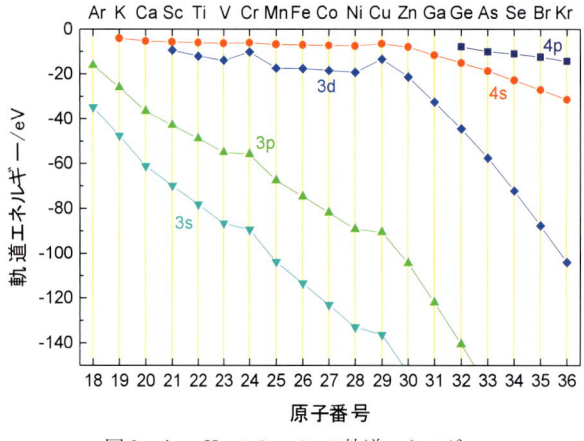

図2　Ar～Krの3s～4pの軌道エネルギー 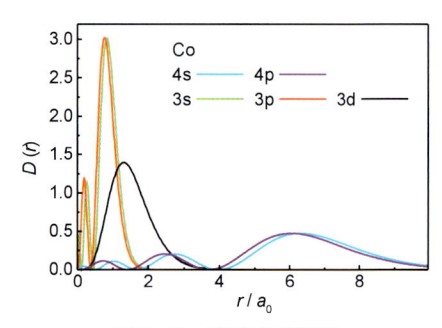　　　図3　Coの動径分布関数

(2) 遷移元素

d軌道に電子をもつ元素は，周期表では第4周期以降に現れる．周期表で1段低くなっている3〜12族では，原子番号の増加に伴いd軌道に電子が入っていく段階の元素が並んでいる．このd軌道が原子価殻となる3〜12族の元素を**dブロック元素**という．また，d軌道やf軌道に電子が完全に充填されていない元素を**遷移元素**という．dブロック元素では，3〜11族元素が遷移元素である．12族元素は，遷移元素に分類されることもあるが，多くの場合，d軌道が完全に満たされていることから**典型元素**(1, 2, 12〜18族の元素)として扱われる．典型元素と遷移元素の特徴の簡単な比較を表1に示す．

表1 典型元素と遷移元素の比較

	典型元素	遷移元素
元素の種類	sブロック元素 pブロック元素 12族	12族以外のdブロック元素 fブロックの元素
	金属元素と非金属元素	すべて金属元素
電子配置の特徴	同一族では，最も外側のs, p軌道に同数の電子	同一周期で原子番号増加に伴い，内側のd, f軌道の電子数が増加（表2参照）
周期表上の類似性	族（縦）の類似性が強い	族（縦）だけでなく，周期（横）の類似性もある
化合物の色	無色のものが多く，他は黄〜橙	さまざまな色をもつ
磁性	ほとんど反磁性	常磁性のものも多い

dブロック元素（遷移元素）単体やその化合物の性質や反応性は，その元素の原子価殻（nd軌道と$(n+1)s$軌道）の電子状態に依存する．基底状態におけるdブロック元素の原子価殻の電子配置は表2のとおりである．

表2 基底状態におけるdブロック元素の電子配置

Sc	Ti	V	Cr	Mn	Fe	Co	Ni	Cu	Zn
$3d^14s^2$	$3d^24s^2$	$3d^34s^2$	$3d^54s^1$	$3d^54s^2$	$3d^64s^2$	$3d^74s^2$	$3d^84s^2$	$3d^{10}4s^1$	$3d^{10}4s^2$
Y	Zr	Nb	Mo	Tc	Ru	Rh	Pd	Ag	Cd
$4d^15s^2$	$4d^25s^2$	$4d^45s^1$	$4d^55s^1$	$4d^55s^2$	$4d^75s^1$	$4d^85s^1$	$4d^{10}5s^0$	$4d^{10}5s^1$	$4d^{10}5s^2$
La	Hf	Ta	W	Re	Os	Ir	Pt	Au	Hg
$5d^16s^2$	$5d^26s^2$	$5d^36s^2$	$5d^46s^2$	$5d^56s^2$	$5d^66s^2$	$5d^76s^2$	$5d^96s^1$	$5d^{10}6s^1$	$5d^{10}6s^2$

図2に示したように，軌道エネルギー(E)は，$E_{3d軌道} < E_{4s軌道}$である．3d軌道と4s軌道の電子配置は，3d軌道の方が4s軌道よりエネルギー的に先に満たされるべきところである．しかし，実際はそうではない．たとえば，Feの基底状態の電子配置は$3d^64s^2$であり，$3d^84s^0$ではない．また，Fe^{2+}の基底状態の電子配置は$3d^64s^0$である．単純にFeの$3d^64s^2$を$E_{4s} < E_{3d}$の結果だと誤ると，Fe^{2+}の$3d^64s^0$を理解しづらい．8個の原子価電子のうち，6個は$E_{3d} < E_{4s}$にしたがって配置される($3d^6$)が，2個については「空間的に収縮していて節面が多く窮屈で電子間反発が大きいd軌道」より，「広がっていて球状（節面のない）の電子間反発の小さいs軌道」に入った方が，全エネルギーは低いとして理解できる．

46　配位子場（結晶場）分裂と配位構造

遷移金属錯体は美しい色を呈するが，これは金属イオンが配位子と配位結合することによりd軌道が分裂し，その分裂の間隔が可視光のエネルギーに相当するからである．金属錯体の形成によるd軌道の分裂は，(1)配位子からの静電ポテンシャルによる効果，および(2)配位子と金属イオン間の共有結合性による効果がある．

(1) 結晶場理論による d 軌道の分裂（点電荷モデル）

金属イオンが配位子に取り囲まれていると，金属イオンは配位子からの静電ポテンシャルを受ける．結晶場理論では配位子を点電荷とみなし，その静電ポテンシャルによってd電子が受けるエネルギーの変化を計算する．$d_{x^2-y^2}$ および d_{z^2} 軌道の電子密度は，x, y, z 軸上で大きな値をもち，軸上に負電荷があればクーロン反発を受けてエネルギーが高くなる．d_{xy}, d_{yz}, d_{zx} 軌道の電子密度は軸から中間の領域で大きな値をもつため，安定な軌道となる．

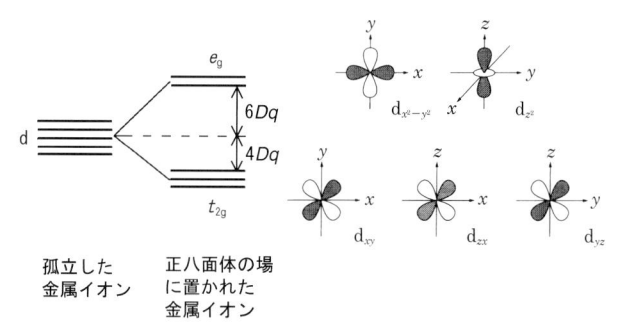

図1　正八面体錯体における d 軌道の分裂

(2) 分子軌道理論による d 軌道の分裂

正八面体錯体では，対称性から $e_g(d_{x^2-y^2}, d_{z^2})$ 軌道と中心金属イオンに向いた配位子の孤立電子対との間には σ 結合性の相互作用があり，結合性軌道 (e_g) および反結合性軌道 ($e_g{}^*$) という2つの分子軌道を形成する．一方，$t_{2g}(d_{xy}, d_{yz}, d_{zx})$ 軌道は σ 結合に関与しないためエネルギーは変化しないので，非結合性軌道とよばれる．結局，分子軌道理論では，反結合性軌道 $e_g{}^*$ と非結合性軌道のエネルギー差が結晶場理論の $10Dq$ に対応している．

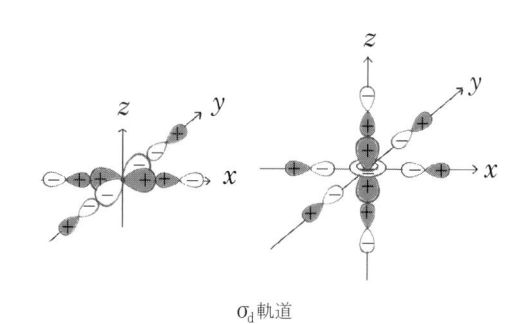

図2　正八面体錯体の σ 結合軌道

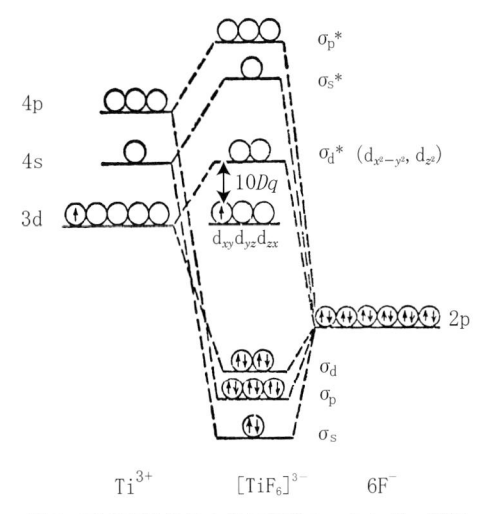

図3 正八面体錯体の分子軌道のエネルギー準位

(3) 配位形態と配位子場（結晶場）分裂

配位子場（結晶場）によってd軌道のエネルギー準位が分裂する様式は，錯体の形に大きく支配される．図4に，さまざまな配位形態におけるd軌道の準位を示す．正八面体錯体では，x, y, z軸方向に広がった$d_{x^2-y^2}$, d_{z^2}軌道は配位子による大きなクーロン反発を受けて不安定となり，エネルギーが高くなる．正方形の錯体では，z軸方向に配位子がないためd_{z^2}軌道は安定となり，そのエネルギーはd_{xy}軌道のエネルギーと逆転する．正四面体錯体では，$t_{2g}(d_{xy}, d_{yz}, d_{zx})$軌道の方が配位子による静電場の大きなクーロン反発を受けて不安定になるため，正四面体錯体におけるd軌道の分裂パターンは正八面体錯体の場合と逆のパターンになる．

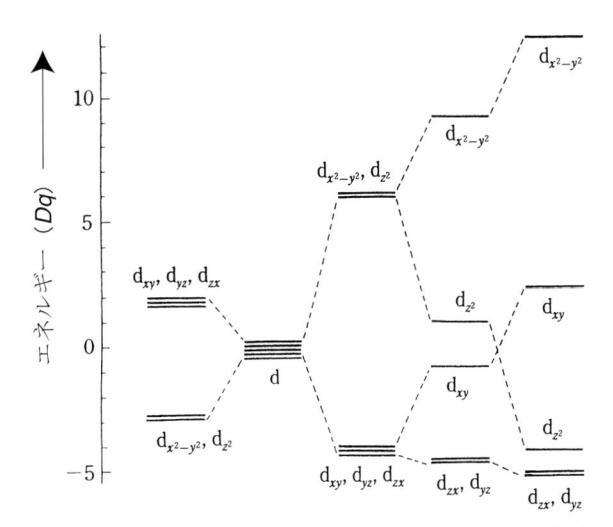

図4 さまざまな配位形態におけるd軌道のエネルギー準位図

47 配位子場分裂パラメーターと分光化学系列

(1) 配位子場分裂パラメーター

配位子場分裂の大きさは，金属イオンの酸化数が大きいほど大きくなる．これは，酸化数が大きくなると金属イオンの半径が小さくなり，配位子がより近づくのでd軌道との相互作用が大きくなるからである．また，同じ酸化数の金属イオンでは，3d，4d，5d系列の順に配位子場分裂が大きくなる．これは，3d，4d，5d軌道の順にd軌道の広がりが大きくなり，配位子との相互作用が大きくなるからである．配位子場分裂パラメーター(Dq)は金属—配位子間距離(a)およびd軌道半径($\bar{r}$)と次式のような関係がある．

$$D=\frac{35Ze}{4a^5}, \quad q=\frac{2e\bar{r}^4}{105}$$

ここで，$-Ze$は配位子の電荷の大きさを表す．

(2) 分光化学系列

金属イオンがCr^{3+}またはCo^{3+}の八面体錯体では，可視領域から紫外領域にかけて2つの強い吸収帯が現れる．この吸収帯の吸収強度が極大となる波長は，配位子の種類に依存する．中心金属イオンを定め，配位子を次の系列中の上位にあるもので置換すると，吸収帯の極大が短波長にシフトする．この系列は配位子場分裂の大きさの順序を表しており，分光化学系列とよばれている．

$$I^- < Br^- < Cl^- < F^- < H_2O < NCS^- < NH_3 < NO_2^- < CN^-, CO$$

分光化学系列の順序は，配位結合に寄与するπ結合を考慮すれば理解できる．$t_{2g}(d_{xy}, d_{yz}, d_{zx})$軌道は$\sigma$結合に寄与しないが，$\pi$結合には寄与することができる．

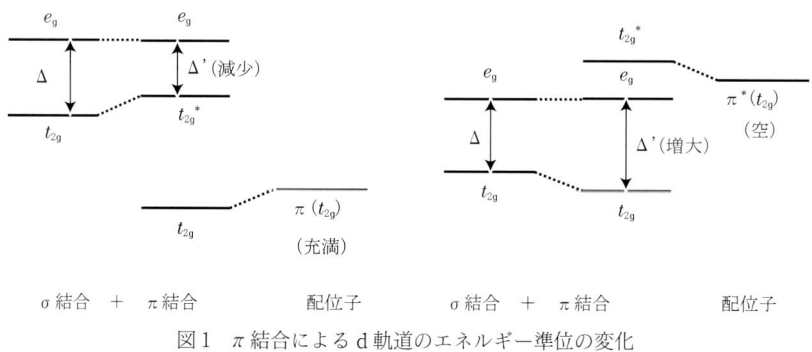

図1 π結合によるd軌道のエネルギー準位の変化

$t_{2g}(d_{xy}, d_{yz}, d_{zx})$軌道が寄与する$\pi$結合には図1に示す2種類の型がある．1つは配位子のπ軌道（σ結合と直交した非共有電子対の軌道）が充満し，そのエネルギーが金属イオンの$t_{2g}(d_{xy}, d_{yz}, d_{zx})$軌道よりも低い場合である．この場合，$t_{2g}(d_{xy}, d_{yz}, d_{zx})$軌道が$\pi$結合により反結合性軌道となり軌道のエネルギーが押し上げられるため，配位子場分裂が小さくなる．金属イオンに配位する原子がハロゲンや酸素の場合，このようなπ結合が起こり，配位子場分裂は小さくな

る．NH_3のような配位子では，非共有電子対は一対しかなく，この電子対はσ結合に用いられ，π結合は生じない．一方，CN^-やCOのように配位子分子に不飽和結合がある場合，空軌道であるπ^*軌道が金属イオンの$t_{2g}(d_{xy}, d_{yz}, d_{zx})$軌道より高いエネルギー準位にあるため，金属イオンの$t_{2g}(d_{xy}, d_{yz}, d_{zx})$軌道は結合性軌道となり，エネルギーが下がる．このため，配位子場分裂は大きくなる．

(3) さまざまな金属イオンと配位子との組み合わせによる配位子場分裂の大きさ

金属錯体の配位子場分裂(Δ)は，$\Delta(=10Dq)=f(配位子)\times g(金属イオン)$という関係式によって種々の金属錯体における配位子場分裂の大きさを推定することができる．代表的なfおよびgを表1に示す．fの順序は分光化学系列に相当する．Δの値はエネルギーの単位である波数(cm^{-1})で表してある．一例として，$[Mn(H_2O)_6]^{2+}$の配位子場分裂は表1より8000 cm^{-1}と推定することができる．

表1 種々の配位子についてのf因子の値と種々の金属イオンについてのg因子の値

配位子	f因子	金属イオン	g因子
Br$^-$	0.72	Mn(II)	8.0
Cl$^-$	0.78	Ni(II)	8.7
F$^-$	0.90	Co(II)	9.0
ox=$C_2O_4^{2-}$	0.99	V(II)	12.0
H$_2$**O**	1.00	Fe(III)	14.0
NCS$^-$	1.02	Cr(III)	17.4
NH$_3$	1.25	Co(III)	18.2
en=**N**H$_2$(CH$_2$)$_2$**N**H$_2$	1.28	Mn(IV)	23
bpy=2,2'-bipyridine	1.33	Mo(III)	24.6
CN$^-$	1.70	Pt(IV)	36

g因子は(1000 cm^{-1})が単位．配位子の太字は配位原子を表す．

表2に種々のクロム(III)錯体における配位子場吸収帯(d-d遷移)のエネルギー位置を示す．6配位クロム(III)錯体では，可視領域に$t_{2g}(d_{xy}, d_{yz}, d_{zx})$軌道から$e_g(d_{x^2-y^2}, d_{z^2})$軌道への遷移に基づく2本の吸収帯が現れる．吸収帯が2本現れる原因は次のように説明できる．励起状態の電子配置として$(d_{yz})^1(d_{zx})^1(d_{x^2-y^2})^1$および$(d_{yz})^1(d_{zx})^1(d_{z^2})^1$を考えてみよう．前者の電子配置では，電子は電子間クーロン反発を避けるようにx, y, zの3軸方向に等方的に分布している．一方，後者の電子配置では，電子はz軸方向に密に分布しており，電子間クーロン反発エネルギーが大きくなる．これが2本の吸収帯が現れる原因である．第1吸収帯のエネルギーは$t_{2g}(d_{xy}, d_{yz}, d_{zx})$軌道と$e_g(d_{x^2-y^2}, d_{z^2})$軌道のエネルギー差に等しい．また，第1吸収帯と第2吸収帯とのエネルギー差はd電子間クーロン相互作用の情報を与えている．

表2 種々のクロム(III)錯体における配位子場吸収帯のエネルギー位置

クロム(III)錯体	第1吸収帯(cm^{-1})	第2吸収帯(cm^{-1})
$[CrBr_6]^{3-}$	13400	17700
$[CrCl_6]^{3-}$	13700	18900
$[CrF_6]^{3-}$	14900	22700
$[Cr(H_2O)_6]^{3+}$	17400	24600
$[Cr(NH_3)_6]^{3+}$	21550	28500
$[Cr(CN)_6]^{3-}$	26700	32600

48 配位子場安定化エネルギー

 配位子が金属イオン（あるいは金属原子）に配位結合して金属錯体を形成するとき，d軌道の配位子場（結晶場）分裂に伴う金属錯体のエネルギー安定化がみられる．多くみられる八面体錯体を例にすると，図1に示すように，錯体中の金属イオンの5つのd軌道は，縮退が解け，3つのt_{2g}軌道（d_{xy}, d_{yz}, d_{zx}）と2つのe_g軌道（$d_{x^2-y^2}, d_{z^2}$）に分かれている．配位子場（結晶場）分裂エネルギーは$10Dq$である．図1に示すように，3つのt_{2g}軌道は平均エネルギーより$4Dq$だけ安定であり，2つのe_g軌道は$6Dq$だけエネルギーが高い．

 図2に示すように，d^1の基底状態の電子配置では，電子1個はt_{2g}軌道に入り，配位子場（結晶場）分裂がない場合に比べて$4Dq$だけ安定化している．このような配位子場（結晶場）分裂によるエネルギーの安定化は，d^0，d^5（高スピン配置），d^{10}を除く，すべてのd電子配置（d^1〜d^4，d^5（低スピン配置），d^6〜d^9）について存在し，配位子場安定化エネルギーとよばれている．d^1〜d^{10}の基底状態の電子配置とその場合の配位子場安定化エネルギーを図2に示す．

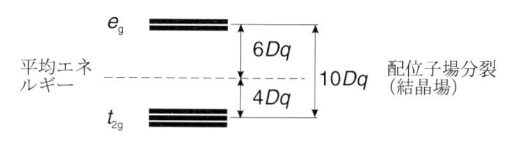

図1 配位子場分裂とエネルギー

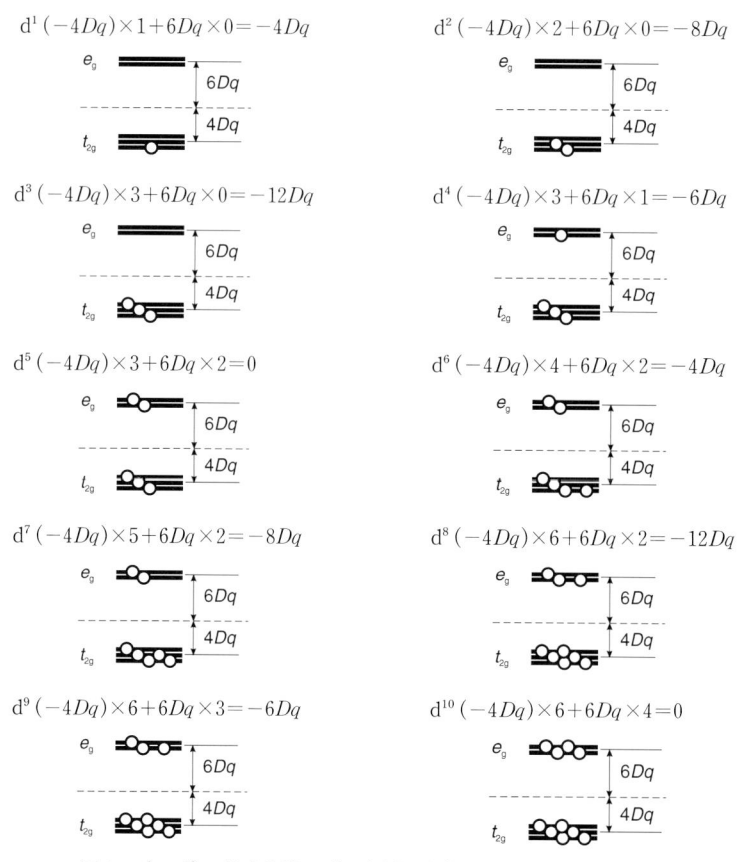

$d^1 \ (-4Dq) \times 1 + 6Dq \times 0 = -4Dq$

$d^2 \ (-4Dq) \times 2 + 6Dq \times 0 = -8Dq$

$d^3 \ (-4Dq) \times 3 + 6Dq \times 0 = -12Dq$

$d^4 \ (-4Dq) \times 3 + 6Dq \times 1 = -6Dq$

$d^5 \ (-4Dq) \times 3 + 6Dq \times 2 = 0$

$d^6 \ (-4Dq) \times 4 + 6Dq \times 2 = -4Dq$

$d^7 \ (-4Dq) \times 5 + 6Dq \times 2 = -8Dq$

$d^8 \ (-4Dq) \times 6 + 6Dq \times 2 = -12Dq$

$d^9 \ (-4Dq) \times 6 + 6Dq \times 3 = -6Dq$

$d^{10} \ (-4Dq) \times 6 + 6Dq \times 4 = 0$

図2 d^1〜d^{10}の基底状態の電子配置と配位子場安定化エネルギー
（d^4〜d^7は弱い配位子場である高スピン配置について示している．）

図2で示された電子配置からd電子数と配位子場安定化エネルギーの関係をグラフにすると図3のようになる．

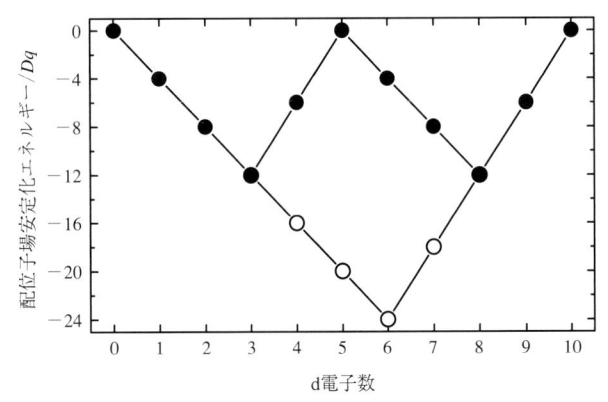

図3　d電子数と配位子場安定化エネルギー
($d^4 \sim d^7$ で●は弱い配位子場のときの高スピン配置について，○は強い配位子場のときの低スピン配置について示している．)

　d軌道の電子配置というミクロな電子構造による配位子場安定化エネルギーは，マクロなエネルギー，たとえば，図4に示すような第一遷移系列の2価金属イオンの水和エネルギーに反映している．周期を右にいくにしたがって有効核電荷が増加し，イオン半径が収縮するので，水和エネルギーは負に増大することが期待される．実際の変化は，図4に示すように単調な減少ではなく，W字型に2つのくぼみがある．このW型がまさに図3で示した配位子場安定化エネルギー（●：高スピン配置）のW型に関係している．各金属イオンについて，分光学的に求めた配位子場分裂 $10Dq$ の値から導いた配位子場安定化エネルギーを差し引いた値○は，配位子場安定化のない d^0，d^5，d^{10} 配置の値を結ぶ線上にほぼ並び，有効核電荷の増加に伴う単調な減少を再現する．

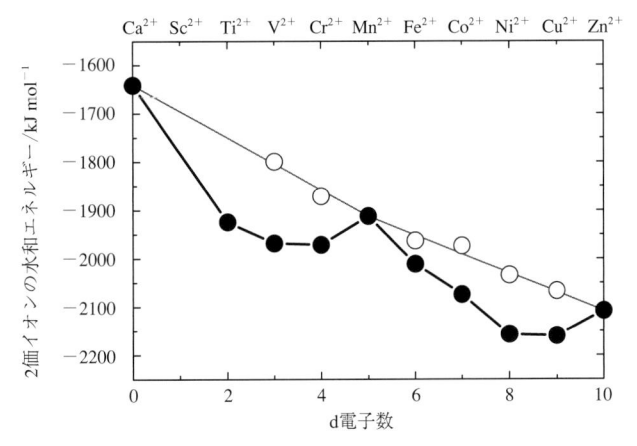

図4　第一遷移系列の2価イオン（$Ca^{2+} \sim Zn^{2+}$）の水和エネルギー（●）
　○は分光学的に求めた $10Dq$ の値から導いた各金属イオンの配位子場安定化エネルギーを差し引いた値．

49 強い配位子場・弱い配位子場

(1) 低スピン状態と高スピン状態

配位子場により分裂したd軌道に電子が入る場合，フント則（Hund's rule）に従って入り，$d^1, d^2, d^3, d^8, d^9, d^{10}$ における基底状態の電子配置は図1のようになる．ところが，d^4, d^5, d^6, d^7 の場合には基底状態として図2に示すように2つの可能性があり，どちらになるかは配位子場分裂のエネルギー（$10Dq$）と電子対形成エネルギー（P）の値によって決まる．不対電子数が最大となる電子配置は高スピン状態とよばれ，不対電子数が最小となる電子配置は低スピン状態とよばれている．一般に配位子場分裂が小さい場合は，フント則が保存され基底状態の電子配置は高スピン状態になる．一方，配位子場分裂が大きい場合は，フント則が破れ基底状態の電子配置は低スピン状態になる．

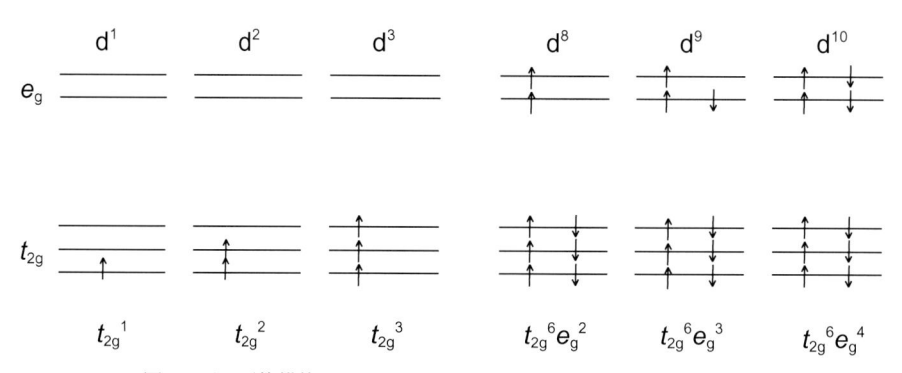

図1　正八面体錯体における $d^1, d^2, d^3, d^8, d^9, d^{10}$ 電子配置の基底状態

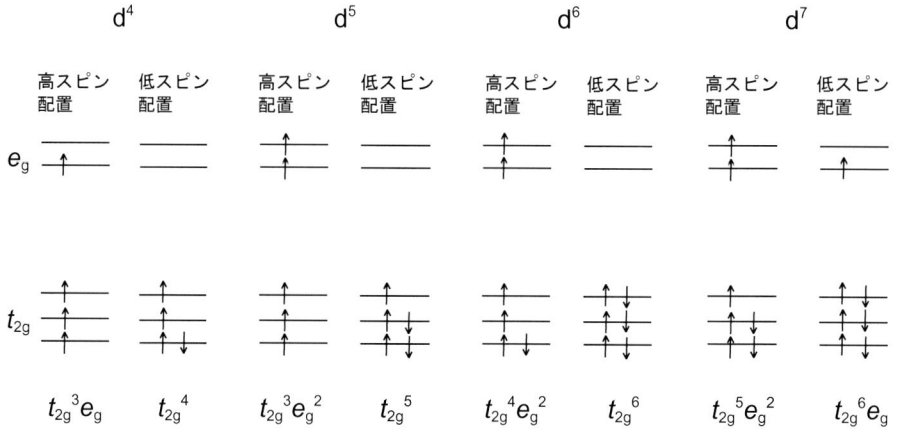

図2　正八面体錯体における d^4, d^5, d^6, d^7 電子配置の基底状態

(2) スピンクロスオーバー錯体

スピンクロスオーバー錯体とは，基底状態が高スピン状態と低スピン状態の境界領域にあり，温度や圧力などの外部条件を変えることにより基底状態が低スピン状態になったり，高スピン状態になったりする金属錯体のことである．例としてd電子数が6の場合を考えると，フント則が支配的であれば，図3(b)のように高スピン状態となり，電子のスピンによる常磁性を示す．配位子場分裂が大きいと，フント則が破れて図3(c)のような低スピン状態がエネルギー的に安定になり，錯体は反磁性となる．

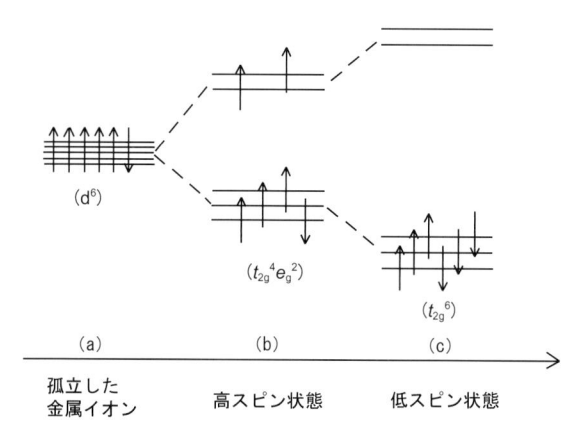

図3　d^6電子系の正八面体錯体におけるd軌道の分裂

d^6電子系の代表的なスピンクロスオーバー錯体として [Fe(NCS)$_2$(phen)$_2$] (phen=1,10-フェナントロリン) がある．[Fe(NCS)$_2$(phen)$_2$] は，2個のphen分子と2個のNCS$^-$がFe(II)に配位したシス型の八面体錯体である．170 Kより低温ではFe(II)は低スピン状態で非磁性であるが，170 Kより高温になると高スピン状態となり常磁性を示す．[Fe(NCS)$_2$(phen)$_2$] の分子構造を図4に，低スピン・高スピン転移の挙動を図5に示す．

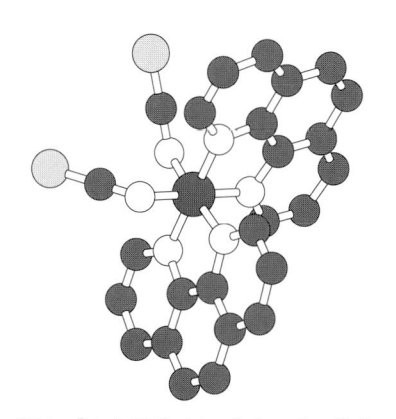

図4　[Fe(NCS)$_2$(phen)$_2$] の分子構造 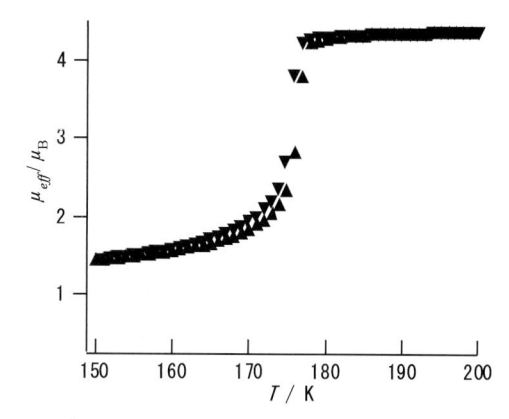　　図5　[Fe(NCS)$_2$(phen)$_2$] の低スピン・高スピン転移

50 金属錯体の色

(1) 配位子場遷移（d-d 遷移）

ルビーなどの宝石や遷移金属錯体には美しい色をもっているものが多いが，これらの色のほとんどは遷移金属イオンの d 電子の光学遷移が関与している．図1に $[Ti(H_2O)_6]^{3+}$ の水溶液吸収スペクトルと d-d 電子遷移を示す．Ti^{3+} は1個の3d電子配置をもち t_{2g} 軌道に入る．Ti^{3+} は約500 nmの光（緑色）を吸収し，3d電子は t_{2g} 軌道から e_g 軌道に遷移する．青色領域および赤色領域の光は透過するので $[Ti(H_2O)_6]^{3+}$ 水溶液は赤紫色をしている．

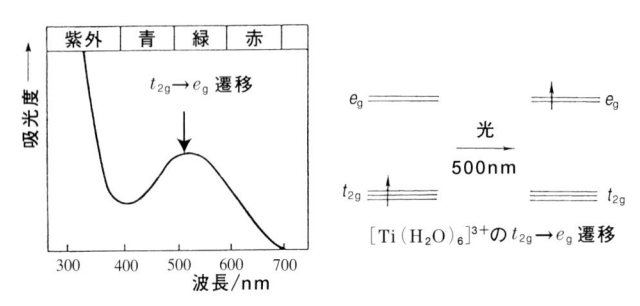

図1 $[Ti(H_2O)_6]^{3+}$ の水溶液吸収スペクトルと d-d 電子遷移

図2に $d^1 \sim d^9$ 電子配置の遷移金属錯イオンの吸収スペクトルを示す．これらの吸収スペクトルは d-d 遷移によるものである．

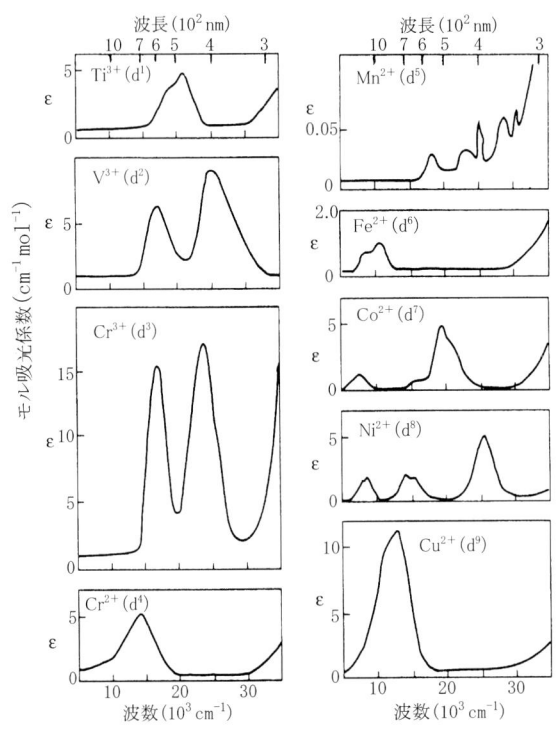

図2 $d^1 \sim d^9$ 電子配置の遷移金属錯イオンの吸収スペクトル
(B. Figgis, Introduction to Ligand Fields, Krieger Publishing (1966) より)

(2) 電荷移動遷移

遷移金属錯体の色の原因として，中心金属イオンにおける分裂した d 軌道間の電子遷移（配位子場遷移）以外に，金属－配位子間の電荷移動によるものがあり，電荷移動遷移とよばれている．金属－配位子間の電荷移動遷移には，配位子の軌道から金属イオンの d 軌道への電荷移動遷移（LMCT：Ligand-Metal Charge Transfer）と金属イオンの d 軌道から配位子の軌道への電荷移動遷移 MLCT（Metal-Ligand Charge Transfer）の 2 種類に分類される．LMCT としては過マンガン酸イオン $[MnO_4]^-$ の濃赤紫色，MLCT としては鉄イオンの比色分析に使われている $[Fe(phen)_3]^{2+}$（phen＝1,10-フェナントロリン）の赤色が代表的な例である．

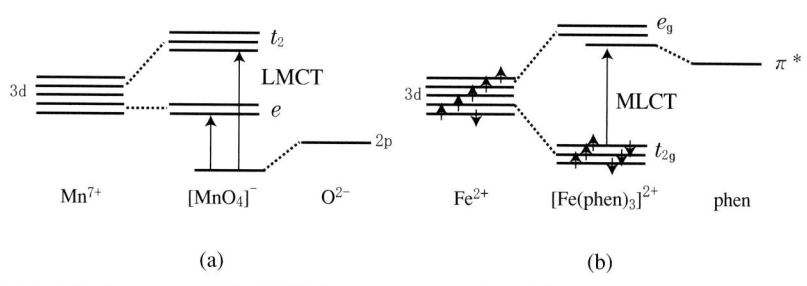

図 3 (a) $[MnO_4]^-$ の電荷移動遷移（LMCT），(b) $[Fe(phen)_3]^{2+}$ の電荷移動遷移（MLCT）

COLUMN
ルビーの赤色発光線とレーザー発振

物質に強度 I_0 の光を照射し，透過した光の強さを I とすると，I と I_0 の間には関係式 $I=I_0 \exp(-\alpha l)$ が成り立つ．ここで α は吸収係数，l は物質の長さである．いま，E_1, E_2 のエネルギー（$E_1 > E_2$）をもつ 2 つの準位 1，2 を考えると，この準位間の遷移に対応する吸収係数 α は $(N_1 - N_2 g_1/g_2)$ に比例する．ここで，N_1, N_2 は準位 1，2 に分布する電子数であり，g_1, g_2 は準位 1，2 の縮重度である．熱平衡状態では，$\Delta N = N_1 - N_2 g_1/g_2 > 0$ となり吸収係数は正になる．しかし，何らかの方法により $\Delta N < 0$ にすると，吸収係数 α は負になり，光は物質中で $I = I_0 \exp(-\alpha l)$ のように増幅される．すなわち，物質に入射した光より出てくる光のほうが強くなるという現象（誘導放射とよぶ）が起こる．$\Delta N < 0$，すなわち，励起状態の電子数が基底状態の電子数より多くなる状態を負温度状態とよび，この状態が実現したときにレーザー発振（LASER: Light Amplification by Stimulated Emission of Radiation，誘導放射による光の増幅）が起こる．

レーザー発振は 1960 年にルビーを用いてはじめて成功した．ルビーは酸化アルミニウム Al_2O_3 に Cr^{3+} が不純物として 0.1%程度入ったもので，Cr^{3+} には 6 個の O^{2-} が配位し，八面体を形成している．可視領域には Cr^{3+} の d-d 遷移による 4 種類の吸収スペクトルが現れるが，綴り ruby にちなんで低エネルギー側から，それぞれ R 線，U 帯，B 線，Y 帯とよばれている．最低励起状態である R 線の準位は非常に寿命が長く（10 ms），またこの準位にたまった電子は赤い光を放出して基底状態に戻る．R 線よりエネルギーの少し高いところには光を強く吸収する U 帯があり，U 帯に励起された電子はすぐに R 線まで落ちてくる．長寿命でしかも発光する励起状態が存在し，エネルギーの少し高いところに光を強く吸収する準位をもつルビーに着目した T. H. Maiman（メイマン）は，1960 年，ルビーに強力な Xe フラッシュランプの光を照射することにより，R 線からのレーザー発振に成功した．

51　金属錯体の磁性

(1) 常磁性と反磁性

物質を磁場の中に置いた場合，その物質が磁極の方に引き寄せられるとき，その物質は常磁性であるという．逆に磁極と反発するときは，その物質は反磁性であるという．物質に不対電子が存在すれば，常磁性が現れる．酸素分子，有機ラジカル，d軌道に不対電子が存在する遷移金属錯体などが常磁性を示す．これに対し，閉殻電子構造をもつ原子や分子に外部磁場がかかると，これを打ち消すように原子軌道や分子軌道に収容されている電子に誘導起動力が生じるため，物質は磁極と反発する．水分子，ベンゼン分子，d軌道に不対電子のない遷移金属錯体などが反磁性を示す．

(2) 磁気モーメント

電子は自転運動に相当する運動の自由度があり，この自由度は角運動量で表される．電子のスピン角運動量は$\hbar/2$である．この電子スピンに付随して電子固有の磁気モーメントが存在する．磁気モーメントμ_sは電子スピンsと，

$$\mu_s = -2\left(\frac{e\hbar}{2m}\right)s$$

の関係にある．ここで，eは電子の電荷，mは電子の質量，sはスピン角運動量を$\hbar$で割ったもので，その大きさは1/2である．電子の磁気モーメントはボーア磁子（Bohr magneton）μ_B（$= e\hbar/2m = 0.927 \times 10^{-23}$ Am^2）が単位である．

遷移金属錯体においてn個の不対電子があると，合成されたスピン量子数Sは$n/2$となる．したがってn個の不対電子による磁気モーメント（μ）は，

$$\mu = 2\sqrt{S(S+1)}\,\mu_B = \sqrt{n(n+2)}\,\mu_B$$

となる．例として，d^{6}電子配置のFe(III)錯体の磁性を考えてみよう．[Fe^{III}(H$_2$O)$_6$]$^{3+}$は高スピン状態をとり，不対電子は5個である．したがって，この錯体の磁気モーメントは，

$$\mu = 2\sqrt{S(S+1)}\,\mu_B = 2\sqrt{\frac{5}{2}\left(\frac{5}{2}+1\right)}\,\mu_B \approx 5.9\,\mu_B$$

に近い値が期待される．また，[Fe^{III}(CN)$_6$]$^{3-}$は低スピン状態をとり不対電子は1個である．したがって，この錯体の磁気モーメントは，

$$\mu = 2\sqrt{\frac{1}{2}\left(\frac{1}{2}+1\right)}\,\mu_B \approx 1.7\,\mu_B$$

に近い値が期待される．

(3) 結晶におけるスピン整列状態

原子や分子が不対電子をもつ場合，不対電子のスピン間には相互作用が働く．スピンを互いに平行に整列させる相互作用を強磁性相互作用といい，反平行に整列させる相互作用を反強磁性相互作用という．スピンの方向が無秩序である状態の物質を常磁性体（図1(a)）とよぶが，常磁性

体は温度を下げていくと，ついにはスピンが整列した状態になる．これは自由エネルギー $G=H-TS$ を考えると理解できる．ここで H はエンタルピー項であり，TS はエントロピー項である．エンタルピー項にはスピン間に働く相互作用（スピン間に働く引力）が含まれている．したがって，H 項に関してはスピン整列状態の方が低い値を示す．エントロピーに関してはスピンの方向が無秩序な常磁性状態の方が大きな値をもつため $-TS$ の値は低くなり，高温ほど常磁性状態が安定になる．したがって，常磁性状態から温度を下げていくと常磁性状態とスピン整列状態の自由エネルギーが交差し，スピン整列状態が安定な状態になる．この転移を磁気相転移といい，この相転移のところで磁化率（磁気モーメントの熱平均である磁化を測定磁場で微分した物理量）や比熱に異常が現れる．代表的なスピン整列状態として，強磁性，反強磁性，フェリ磁性がある．

(a) 強磁性体

原子や分子がもつ不対電子のスピン間に強磁性相互作用が働いて，そのスピンが同じ方向に向いたスピン整列状態の結晶は，それ自身が磁気モーメントをもっていて磁場をつくることができるため磁石として働く．このような結晶を強磁性体とよぶ．そのスピン整列状態を図1(b)に示す．強磁性を示す物質の例としては，Fe，Co，Ni のような遷移金属のほか，CrO_2，CoS_2，$CrBr_3$ などの化合物がある．

(b) 反強磁性体

原子や分子がもつ不対電子のスピン間に反強磁性相互作用が働いてスピンが互いに反平行に向いたスピン整列状態の結晶を反強磁性体とよぶ．そのスピン整列状態を図1(c)に示す．反強磁性の場合，結晶全体としての磁気モーメントは0になる．常磁性体は温度を下げていくと，多くの場合反強磁性体になる．反強磁性を示す物質の例としては，Cr_2O_3，O_2，MnF_2 などがある．

(c) フェリ磁性体

異なる原子や分子による集合体において，それらの原子・分子がもつ不対電子のスピン間に反強磁性相互作用が働いてスピンが互いに反平行に向いたスピン整列状態を示す場合，互いの磁気モーメントの大きさが異なるため結晶全体として磁気モーメントをもち磁石として働く．このような結晶をフェリ磁性体とよぶ．そのスピン整列状態を図1(d)に示す．フェリ磁性を示す物質の例としては，Fe_3O_4，$Y_3Fe_5O_{12}$ などがある．

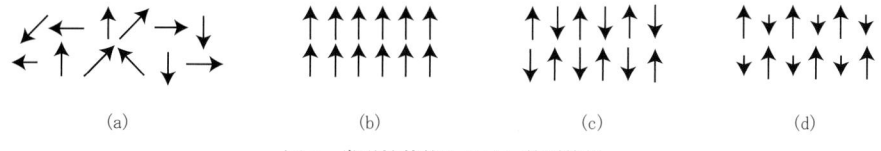

図1 常磁性状態とスピン整列状態
(a) 常磁性体, (b) 強磁性体, (c) 反強磁性体, (d) フェリ磁性体.

V　分子間相互作用

52 分子の極性

孤立した状態で電気双極子モーメントをもつ非イオン性分子を極性分子という．

(1) 電気双極子モーメント

1対の正負電荷（$\pm q$）が小さな距離（r_1-r_2）隔てられているとき（図1），この対を電気双極子とよび，対応するベクトル量，$\boldsymbol{\mu}=q(\boldsymbol{r}_1-\boldsymbol{r}_2)$ を電気双極子モーメント（電気双極子能率）という．この大きさの単位として慣用的にデバイ単位Dが汎用されており，次のように定義されている．

$$1\,\mathrm{D}=10^{-18}\,\mathrm{CGS}=3.336\times10^{-30}\,\mathrm{C\,m}$$

そこで，たとえば1価の陽電荷と電子（電荷＝96485 C mol^{-1}/N_A）が距離1Å（100 pm）隔てられたシステムの双極子モーメントは1.6×10^{-29} C m もしくは4.8 D である．

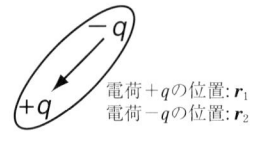

図1 電気双極子のモデル
電荷$+q$の位置：$\boldsymbol{r}_1$
電荷$-q$の位置：$\boldsymbol{r}_2$

(2) 化学結合の極性

異核原子間の結合には電子分布に偏りが生じる．たとえば，フッ化水素（HF）の分子軌道をそれぞれの原子軌道の1次結合で近似すると，その結合性軌道において，フッ素の価電子の2p軌道の寄与の方が水素の1s軌道の寄与に比べてはるかに大きい（図2）．すなわち，水素とフッ素それぞれに由来する一組の電子は共にフッ素寄りに偏った安定な分子軌道（結合性分子軌道）におさまり，その結果水素原子上に正の，そして，フッ素原子側に負の部分電荷が生じる．一般に結合性軌道はより安定な（イオン化エネルギーの大きな）構成原子軌道側へ偏る．この例では原子軌道上の価電子のイオン化エネルギーのみが考慮されているが，配位結合など多くの分子軌道形成には最低空軌道も関与する．そこで，結合を形成する原子の電子親和性も考慮にいれて，それらの相加平均値を各原子固有な電気陰性度として定義し（「14 電気陰性度」），結合している2原子のその差をその結合の電子分布の偏りの指標として用いている．一般的に周期表上側の，同一周期では右側の，すなわち，より小さな原子はイオン化エネルギーも電子親和性も大きく（核の陽電荷がより強く軌道電子を拘束している），相対的に部分負電荷を帯びやすいといえる．

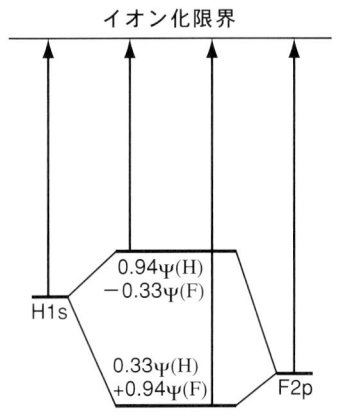

図2 フッ化水素の分子軌道
結合性軌道はフッ素原子2p軌道成分を多く含む．

(3) 分子の双極子モーメント

複数の結合をもつ極性分子には複数組の部分電荷が生じる場合がある．例として，ここでは水とジクロロベンゼンを考える．水分子は電気陰性度の大きな酸素分子が水素2原子と2本の結合を形成している．この分子軌道において，4つの価電子は'水素原子上に薄く，結合を含む面に

直交するローブに厚く分布している．原子価理論の言葉をつかうと，「2本のOH結合から吸い出された部分電荷はその2本の結合を含む面に直交する2組の非共有電子対の軌道に過剰分布している」と表現することができる．結果として水分子は図3（上段）に示したような2組の部分電荷が生じている．その任意の組み合わせによる2組の双極子モーメントの和は結合角を2分する方向に1.85Dの大きさをもつ双極子モーメントとして合成される．ジクロロベンゼンの3つの異性体を図3（下段）に示す．いずれも等価な2つの結合（C—Cl）双極子モーメントをもつが，それらのなす角の違いから，o-異性体が最も大きな分子双極子モーメントを示し，p-異性体では分子双極子モーメントは相殺されている．

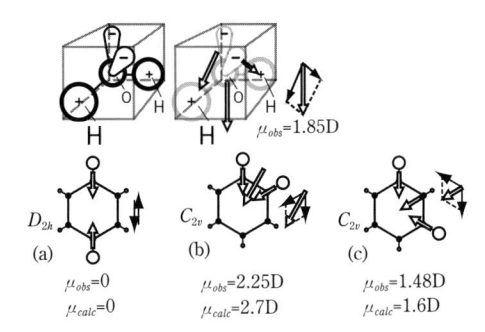

図3 水（上段）とジクロロベンゼン（下段：左から順に p-, o-, m-異性体）の双極子モーメント

表1a　分子の双極子モーメント（Debye）[1]

アルカン	0 [2]	H_2O	1.85
C_6H_6（ベンゼン）	0	CH_3OH, C_2H_5OH	1.70
CCl_4	0	Hexanol, Octanol	1.70
CO_2	0	$C_6H_{11}OH$（シクロヘキサノール）	1.70
$CHCl_3$（クロロホルム）	1.06	CH_3COOH（酢酸）	1.70
HCl	1.08	C_2H_4O（酸化エチレン）	1.90
NH_3	1.47	CH_3COCH_3（アセトン）	2.90
SO_2	1.62	$HCONH_2$（ホルムアミド）	3.70
CH_3Cl	1.87	C_6H_5OH（フェノール）	1.50
NaCl	8.50	$C_6H_5NH_2$（アニリン）	1.50
CsCl	10.4	C_6H_5Cl（クロロベンゼン）	1.80
		$C_6H_5NO_2$（ニトロベンゼン）	4.20

表1b　結合の双極子モーメント（Debye）[1]

$C^-–H^+$	0.40	$C–C$	0	$C^+–Cl$	1.5〜1.7
$N^-–H^+$	1.31	$C=C$	0	$N^+–O$	0.3
$O^-–H^+$	1.51	$C^+–N$	0.22	$C^+=O$	2.3〜2.7
$F^-–H^+$	1.94	$C^+–O$	0.74	$N^+=O$	2.0

表1c　原子団の双極子モーメント（Debye）[1]

$C^-–{}^+OH$	1.65	$C^-–{}^+CH_3$	0.4	$C^-–{}^+COOH$	1.7
$C^-–{}^+NH_2$	1.2〜1.5	$C^+–NO_2$	3.1〜3.8	$C^-–{}^+OCH_3$	1.3

1) L. G. Wesson, Tables of Electric Dipole Moments, The Technology Press, MIT (1948), C. P. Smyth, Dielectric Behaviour and Stracture, McGraw-Hill (1955), M. Davies, Some Electrical and Optical Aspect of Molecular Behaviour, Pergamon (1965) のデータから作成した．
2) コンホメーションにより変化（たとえば，シクロプロパンは双極子モーメントをもつ）．

53 分極，分散力と分子の配向

(1) 分子の誘起電気双極子モーメント

分子軌道を占有する電子の運動は構成原子のそれぞれの核の陽電荷に支配されていると同時に外部電場にも影響される（図1参照）．一般に電子（負電荷）は電場と反対方向に力をうけるので，外部電場中では電子の偏りが生じて電場に沿う方向に電気双極子（電子分極）が生じる．この誘起双極子モーメント（u）は外部電場があまり大きくない場合，

$$u = \alpha E$$

で表すことができて，この比例係数 α を分子分極率（厳密にはテンソル量である）とよぶ．なお，単位系の都合上，$\alpha' = \alpha/4\pi\varepsilon_0$ がよく使われ，この値は体積の次元をもち，おおむね分子の体積と同次元である．その値の算出は量子力学によるところであるが，粗い近似値として，$\alpha' = (2/3) \times R$（R：分子半径）が算出される．イオンや極性分子が周囲に張る電場は無極性分子を分極（誘導双極子モーメントを誘起）し，分極させた分子との間で静電相互作用する結果，無極性分子に引力を及ぼす（極性分子と非極性分子間の力はデバイ力とよばれる）．

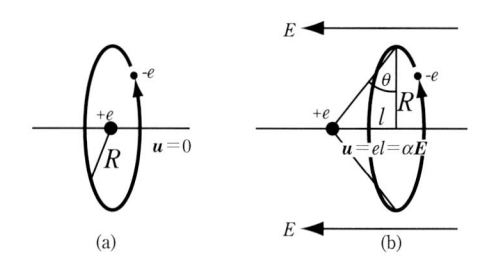

図1 誘起双極子モーメント
中心電荷 $+e$ の周りを半径 R の円運動している電子(a)の運動面に垂直に電場 E がかかると運動面は電場と反対方向へずれて電気双極子モーメント u が生じる(b)．

(2) ロンドンの分散力

軌道電子の分極は光の振動数ほど早く変化する電場にも追従して，これは屈折率として観測される．これと同様に，隣接する分子の一方の電子の運動による一瞬の電子分布の偏りに他方の軌道電子が瞬時に追従する．結果として両分子の電子群は安定な対を形成している2つの双極子の協調した運動のようにふるまう．この相互作用は誘起双極子間相互作用ともよばれるが，機構上の光の分散（屈折率の振動数依存性）との関連から分散力，あるいは，その理論の開拓者 F. London（ロンドン）にちなんでロンドン力ともよばれる．この力も分子間距離の6乗に反比例するポテンシャルにより表せる．なお，水やアミン，アルコール，カルボン酸などの水素結合のような強い分子間力を例外として，大きな分子ではこの相互作用エネルギーは分子の極性（永久双極子）に起因する相互作用を凌ぐ相互作用である．たとえば，無極性分子ヘキサン（分子量86，双極子モーメント0，沸点69 ℃）は同程度の分子量をもつ極性分子，エチルプロピルエーテル

(分子量 88，双極子モーメント 1.2 D，沸点 64 ℃) より沸点が高い．

(3) 分子の配向

電気双極子は電場の向きに配向する．同様に，極性分子間ではお互いの双極子がつくる電場を打ち消し合うよう，すなわち，静電的相互作用を最大にする方向に配列する．複数の極性結合をもつ分子どうしが接触し，両分子の特定の極性結合が至近距離に近づく場合にはもはやこの相互作用を両分子の分子双極子モーメントの相互作用として両分子の配向を考えることは必ずしも適当ではない．たとえば，'氷' やその構成分子の配向が緩んだ '水' の性質の多くの特徴は水分子を「52　分子の極性」の項の図 3 に示したような 4 つの部分電荷による 4 本の方向性のある水素結合価 (水素結合は O—H—O が直線のとき最も安定) をもつ分子としてとらえてのみ説明できることである．分散力はおおむね電子密度と分子間接触面積に比例する．したがって，炭化水素鎖はその分子軸を揃えて側面接触により集合した場合に分子間接触が最大になり，その集合体は安定化する．生体膜の構築においては疎水性相互作用 (「56　疎水性相互作用」) ばかりでなく，脂肪 (炭化水素) 鎖間のこの相互作用も重要な働きをしており，脂肪鎖配列の乱れの少なすぎる '固体' 集合体は固すぎて，それに埋め込まれた膜タンパク質などの機能が発揮できない．そこで，生体膜は不飽和結合をもつ脂肪酸を一定の割合で混入させて膜構造を弛め，膜の流動性 (融点) を調節している．低温環境下で生息する生物の生体膜は不飽和脂肪酸をより多く含むことにより膜の固まる温度，すなわち，相転移温度を低くしている．

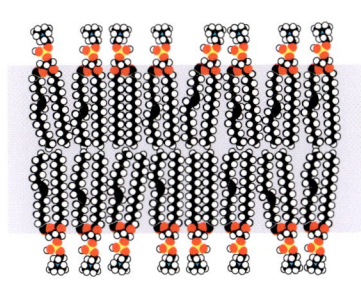

低い温度で流動性のある脂質二重層

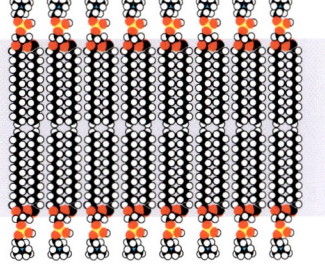

高い温度で流動性を示す脂質二重層

低い温度で流動性のある油脂：不飽和脂肪酸を多く含むトリグリセリド

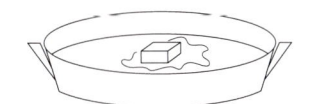

高い温度で流動性を示す油脂：飽和脂肪酸を多く含むトリグリセリド

54　分子間相互作用

分子間相互作用（ファンデルワールス；van der Waals 力）

　分子間に働く力は基本的に静電気力である．イオンの電荷や電気双極子が周囲の荷電粒子に及ぼす力については静電気学として学んでいる．ここではこれらの荷電体間のポテンシャルエネルギーをその隔離距離の関数として表1にまとめておく．この表に関する留意点は，熱運動により回転している極性分子間の相互作用（ケーソム；Keesom 力）によるエネルギーはその分子間距離の6乗に反比例していることである．また，中性分子はイオンを含むあらゆる分子と正の相互作用を示す．たとえば，小さなヘリウム原子も常圧下4 K で，分子間力が，分子運動を凌駕し液化するが，ラドンの場合その温度は 111 K である．

　分子間力の最初の理論的な取り扱いは 1873 年ファンデルワールスの状態方程式として登場した（次式）．

$$\left(P+\frac{a}{V^2}\right)(V-b)=nRT$$

ここで，圧力の補正係数 a が分子間力を反映しており，大きな気体分子ほど大きな値を取る．この圧力の補正項の寄与は圧縮がすすむにつれて（$1/V_2$ に比例して，あるいは，分子間平均距離の6乗に反比例して）大きくなる．なお，体積の補正係数 b は分子の大きさを反映している（→ファンデルワールス半径；「12　原子の大きさ」参照）．この状態方程式により，ヘリウムやネオン，アルゴンなどの不活性気体についても圧縮における体積と圧力の関係から，分子の大きさとともにこれらの分子間に働く引力の算出が可能となった．また，この式は気液相平衡における臨界温度もみごとに説明した．気液平衡状態では分子間相互作用の切断（蒸発）に伴うエンタルピーとエントロピーの増加がつり合っている．エンタルピー項には主として分子間相互作用エネルギーの解放が寄与し，エントロピー項には全熱運動エネルギーの増加が寄与する．高温になり個々の熱運動のエネルギーが分子間相互作用エネルギーを上回ると，後者はすべて解放されて前者に振り替えられて液相の凝集構造（「60　溶解と溶媒和」参照）が消失し，加圧は単に分子密度の連続的な増加をもたらすだけになる．

　2分子間の位置エネルギーの経験式としてレナード-ジョーンズポテンシャル（Lenard-Jones potential）が広く利用さている．この経験式において，分子間引力（ポテンシャルの距離微分の符合を変えた値）は主に分子間距離の6乗反比例して減衰するポテンシャルから導かれ（図1曲線 a），分子間斥（反発）力には通常距離の−12 乗項が採用されている（ファンデルワールス半径；図1曲線 b）．

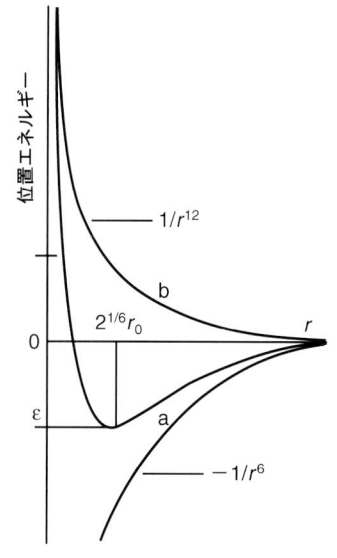

図1　レナード-ジョーンズポテンシャル

表1　原子間・イオン間・分子間相互作用（孤立系）

相互作用の種類		相互作用のエネルギー
共有・金属結合	H_2, H_2O	複雑, 近距離
電荷-電荷	Q_1 — r — Q_2	$Q_1Q_2/4\pi\varepsilon_0 r$ (クーロンエネルギー)
電荷-双極性	μ, θ, r, Q	$-Q\mu\cos\theta/4\pi\varepsilon_0 r^2$
	μ, r, Q (回転)	$-Q^2\mu^2/6(4\pi\varepsilon_0)^2 kTr^4$
双極性-双極性	$\mu_1, \theta_1, \phi, \mu_2, \theta_2$	$-\mu_1\mu_2[\cos\theta_1\cos\theta_2 - \sin\theta_1\sin\theta_2\cos\phi]/4\pi\varepsilon_0 r^3$
	μ_1, r, μ_2 (回転)	$-\mu_1^2\mu_2^2/3(4\pi\varepsilon_0)^2 kTr^6$ (ケーソムエネルギー)
電荷-無極性	Q — r — α	$-Q^2\alpha/2(4\pi\varepsilon_0)^2 r^4$
双極性-無極性	μ, θ, r, α	$-\mu^2\alpha(1+3\cos^2\theta)/2(4\pi\varepsilon_0)^2 r^6$
	μ, r, α (回転)	$-\mu^2\alpha/(4\pi\varepsilon_0)^2 r^6$ (デバイエネルギー)
無極性分子間	α — r — α	$-\left(\dfrac{3}{4}\right)\dfrac{h\nu\alpha^2}{(4\pi\varepsilon_0)^2 r^6}$ (分散エネルギー)
水素結合	(H₂O環状図)	

μ：双極子モーメント，α：電気分極率，r：分子間距離，k：ボルツマン定数，T：絶対温度，h：プランク定数，ν：イオン化エネルギーに対応する振動数，ε_0：真空の誘電率
Jacob N. Israelachvili, Intermolecular and Surface Forces, 2nd Ed., Academic Press Ltd. (1992) より．

55　水素結合

(1) 水素結合の起源

(a) 静電相互作用

電気陰性度の大きな原子 (X) と水素との結合は，それぞれわずかではあるが正負に帯電している．このような水素の近傍に負に帯電した電気陰性度の大きな原子または原子団 (Y) が接近すると，この間に静電引力が働く．これを水素結合という．

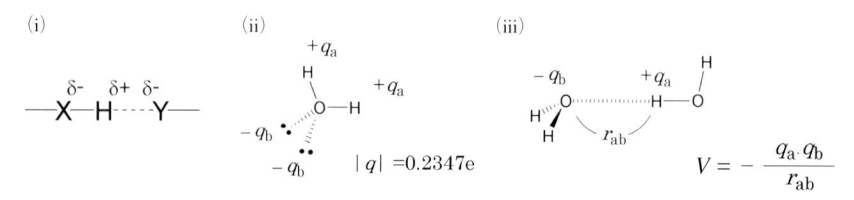

図1　水分子の水素結合
(i)水素結合のモデル，(ii)水分子の電荷の偏り，(iii)水素結合間の静電相互作用ポテンシャル．

$$V = -\frac{q_a \cdot q_b}{r_{ab}}$$

$|q| = 0.2347e$

(b) 電荷移動相互作用

Y の孤立電子対から X—H 結合の σ^* 軌道への電荷移動により H と Y の間に結合性の寄与が生じる．この相互作用がエネルギー的に有利なので，引力的に働く．

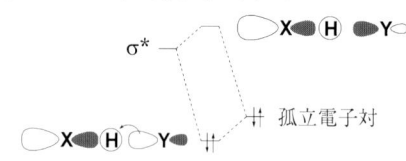

図2　X—H 結合の σ^* 軌道と Y の孤立電子対間の相互作用

(c) 交換斥力

X—H 結合の σ 軌道と Y の孤立電子対の間の相互作用の場合は，結合性の寄与と反結合性の寄与が打ち消しあう．この際，安定化よりも不安定化のエネルギーが大きいため，斥力として働く．

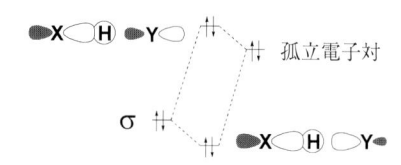

図3　X—H 結合の σ 軌道と Y の孤立電子対間の相互作用

(d) 共鳴構造の寄与

電荷移動相互作用の極限構造による表現：Y の孤立電子対から X—H 結合への電荷移動の極限として，プロトン移動状態（右辺）が考えられる．

$$—X—H \cdots Y— \quad \longleftrightarrow \quad —X^{\ominus} \cdots H—Y^{\oplus}—$$

(e) 水素結合エネルギーの内訳 (OH···O の場合)

	ΔH kJ mol^{-1}
静電相互作用	-24
電荷移動相互作用	-32
交換斥力	$+32$
計	-24 kJ mol^{-1}

(f) 水素結合エネルギー

	kJ mol^{-1}
O—H···O	21〜29
N—H···O	17〜29
O—H···N	〜21
N—H···N	〜8
F—H···F	〜33

以上の相互作用が働く結果，水素結合形成により全体として 24 kJ mol^{-1} の安定化が得られる．

(2) 水素結合による構造形成

(a) 水素結合の方向性

水素結合の距離 (d), 角度 (θ) に一定の傾向が見られる.

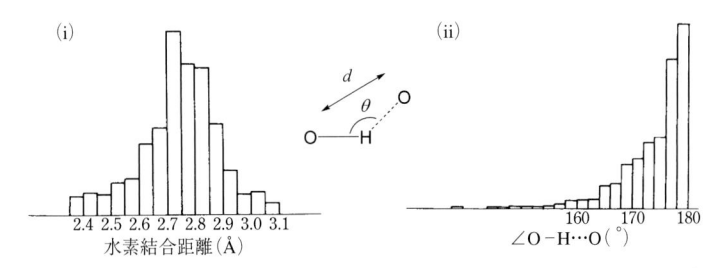

図4 (i) O—H⋯O 水素結合距離のヒストグラム, (ii) ∠O—H⋯O のヒストグラム
(笹田義夫・大橋裕二・齋藤喜彦編『結晶の分子科学入門』講談社, 1989年より)

(b) 水素結合の次元性

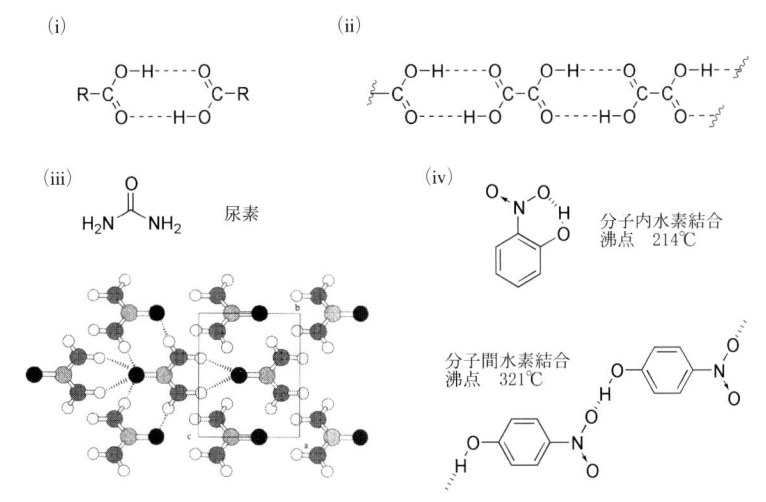

図5 水素結合の次元性
(i)カルボン酸の水素結合による二量体の形成 (0次元), (ii)シュウ酸の水素結合による一次元鎖の形成, (iii)尿素の水素結合結晶, (iv)水素結合の次元性による物性の違い.

(c) 水の水素結合

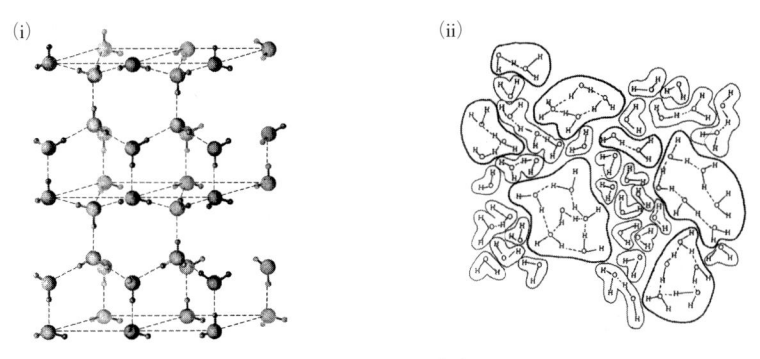

図6 水の水素結合
(i)氷の構造と3次元的水素結合 (竹内敬人『なぜ原子はつながるのか』岩波書店, 1999年より), (ii)液体の水のクラスターモデル (G. Némethy, H. A. Scheraga, *J. Chem. Phys.*, **36**, 3382 (1962) より).

56　疎水性相互作用

(1) 水のクラスレート化合物

　四級アンモニウム塩［テトラ（イソペンチル）アンモニウムフルオリド］のイソペンチル基は，含水結晶中で，水分子の水素結合により形成されたケージ中に取り込められている（図1）．水中でも疎水基の周りは，このような水分子のクラスターで取り囲まれていると考えられている．ただし，水中でのクラスターの構造は安定なものではなく，たえず形を変化させている．

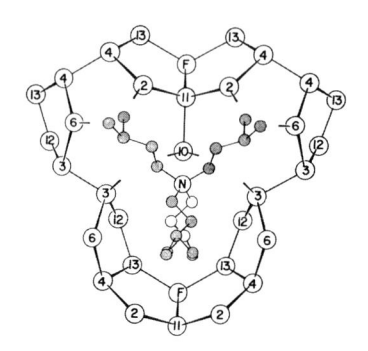

図1　$(i\text{-}C_5H_{11})_4N^+F^-\cdot 38H_2O$ 結晶におけるテトラ（イソペンチル）アンモニウムイオンと，対イオンおよび水分子からなるカゴ状構造
白丸が水分子を示す（D. Feil, G. A. Jeffrey, *J. Chem. Phys.*, **35**, 1863 (1961) より）．

(2) 疎水性相互作用による疎水性分子の会合

　炭化水素のように極性の小さな分子（疎水性分子）は，極性溶媒である水にはごくわずかしか溶解しない．しかし，溶解している疎水性分子の周りの水分子は，疎水性分子を包み込むように氷状のネットワークを形成する（構造水）．この構造を形成している水分子は，自由な運動ができないため，エントロピーが減少する（メタンやエタンの場合，20 eu 程度）．複数の疎水基が水中に溶解している場合，それぞれの周りでエントロピーの減少を引き起こしているが，これらの疎水基が近づけば，疎水基周辺の水の全量が減少するため，エントロピー減少の程度が軽減し，自由エネルギーが低下することになる．したがって，疎水基どうしは，水中で互いに会合しようとする．これを疎水性相互作用という．

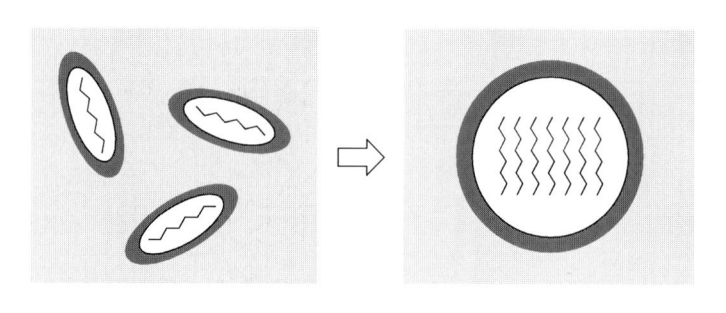

溶媒の水　　　規則性の高い水（構造水）

図2　水に溶解した非極性分子の周りに形成される構造水とその割合を最小にするためにおこる非極性分子の会合

(3) 両親媒性分子がつくる構造体

(a) 人工的な両親媒性分子（界面活性剤）

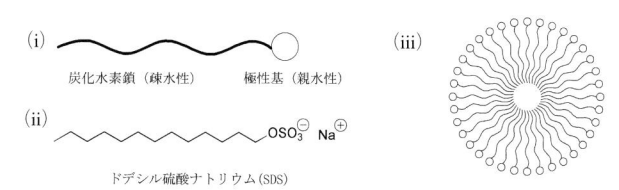

図3　人工的な両親媒性分子と会合構造
(i)両親媒性分子の模式図，(ii)ドデシル硫酸ナトリウムの分子構造，(iii)球状の会合体構造（ミセル）．

(b) 天然にみられる両親媒性分子

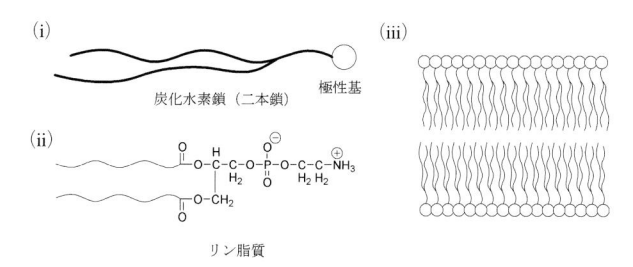

図4　天然にみられる両親媒性分子と会合構造
(i)分子の模式図，(ii)リン脂質の分子構造，(iii)二本鎖型両親媒性分子からなる二分子膜．

(4) 細胞膜と細胞の構造

両親媒性分子は水中で二分子膜からなる袋状の会合体を形成する（図5）．これをベシクル（リポソーム）とよぶ．直径1 μm以上のベシクルは特にジャイアントベシクルとよばれる．

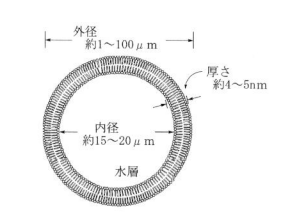

図5　一枚膜ジャイアントベシクル

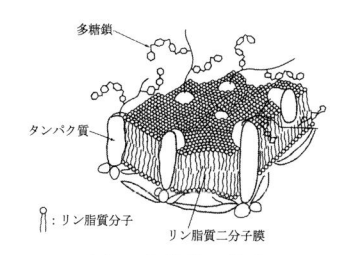

図6　細胞膜の構造
(井上祥平編『生物有機化学』放送大学振興会，1992年より)

生体を構成する細胞膜は，脂質二分子膜であり，その中に膜タンパクが組み込まれている．細胞膜の中には，さらに膜で仕切られた核や小胞体が存在し，互いに物質やエネルギーをやりとりすることで，生体機能が維持されている（図6）．

57 　　　　　　　　　　高分子の構造と性質

　分子量の大きい分子を高分子という．高分子には，ポリエチレンのように単一の構成単位が繰り返されているものや，タンパク質のようにいくつかの種類の構成単位が含まれているものがある．高分子は，その自らの高分子量ゆえに，低分子とは全く異なる性質や構造を有する．

(1) 自由連結鎖

　単結合の周りの回転によって生ずる原子の空間的配置をコンホメーションという．合成高分子や変性したタンパク質は，熱運動によりさまざまなコンホメーション (図1) をとり，分子は乱雑に折れ曲がり，糸まり状になる．これをランダムコイルという．ランダムコイルの大きさ・形を表すもっとも簡単なモデルに自由連結鎖 (図2) がある．図3に自由連結鎖がとる1つのコンホメーションの例を示した．高分子鎖の末端間距離の大きさ $\langle \boldsymbol{R}^2 \rangle^{1/2}$ の計算は酔歩 (random walk) の問題として知られている．

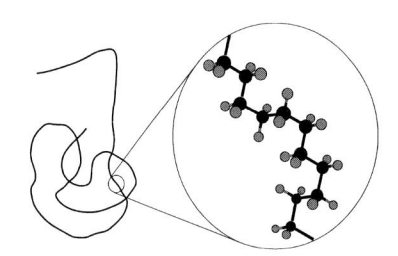

図1　ポリエチレン分子の原子レベルの
　　　構造と粗視化したモデル

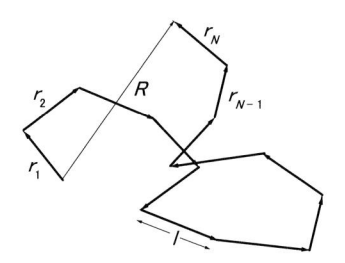

図2　自由連結鎖
　N 個の大きさ l のベクトル $\{\boldsymbol{r}_1, \boldsymbol{r}_2, \cdots, \boldsymbol{r}_N\}$ がランダムに結合した高分子モデル．

$$\boldsymbol{R} = \sum_{i=1}^{N} \boldsymbol{r}_i \tag{1}$$

$$|\boldsymbol{r}_i| = l \tag{2}$$

$$\langle \boldsymbol{R}^2 \rangle = \sum_{i=1}^{N} \sum_{j=1}^{N} \langle \boldsymbol{r}_i \cdot \boldsymbol{r}_j \rangle \tag{3}$$

$$\langle \boldsymbol{R}^2 \rangle = \sum_{i=1}^{N} \langle \boldsymbol{r}_i^2 \rangle = Nl^2 = Ll \tag{4}$$

$$L = Nl \tag{5}$$

$$R = \langle \boldsymbol{R}^2 \rangle^{1/2} = N^{1/2} l = L^{1/2} l^{1/2} \tag{6}$$

　このモデルをヒトDNA ($L \approx 1\,\mathrm{m}$, $l \approx 100\,\mathrm{nm}$) に適用すると，$R \approx 300\,\mathrm{\mu m}$ を得る．全長1mのDNA分子は，熱運動により自然に細胞のサイズにまで折れたたまることがわかる．しかし，細胞中では，DNA分子はさらにコンパクトに折れたたまって収納されている．

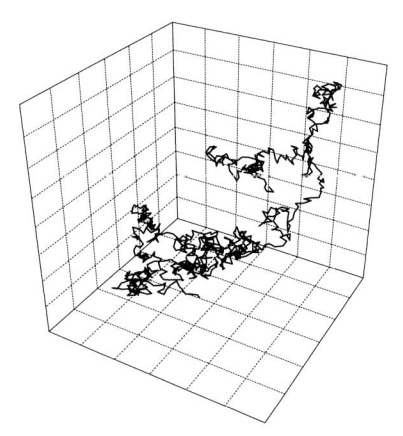

図3　772個の結合ベクトル $\boldsymbol{r}_i$ からなる自由連結鎖がとる1つのコンホメーション

(2) 高分子固体の構造

合成高分子の固体中では，いろいろの長さの鎖状分子が複雑にからみあっているので，低分子量の化合物の固体のように，結晶は大きく成長することはできない．図4に示すように，分子鎖が規則正しく配列した微小な結晶部分と，分子鎖の配列が無秩序な無定形（非晶）部分が混在している．また，結晶部分をまったくもたない100%無定形部分からなる高分子も存在する．結晶部分は高分子に機械的な強度を，無定形部分はやわらかさを与える．結晶部分の割合は高分子の種類により幅があり，それぞれの用途に適した硬度と柔軟性を与える．たとえば，ポリエチレンには，重合条件により，枝分かれのない直線状のものと，枝分かれが多くあるものとがある．枝分かれのないポリエチレンの固体は，分子鎖がそろった結晶部分（図5）と，そろっていない無定形部分が混在する．このような構造のポリエチレンはかたくて不透明である．硬いのは結晶部分があるためであり，不透明なのは結晶部分と無定形部分との屈折率が異なるために，その境界面で光を乱反射するためである．一方，枝分かれが多くあるポリエチレンは，結晶部分ができにくいので，透明でやわらかい．ゴムは低密度に架橋した無定形高分子である．ゴムが示す大きな弾性変形挙動は，エントロピー弾性であるといわれる．分子が引き伸ばされると，とりうるコンホメーションの数が減少し，エントロピーの大きい状態へ復帰しようとする力が張力となって現れる．

(3) 高分子の熱的性質（ガラス転移）

ガラス転移は，無定形領域における高分子鎖がミクロブラウン運動を開始し，高分子がガラス状態からゴム状態へと変化する現象である．図6に示すように，高分子の比体積 V は温度とともに増大し，ガラス転移温度 T_g を境にして急激に上昇する．部分的に結晶化している高分子では，さらに結晶融解温度 T_m で融解してゴム状から液状になる．高分子のガラス転移温度と融点の例を表1に示す．

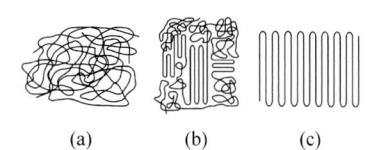

図4 固体高分子の(a)無定形領域，(b)結晶—無定形領域，(c)結晶領域の模式図

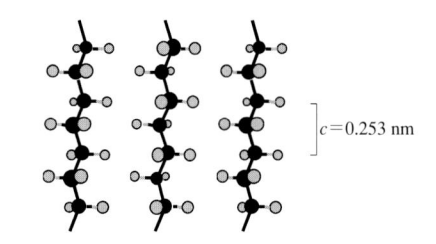

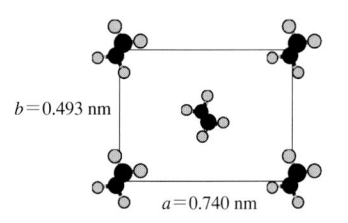

図5 ポリエチレンの結晶構造
$c = 0.253$ nm
$b = 0.493$ nm
$a = 0.740$ nm

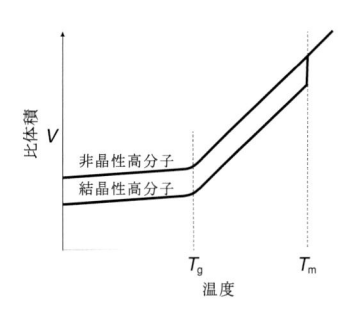

図6 高分子の熱的性質

表1 高分子のガラス転移温度と融点の例

高分子	T_g/°C	T_m/°C
ポリエチレン	$-80 \sim -90$	137
ポリプロピレン	$-10 \sim -18$	176
ナイロン6	50	225
ポリ酢酸ビニル	30	

58　ポリペプチド

(1) アミノ酸の構造と種類

タンパク質の構成単位である20種類のアミノ酸は，すべて α-アミノ酸である（塩基性のアミノ基-NH_2 と酸性のカルボキシル基-CO_2H が同じ炭素原子に結合している）．このような α-アミノ酸には L-体と D-体の2つの鏡像異性体が存在可能であるが，生体分子では通常 L-体のみが用いられている．

表1　タンパク質を構成する20種類のアミノ酸

名称	記号	略号	側鎖 R	特徴
グリシン	Gly	G	-H	鏡像異性体なし 立体障害が少ないために，コンホメーション空間が広い　→ Ramachandran プロット
アラニン	Ala	A	-CH_3	疎水性アミノ酸　→ Ramachandran プロット
バリン	Val	V	-$CH(CH_3)_2$	〃
ロイシン	Leu	L	-$CH_2CH(CH_3)_2$	〃
イソロイシン	Ile	I	-$C^*H(CH_3)CH_2CH_3$	〃
プロリン	Pro	P	（環状構造）	唯一のイミノ酸 環状構造のために，コンホメーション空間が狭い（$\phi \sim -60°$ に制限される）
セリン	Ser	S	-CH_2OH	水酸基をもつ
トレオニン	Thr	T	-$C^*H(OH)CH_3$	〃
アスパラギン酸	Asp	D	-$CH_2CO_2^-$	酸性アミノ酸
グルタミン酸	Glu	E	-$CH_2CH_2CO_2^-$	〃
アスパラギン	Asn	N	-CH_2CONH_2	アミド基をもつ
グルタミン	Gln	Q	-$CH_2CH_2CONH_2$	〃
リジン	Lys	K	-$CH_2CH_2CH_2CH_2NH_3^+$	塩基性アミノ酸
アルギニン	Arg	R	-$CH_2CH_2CH_2-NH-C(=NH_2^+)-NH_2$	〃
ヒスチジン	His	H	-CH_2-（イミダゾール環）	塩基性のイミダゾール環をもつ
フェニルアラニン	Phe	F	-CH_2-（ベンゼン環）	芳香環をもつ
チロシン	Tyr	Y	-CH_2-（フェノール）	〃　，フェノール性水酸基をもつ
トリプトファン	Trp	W	-CH_2-（インドール）	〃
メチオニン	Met	M	-$CH_2CH_2SCH_3$	含イオウアミノ酸
システイン	Cys	C	-CH_2SH	〃　，SS結合を形成

側鎖 R の不斉炭素には，*印を付けた．Ile と Thr は一種のジアステレオマーのみが存在する．
プロリンは側鎖ではなく，アミノ酸の構造を示してある．

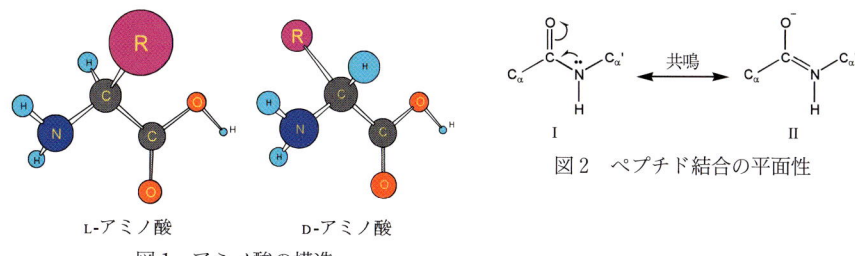

図1 アミノ酸の構造

図2 ペプチド結合の平面性

(2) ペプチド結合

ペプチド結合は平面構造をもつ．これは極限構造式Ⅰ，Ⅱの共鳴によって説明することができる．通常はトランス型のみが存在する．しかし，C_{α}'側のアミノ酸がプロリンの場合にはシス-トランス異性化が可能で，シス型も20％程度存在する．シス-トランス異性化のエネルギー障壁（~20 kcal/mol）はペプチド結合の共鳴安定化エネルギーに相当する．

(3) ポリペプチド分子のコンホメーション

ペプチド結合がトランス型の平面構造をもつので，ポリペプチド分子のコンホメーションは，アミノ酸のα炭素原子の周りの2つの内部回転角ϕとψにより決まる．

(4) タンパク質の二次構造

同じコンホメーションをもったアミノ酸が連続的につながると，一定の規則性をもった繰り返し構造（二次構造）が現れる．

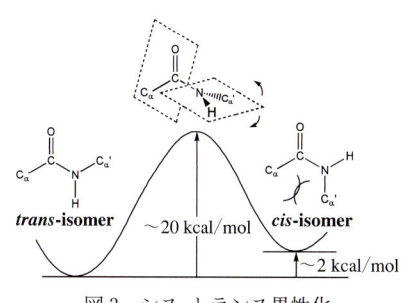

図3 シス-トランス異性化

図4 内部回転角の定義

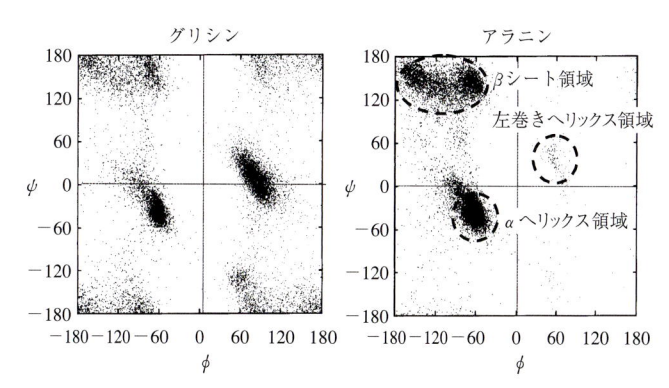

図5 タンパク質中のアミノ酸のRamachandranプロット

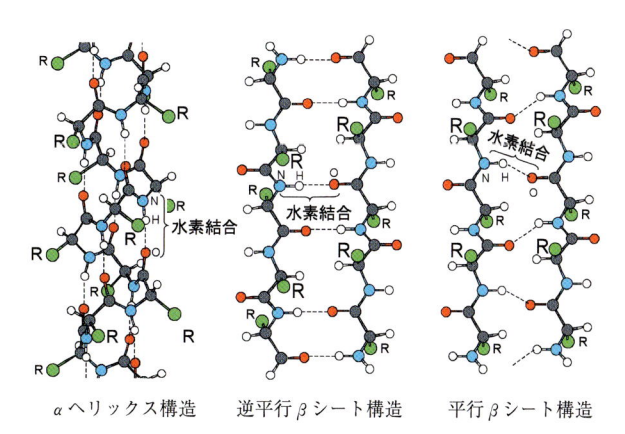

図6 代表的なタンパク質の二次構造

αヘリックス構造　　逆平行βシート構造　　平行βシート構造

59　タンパク質・DNA・リン脂質

(1) タンパク質の立体構造

タンパク質は特定の立体構造を形成することによって，その機能を発揮する．タンパク質の機能を考えるとき，3次元的な化学構造だけでなく，フォールディング（折れたたみ）や変性，ゆらぎといった熱力学的な性質も考慮する必要がある．

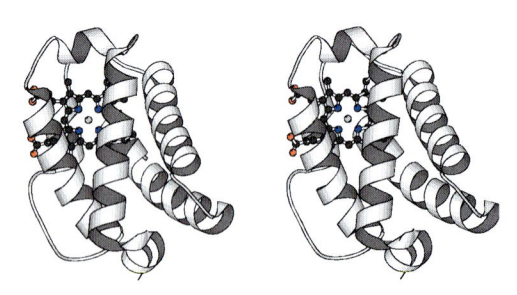

図1　ヘモグロビンの部分立体構造（ステレオ図）

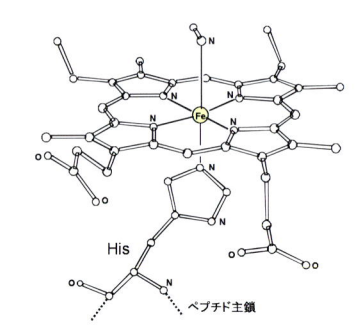

図2　ヘムの立体構造
元素記号をつけた原子以外はすべて炭素原子．水素原子は省略してある．

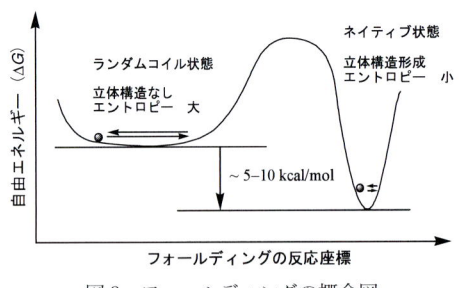

図3　フォールディングの概念図

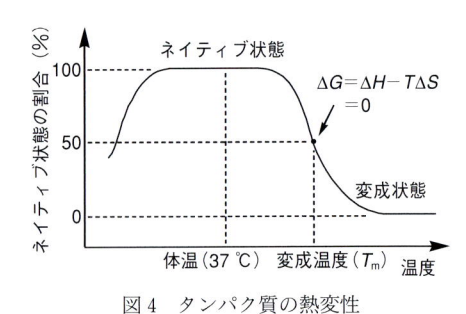

図4　タンパク質の熱変性

(2) DNA の構造

DNA（デオキシリボ核酸）は4種類のヌクレオチドからなるポリマーであり，生物の遺伝情報をコードしている．DNA分子は通常，ワトソン–クリック型の塩基対を形成し右巻きの二重らせん構造をとっている．

表1　DNA（デオキシリボ核酸）の構成単位（ヌクレオチド）

リン酸エステル部位	糖部位	塩基部位			
	デオキシリボース (X=H)[1]	アデニン (プリン塩基)	グアニン	チミン (Y=CH$_3$)[1]	シトシン (ピリミジン塩基)

1) RNAでは，糖部位はリボース（X=OH），チミンはウラシル（記号U，Y=H）となっている．

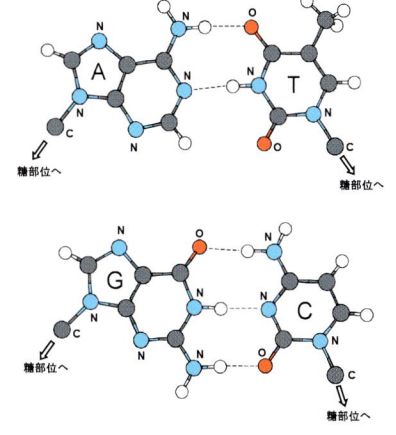

図5 ワトソン-クリック型塩基対

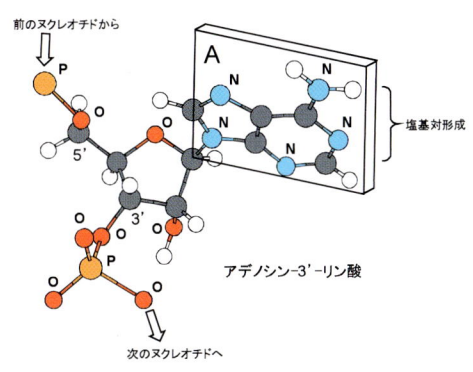

図6 ヌクレオチドの分子構造

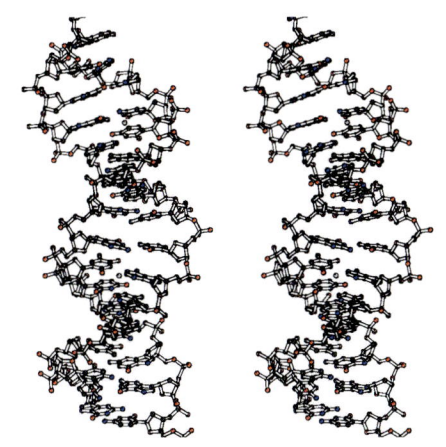

図7 右巻き二重らせん構造（ステレオ図）
らせん軸に沿って表と裏に2つの溝が生じる．この溝の部分に，さまざまな薬物（低分子有機化合物）や酵素が結合する．二重らせん構造には，多様な構造が知られている．

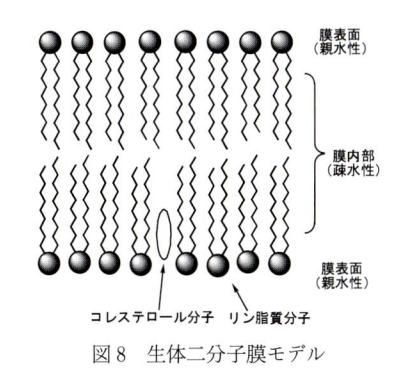

図8 生体二分子膜モデル

(3) リン脂質

リン脂質は生体膜の基本構成分子であり，疎水性の脂肪酸部分を内側に，親水性のリン酸エステル部分を外側にして，二分子膜を形成する．

表2 代表的なグリセロリン脂質の分子構造

一般構造式	R_1, R_2（脂肪酸の名称）[2]	R_3（リン脂質の名称）
$R_2O-\overset{1}{C}H_2-OR_1$ $\overset{2}{C}H$ $\overset{3}{C}H_2-OR_3$ グリセロール ($R_1=R_2=R_3=H$)	$CH_3(CH_2)_{14}CO-$（パルミチン酸） $CH_3(CH_2)_{16}CO-$（ステアリン酸） $CH_3(CH_2)_7CH=CH(CH_2)_7CO-$（オレイン酸） $CH_3(CH_2)_4(CH=CHCH_2)_2(CH_2)_6CO-$（リノール酸） $CH_3CH_2(CH=CHCH_2)_3(CH_2)_6CO-$（α-リノレン酸）	$-P(=O)(-O^-)OH$（ホスファチジン酸） $-P(=O)(-O^-)OCH_2CH_2NH_3^+$（ホスファチジルエタノールアミン） $-P(=O)(-O^-)OCH_2CH_2N(CH_3)_3^+$（ホスファチジルコリン） $-P(=O)(-O^-)OCH_2CH(NH_3^+)CO_2^-$（ホスファチジルセリン）

[2] 二重結合はすべてシス型．

COLUMN

コレステロールの機能

生体二分子膜中には，コレステロール類，糖脂質，膜タンパク質など，さまざまな分子が取り込まれている．コレステロールは親油性で剛直な構造をもち，膜の流動性を適度に保つ役割を担っている．

コレステロールは，いろいろな生体機能を調節するステロイドホルモンの前駆体でもある．

60 溶解と溶媒和

分子間力と熱運動との競合において，低温では前者が勝り凝集体が形成される．流動性のない（分子間相互配置を替えない）凝集体が固体で，流動性のあるものが液体である．

(1) 無極性溶媒への溶解

無極性分子や極性の小さな分子の場合，自己凝集と溶媒和のエネルギーはともに分子量と極性に応じた増加を示し，両エネルギーの差は概して熱運動エネルギーに比べてそれほど大きくはならない．そこで，これらの凝集体はおおむね拡散により無極性や極性の弱い溶媒（一般的に有機溶媒はこれにあたる）に溶解する．気体分子は一般に小さく，溶媒和エネルギーも小さいので無極性溶媒にもあまり溶けない．イオン間の相互作用は上記の溶媒-溶質間相互作用をはるかに凌ぐので，イオン性の凝集体（塩）は無極性溶媒にはほとんど溶けない．水など一部の極性物質も自己凝集力が強くてやはり無極性溶媒にあまり溶けない．しかし，スキー場で車の燃料ポンプに溜まった水の凍結に泣かされた経験者にはよくご理解いただけるように，炭化水素もそれなりの水分を含みうる．特に，脂質二重層膜が水をかなりよく透過させる事実は生命科学の世界で充分認識されるべきである．

(2) 極性溶媒と再配向を伴う溶媒和

溶質分子の電気的性質に応じて溶媒和圏の極性溶媒分子が再配向し，非常に大きなエントロピー変化をもたらす場合がある（図1D参照，→「56 疎水性相互作用」）．

(3) イオンの水和（図1B，C参照）

水はきわめて大きな誘電率をもつ．水中でのクーロン力は結晶中の90分の1近くに弱められる．Na^+とCl^-を比誘電率90の媒質に埋め込むエネルギーは，共有結合エネルギーよりも大きな NaCl 結晶の格子エネルギー（771 kJ/mol）に匹敵する．イオンに接する水分子はその双極子モーメントを配向させる（第一水和圏の形成）．イオンの電荷はこのような水和層形成により遮蔽される．一方，第一水和圏の水分子の配向は同心円的にイオンの静電的影響を薄めつつ相互の水素結合により順次外側分子の配向を促す．この放射状の構造形成は大きなエントロピーの減少を伴うので水和傾向を抑制する現象ではあるが，それ以上にイオンと第一水和圏の配向した水分子との静電的エネルギーによる安定化効果が大きい．大きなイオン（必ず陰イオンである）は'chaotropic ion'とよばれ，むしろ水の構造を緩める性質があり，たとえば生体膜在性タンパクの可溶化剤として使われる．chaotropic ions は塩析効果に関するイオンの離液順列（lyotropic or Hofmeister series）の末尾のイオン群である．

表1 イオンの離液順列

陰イオン系列：クエン酸イオン＞酒石酸イオン＞SO_4^{2-}＞CH_3COO^-＞Cl^-＞NO_3^-，ClO_3^-＞I^-＞SCN^-
陽イオン系列：Li^+＞Na^+＞K^+＞NH_4^+＞Mg^{2+}

(4) 両親媒性分子の水溶液

解離したカルボキシル基をもつ脂肪酸（石けん：図1D参照）のように親水性（極性）基と疎水性（非極性）基の両方をもつ分子を両親媒性であるという．水溶液系で，このような溶質分子は界面に濃縮されてその水溶液の表面張力を下げる（界面活性剤＝surfactant）ことによる洗浄剤（detergent）としての働きをもつ．両親媒性分子は溶解度（単分子分散の限界濃度）を超えると自らの親水性基で表面を覆う形の巨大分子集合体（ミセル＝micelle）を形成する．この濃度を限界ミセル濃度（CMC：critical micelle concentration）という．ミセルはその疎水性層に疎水性分子を取り込むことができるので，両親媒性分子は疎水性分子を水中に分散させる性質をもつ．多くの糖脂質（例：ガングリオシド）や研究室で膜タンパク質を可溶化するためによく使われるTritonX 100のような洗剤はCMCが小さくて単分子分散している濃度が非常に低く，ほとんどの分子が巨大なミセルを形成しているので，たとえば透析でそれを効果的に除去することができないが，疎水性基の小さいオクチルグルコシドのような洗剤は，CMCが大きく透析除去が容易である．

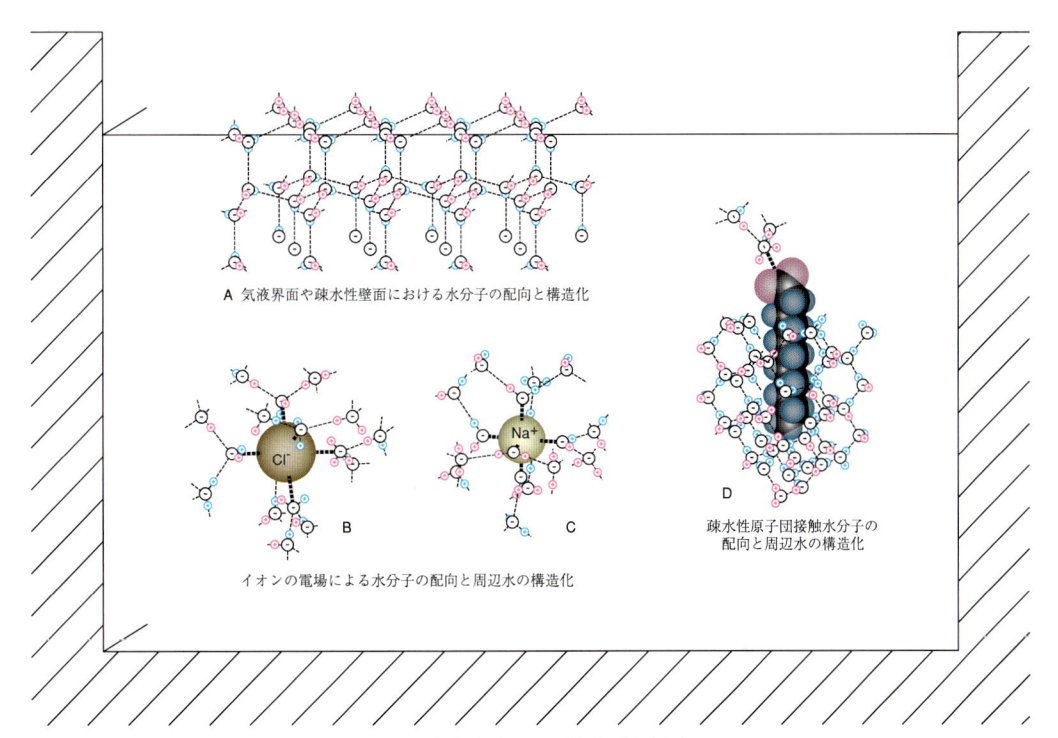

図1 水溶液中の局所構造（推定図）

水の気化熱（約 40 kJ mol^{-1}）からも推定されるように水分子は液体中でも水素結合のネットワークを目一杯形成しているが，そのひとつひとつの寿命は氷状態のときに比べて 10^7 分の1よりも短い（Eisenberg and Kauzman, 1969）．気液界面や疎水性原子団，イオンの周囲ではこの寿命が長くなる．この現象はこれらの周辺水の構造化すなわち分子回転など熱運動の制約を意味しており，エントロピーの大きな減少を伴う．このような局所構造に参加している水分子に対して，溶質や界面の影響の外にいて頻繁に水素結合を組み替えている水分子集団を'バルク（bulk）水'という．

VI 化学反応

61 アレニウスとブレンステッドの酸・塩基

(1) アレニウスの定義

1884年，S. A. Arrhenius（アレニウス）は，「電解質は水溶液中ではイオンに解離している」というイオン説を提出した．この説に基づいて，酸とは水溶液中で水素イオン H^+ を生じ，塩基とは水溶液中で水酸化物イオン OH^- を生じる化合物であると定義した．

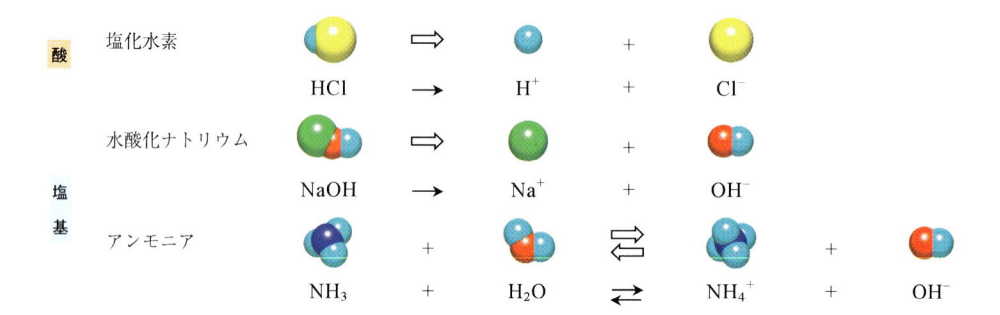

酸　塩化水素　　　　　　　　$HCl \longrightarrow H^+ + Cl^-$

塩　水酸化ナトリウム　　　　$NaOH \longrightarrow Na^+ + OH^-$

基　アンモニア　　　　　　　$NH_3 + H_2O \rightleftarrows NH_4^+ + OH^-$

Arrhenius の酸塩基概念は，酸塩基反応の最も大きな特徴である中和——酸と塩基との反応により水を生じる——という概念を明確に示しており，水溶液中の酸塩基反応を考えるかぎりは，今日でも通用する定義である．

(2) ブレンステッドの定義

1923年，J. Brønsted（ブレンステッド）と T. Lowry（ローリー）は，「酸とはプロトン（H^+）を与えうる物質であり，塩基とはプロトンを受け取りうる物質である」という新しい酸塩基の定義を提出した．

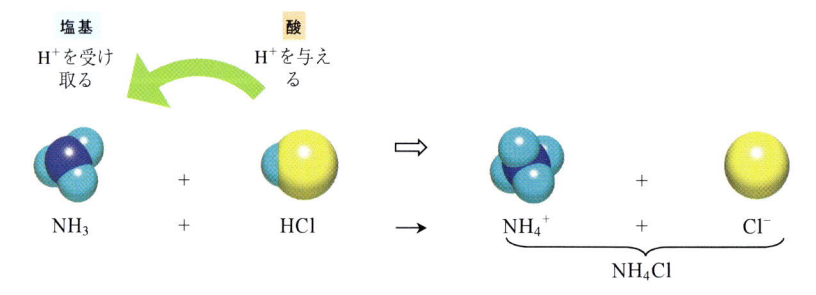

塩基　H^+ を受け取る　　酸　H^+ を与える

$$NH_3 + HCl \longrightarrow \underbrace{NH_4^+ + Cl^-}_{NH_4Cl}$$

この定義によれば，酸とは塩基とプロトンの結合によって生じる物質ということになる．

一般に酸を HA，塩基を B で表すと，酸と塩基の反応は，

$$HA + B \rightleftarrows BH^+ + A^-$$
$$酸(1) \quad 塩基(2) \quad 酸(2) \quad 塩基(1)$$

というように，必ず2組の酸塩基対の組み合わさったものとなるので，これを酸塩基反応という．HA と A^-，あるいは B と BH^+ のように酸塩基対の関係にあるものを，互いに共役であるという．

(3) 酸の強さに関する規則性

(a) 二塩基酸 H_2A では遊離酸よりも，その解離で生じた陰イオン種 HA^- の方が弱い酸である．このことは三塩基酸にも当てはまる．

　　硫化水素酸：$H_2S > HS^-$

　　　硫酸：$H_2SO_4 > HSO_4^-$

　　　リン酸：$H_3PO_4 > H_2PO_4^- > HPO_4^{2-}$

(b) 同族の元素がつくる二元水素化物 HA，H_2A などでは，結合距離 H—A が長いほど強酸になる．

　　$HF < HCl < HBr < HI$

　　$H_2O < H_2S < H_2Se < H_2Te$

(c) オキソ酸の強さは，中心原子の酸化数が大きいほど強酸となる．

　　$HClO < HClO_2 < HClO_3 < HClO_4$

　　$H_2SO_3 < H_2SO_4$

　　$HNO_2 < HNO_3$

表1　水溶液中の酸の常温における pK_a

酸の名称	酸	pK_a	酸の名称	酸	pK_a
過塩素酸	$HClO_4$	～−10	シアン酸	$HOCN$	3.48
ヨウ化水素酸	HI	～−10	ギ酸	HCO_2H	3.55
臭化水素酸	HBr	～−9	シュウ酸水素イオン	$HC_2O_4^-$	3.82
塩酸	HCl	～−8	セレン化水素	H_2Se	3.89
セレン酸	H_2SeO_4	～−4	酢酸	CH_3CO_2H	4.56
硫酸	H_2SO_4	～−3	アジ化水素	HN_3	4.65
硝酸	HNO_3	−1.4	ヘキサアクア アルミニウム(III)イオン	$[Al(H_2O)_6]^{3+}$	4.89
イソチオシアン酸	$HNCS$	−1.1			
オキソニウムイオン	H_3O^+	0.0	テルル化水素イオン	HTe^-	5.00
ヨウ素酸	HIO_3	0.77	炭酸	H_2CO_3	6.35
二リン酸	$H_4P_2O_7$	0.8	二リン酸二水素イオン	$H_2P_2O_7^{2-}$	6.70
シュウ酸	$H_2C_2O_4$	1.04	硫化水素	H_2S	7.02
ホスフィン酸	HPH_2O_2	1.23	亜硫酸水素イオン	HSO_3^-	7.19
ホスホン酸	H_2PHO_3	1.5	リン酸二水素イオン	$H_2PO_4^-$	7.20
セレン酸水素イオン	$HSeO_4^-$	1.70	次亜塩素酸	$HClO$	7.53
亜硫酸	H_2SO_3	1.86	次亜臭素酸	$HBrO$	8.62
硫酸水素イオン	HSO_4^-	1.99	メタ亜ヒ酸	$HAsO_2$	9.08
リン酸	H_3PO_4	2.15	シアン化水素	HCN	9.21
二リン酸三水素イオン	$H_3P_2O_7^-$	2.2	ホウ酸	H_3BO_3	9.24
ヘキサアクア 鉄(III)イオン	$[Fe(H_2O)_6]^{3+}$	2.20	アンモニウムイオン	NH_4^+	9.24
			炭酸水素イオン	HCO_3^-	10.33
ヒ酸	H_3AsO_4	2.24	次亜ヨウ素酸	HIO	10.64
亜セレン酸	H_2SeO_3	2.62	過酸化水素	H_2O_2	11.65
テルル化水素	H_2Te	2.64	リン酸一水素イオン	HPO_4^{2-}	12.35
亜硝酸	HNO_2	3.15	硫化水素イオン	HS^-	13.9
フッ化水素酸	HF	3.17	セレン化水素イオン	HSe^-	15.0

62 ルイスの酸・塩基

(1) ルイスの酸・塩基とは

ルイス (Lewis) の酸・塩基の定義：プロトン (H^+) 移動ではなく，電子の移動 (授受) を考え，電子対 (非共有電子対，ローンペア) を受け取る物質をルイス酸，電子対を与える物質をルイス塩基とよぶ．一方，プロトン (H^+) を与える物質が酸であり，反対に H^+ を受け取る物質が塩基とよぶのが，ブレンステッド-ローリーの酸・塩基の定義であった．プロトンは空の 1s 軌道をもつので，電子対をもつ物質 (原子) と結合しやすい．結局，プロトンの授受に基づいたブレンステッド-ローリーの酸・塩基の定義は，ルイスの酸・塩基の定義に含まれる．

(2) ルイス酸，ルイス塩基の種類

ルイス酸	① 中心 (金属) 原子に空軌道をもつもの (BF_3, BCl_3, $AlCl_3$, $FeCl_3$, $FeBr_3$, $TiCl_4$, SO_2, SO_3, など)
	② 陽イオン (H^+, Na^+, Ca^{2+}, Ag^+, Cu^{2+}, CH_3^+, など)
	③ 極性な多重結合 (C=C を除く) を有するもの (陽イオンに分極しうる原子を有するもの：カルボニル基，シアノ基，など)
ルイス塩基	① ヘテロ原子を含み，ローンペアを有する中性分子 (H_2O, ROH, R_2CO, NH_3, NR_3, H_2S, など)
	② 陰イオン (H^-, OH^-, RO^-, など)
	③ ①②以外のブレンステッド-ローリー塩基 ($[Co(OH)(NH_3)_5]^{2+}$, など)

(3) ルイス酸とルイス塩基の反応例

三フッ化ホウ素 BF_3 とアンモニア NH_3 はただちに反応して，BF_3 のアンモニウム塩を生成する．この反応では，:NH_3 の非共有電子対が BF_3 の空の 2p 軌道に移動して配位結合が形成されて塩が生じる．

メチルカチオン CH_3^+ と水素化物イオン (ヒドリドイオン) H^- が反応すると，メタンを生じる．

酸・塩基錯体

ルイス酸　　　　　　　　　ルイス塩基

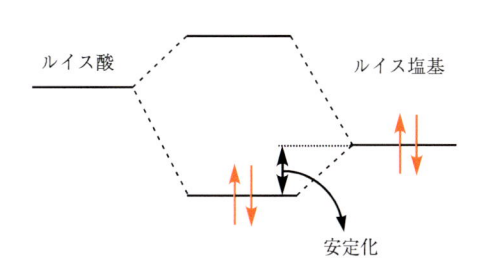

安定化

(4) ルイス酸触媒を必要とする反応の例

単純アルケンは Cl_2 や Br_2 と室温で容易に反応するのに対して，ベンゼンは反応性が低いので反応しない．ベンゼンのハロゲン化反応を起こすには，通常 $FeCl_3$ や $FeBr_3$ などのルイス酸触媒が必要となる．たとえば，$FeCl_3$ 触媒は Cl_2 と錯体を形成することで Cl_2 を活性化し，強力なルイス酸（求電子試薬）に変える働きをする．

ベンゼンは錯体 A から優れた脱離基である $FeCl_4^-$ を置換するのに十分な反応性（求核性）をもち，その置換によりシクロヘキサジエニルカチオンが生じ，続いてプロトンが脱離してクロロベンゼンが生成する．Br_2 と $FeBr_3$ を用いる臭素化反応の機構も同じである．

(5) 新しい種類のルイス酸

従来のルイス酸は加水分解されやすいので，ルイス酸の働きを保つために，使用する反応溶媒に含まれる水分を十分取り除く必要があった．最近，希土類金属トリフラート（希土類金属のトリフルオロメタンスルホン酸塩のこと．たとえば，$La(OTf)_3$ や $Pr(OTf)_3$ など）は，ルイス酸性が高いばかりでなく，水中でも加水分解されにくくルイス酸として有効に機能することが見出された．したがって，希土類金属トリフラートは有機溶媒中のみならず，水系溶媒中においても，有機反応の速度を高めるルイス酸として活用されている．

63　硬い酸・塩基と軟らかい酸・塩基

(1) 硬い酸・塩基，軟らかい酸・塩基 (Hard and Soft Acids and Bases ; HSAB) の定義

　R. G. Pearson (ピアソン) はルイス酸・塩基を"硬い (hard)"と"軟らかい (soft)"酸・塩基に分類した．"硬い"とは概して原子半径が小さく，有効核電荷が高く，分極性が低いもので，"軟らかい"とはその逆である．すなわち分極の難易を硬い，軟らかいという言葉で表現したものである．そして硬い酸は硬い塩基との親和性が大きく，軟らかい酸は軟らかい塩基との親和性が大きい．酸 (M^{n+}) の硬軟の判定には硬い塩基として F^-，軟らかい塩基として I^- を選び，反応式(1)の平衡定数 (K) のデータにより分類される．K の値が大きいものほど，軟らかい酸といえる．

$$(MF)^{(n-1)+}(aq) + I^-(aq) \overset{K}{\rightleftharpoons} (MI)^{(n-1)+}(aq) + F^-(aq) \tag{1}$$

同様に，塩基 (B) の軟らかさも，軟らかい酸であるメチル水銀イオンとの平衡定数 (K') から見積もられる．K' 値が大きいものほど，軟らかい塩基である．

$$[MeHg(H_2O)]^+ + [BH]^+ \overset{K'}{\rightleftharpoons} [MeHgB]^+ + H_3O^+ \tag{2}$$

(2) 硬軟酸と硬軟塩基との反応と分子軌道論からの解釈

　一般に，硬い酸 (物質) と硬い塩基 (物質) との反応，軟らかい酸と軟らかい塩基との反応は速やかに起こり，安定な生成物が得られる．一方，硬い酸と軟らかい塩基，あるいは軟らかい酸と硬い塩基の組み合せからは，安定な生成物が得られない．G. Klopman (クロップマン) は，分子軌道法を用いて酸と塩基の反応を理論的に解釈した．すなわち，酸分子の LUMO と塩基分子の HOMO のみを用いて簡略化し，両者の相互作用によるエネルギー変化 (ΔE) を近似した．

$$\Delta E = -Q_{(acid)} \cdot Q_{(base)}/(\varepsilon \cdot R) + 2(C_{(acid)} \cdot C_{(base)} \cdot \beta)^2/(E_{HOMO(base)} - E_{LUMO(acid)}) \tag{3}$$

ここで，$Q_{(acid)}$ および $Q_{(base)}$ は，酸・塩基分子中の反応中心原子上の電荷，ε は局部比誘電率，R は酸・塩基分子中の反応する原子間の距離，$C_{(acid)}$ は LUMO を構成する反応中心原子の原子軌道係数，$C_{(base)}$ は HOMO を構成する反応中心原子の原子軌道係数，β は共鳴積分，$E_{HOMO(base)}$ は HOMO のエネルギー，$E_{LUMO(acid)}$ は LUMO のエネルギーである．硬い酸分子は高エネルギー準位の LUMO をもち，通常正電荷をもつのに対して，軟らかい酸には低エネルギー準位の LUMO があり，必ずしも正電荷をもたない．一方，硬い塩基分子は低いエネルギー準位の HOMO があり，通常負電荷をもち，軟らかい塩基は高エネルギー準位の HOMO をもち，必ずしも負電荷を伴わない．

　Klopman は(3)式の第1項が ΔE の主要な要因になる反応を電荷支配 (charge-controlled) の反応，第2項の酸の LUMO と塩基の HOMO の軌道相互作用が支配的になる反応を軌道支配 (orbital-controlled) の反応と分類した．したがって，硬い酸と硬い塩基の相互作用は電荷支配であり，軟らかい酸と軟らかい塩基の相互作用は軌道支配といえる．

表1 硬い酸と軟らかい酸

硬い酸	境界領域の酸	軟らかい酸
H^+, Li^+, Na^+, K^+, Be^{2+}, $Be(CH_3)_2$, Mg^{2+}, Ca^{2+}, Sr^{2+}, Sc^{3+}, La^{3+}, Ce^{4+}, Gd^{3+}, Lu^{3+}, Th^{4+}, U^{4+}, UO_2^{2+}, Pu^{4+}, Ti^{4+}, Zr^{4+}, Hf^{4+}, VO^{2+}, Cr^{3+}, Cr^{6+}, MoO^{3+}, WO^{4+}, Mn^{2+}, Mn^{7+}, Fe^{3+}, Co^{3+}, BF_3, BCl_3, $B(OR)_3$, Al^{3+}, $Al(CH_3)_3$, AlH_3, Ga^{2+}, Ga^{3+}, In^{3+}, CO_2, RCO^+, NC^+, Si^{4+}, Sn^{4+}, CH_3Sn^{3+}, $(CH_3)_2Sn^{2+}$, N^{3+}, RPO_2^+, $ROPO_2^+$, As^{3+}, SO_3, RSO_2^+, $ROSO_2^+$, Cl^{3+}, Cl^{7+}, I^{5+}, I^{7+} HX（水素結合をつくる分子）	Fe^{2+}, Co^{2+}, Ni^{2+}, Cu^{2+}, Zn^{2+}, Rh^{3+}, Ir^{3+}, Ru^{3+}, Os^{2+}, $B(CH_3)_3$, GaH_3, R_3C^+, $C_6H_5^+$, Sn^{2+}, Pb^{2+}, NO^+, Sb^{3+}, Bi^{3+}, SO_2	$[Co(CN)_5]^{3-}$, Pd^{2+}, Pt^{2+}, Pt^{4+}, Cu^+, Ag^+, Au^+, Cd^{2+}, Hg^+, CH_3Hg^+, BH_3, $Ga(CH_3)_3$, $GaCl_3$, $GaBr_3$, GaI_3, Tl^+, $Tl(CH_3)_3$, CH_2 およびその他のカルベン類 π 受容体（トリニトロベンゼン，クロラニル，キノン類，テトラシアノエチレンなど） HO^+, RO^+, RS^+, RSe^+, Te^{4+}, RTe^+, Br_2, Br^+, I_2, I^+, ICN, など O, Cl, Br, I, N, $RO \cdot$, $RO_2 \cdot$ 金属原子，金属

表2 硬い塩基と軟らかい塩基

硬い塩基	境界領域の塩基	軟らかい塩基
NH_3, RNH_2, N_2H_4, H_2O, OH^-, O^{2-}, ROH, RO^-, R_2O, $CH_3CO_2^-$, CO_3^{2-}, NO_3^-, PO_4^{3-}, SO_4^{2-}, ClO_4^-, F^-	アニリン，ピリジン，N_3^-, N_2, NO_2^-, SO_3^{2-}, Br^-	H^-, R^-, C_2H_4, ベンゼン，CN^-, RNC, CO, SCN^-, R_3P, $(RO)_3P$, R_3As, R_2S, RSH, RS^-, $S_2O_3^{2-}$, I^-

(3) 硬軟酸と硬軟塩基との反応の実際例

「硬い酸は硬い塩基との親和性が大きく結合をつくりやすく，軟らかい酸は軟らかい塩基との親和性が大きく結合をつくりやすい」という一般則を，具体的な化合物や反応例で見てみよう．

π電子をもつアルケンや芳香族化合物は，表2より軟らかい塩基物質と分類される．したがって，これらの化合物と，表1で軟らかい酸に分類される Ag^+, Pt^{2+}, Pd^{2+}, Hg^{2+} などの金属イオンとの錯体はできやすく，また，これらの金属イオンがアルケンや芳香族化合物の反応の触媒として機能するゆえんである．一方，硬い酸である Na^+ や Mg^{2+} イオンとの錯体はつくりにくい．

式(4)の化学平衡は，どちらに偏っているだろうか．表2より，RO^- は硬い塩基，$R'S^-$ は軟らかい塩基であり，表1より，CH_3CO^+ は硬い酸であることがわかる．したがって，CH_3CO^+ は $R'S^-$ より RO^- と結合しやすいので，この平衡は右に偏っていると予想される．実際，チオールエステルは，RO^- により切断され，またアルカリ水溶液（HO^- も硬い塩基）で簡単に加水分解される．

$$H_3C-\underset{\underset{O}{\|}}{C}-SR' + RO^- \rightleftarrows H_3C-\underset{\underset{O}{\|}}{C}-OR + R'S^- \tag{4}$$

マロン酸エステルのメチレン水素は，酸性が強く，塩基の作用で容易にカルバニオンを生成する．生成したカルバニオンは，2つのカルボニル基と共役して非局在化構造をとっているので，メチルアニオンのように1つの炭素原子に局在化したカルバニオンにくらべ，軟らかい塩基とみなされる．一方，α, β-不飽和ケトンの β 位炭素は，求核剤（塩基）と反応する際には，酸素原子と直接結合するカルボニル炭素よりも軟らかい酸とみなされる．実際に，マロン酸エステルのカルバニオンは，ベンジリデンアセトフェノン（カルコン）に対して，もっぱら β 位炭素で結合する．この付加様式を，マイケル付加あるいは共役付加とよぶ（式(5)）．

$$Ph-CO-\underset{\alpha}{CH}=\underset{\beta}{CH}-Ph + {}^-CH(CO_2R)_2 \xrightarrow{H^+} Ph-CO-CH_2-\underset{\beta}{\overset{Ph}{\underset{|}{CH}}}-CH(CO_2R)_2 \tag{5}$$

ベンジリデンアセトフェノン　　マロン酸エステル

64　酸化還元反応

　注目している化学種から電子が奪われることを「酸化 (oxidation)」といい，逆に電子が付加されることを「還元 (reduction)」という．酸化や還元は，ある化学種に含まれていた電子が，別の化学種へ移動する電子移動 (electron transfer) によって起こるので，ある化学種が酸化されることで放出された電子は，別の化学種を還元することになる．したがって，酸化と還元は同時に起こることが普通であり，これらの反応をまとめて「酸化還元反応 (redox reaction)」とよぶ．酸化されて電子を失う物質は，見方を変えれば電子を与える還元力をもっているので，電子供与体 (electron donor) または還元剤 (reducing agent) とよばれる．電子を受け取って還元される物質は，酸化力をもっているので，電子受容体 (electron acceptor) または酸化剤 (oxidizing agent) とよばれる．酸化された状態の化学種と還元された状態の化学種は，溶解したイオンとしてばらばらになっていることもあれば，結びついて1つの物質を生成することもある．

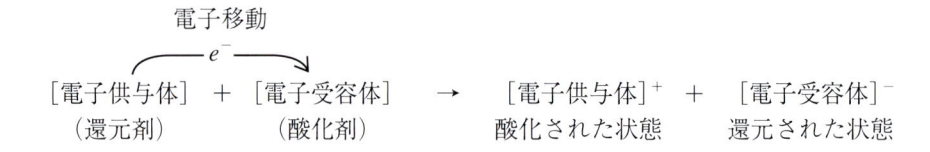

$$[電子供与体] + [電子受容体] \rightarrow [電子供与体]^+ + [電子受容体]^-$$
（還元剤）　　　（酸化剤）　　　　酸化された状態　　還元された状態

　酸化還元反応はきわめて多彩であり，それによって生じる生成物もまたさまざまな形態をもつ．有機物質の酸素による燃焼は，最もポピュラーな酸化反応の1つであり，水や二酸化炭素などの酸化生成物を与える．金属が燃焼する場合は，金属酸化物を生じる．金属の錆や腐食なども酸化反応である．逆に，酸化アルミニウムを電気化学的に還元することで金属アルミニウムを得ることができる．これは，金属アルミニウムを精錬する一般的な方法になっている．金属錯体の酸化還元反応では，錯体分子の構造は変わらず金属の酸化数のみが変わる場合がある．このときには，電子移動によって電子状態が変化することを反映して色が変わることがある．これを利用したのがフェロインなどの酸化還元指示薬である．

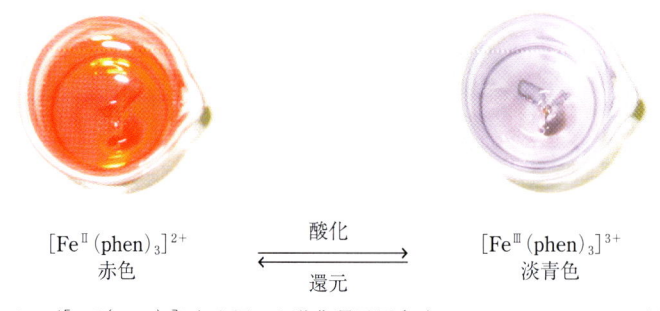

$[Fe^{II}(phen)_3]^{2+}$ ⇌ $[Fe^{III}(phen)_3]^{3+}$
赤色　　　　　酸化／還元　　　　淡青色

図1　フェロイン（$[Fe^{II}(phen)_3]^{2+}$）を用いた酸化還元反応（Belousov-Zhabotinsky 反応）の可視化
赤色のフェロイン溶液はBZ反応に伴う酸化で周期的にフェリイン（$[Fe^{III}(phen)_3]^{3+}$）の淡青色を呈する．

酸化還元反応を利用して電気エネルギーを生み出すのが電池である．エネルギーを使いきると再利用できないものを１次電池とよび，充放電を繰り返して再利用できるものを２次電池とよぶ．電池のエネルギー源として，水素ガスなどの還元剤と空気中の酸素を用いたものが燃料電池である．これらの電気化学的な酸化還元反応が自発的に起こるかどうか，また，そのときの起電力がどの程度になるかはネルンスト（Nernst）の式で理解できる．酸化や還元の起こりやすさを定量的に比較するために，適当な参照電極の電位を基準にした標準酸化還元電位（$E°$）を用いる．標準酸化還元電位は，電気化学反応以外の酸化還元反応（たとえば生体内の電子移動反応など）についても拡張して用いることができる．

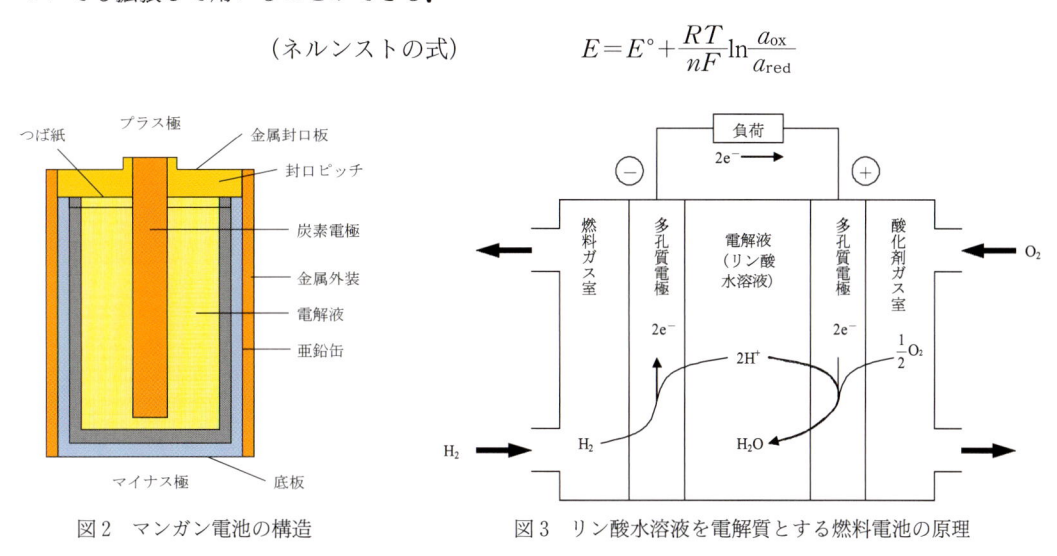

（ネルンストの式）　　　$E = E° + \dfrac{RT}{nF} \ln \dfrac{a_{\text{ox}}}{a_{\text{red}}}$

図２　マンガン電池の構造　　　図３　リン酸水溶液を電解質とする燃料電池の原理

生体内の酸化還元酵素や光合成反応中心タンパクの中では，分子レベルで制御された酸化還元反応が行われている．光合成の場合，光励起されたクロロフィルダイマーが最初の電子供与体となっていて，光励起後のきわめて短い時間の間に電子移動を完了させることが知られている．

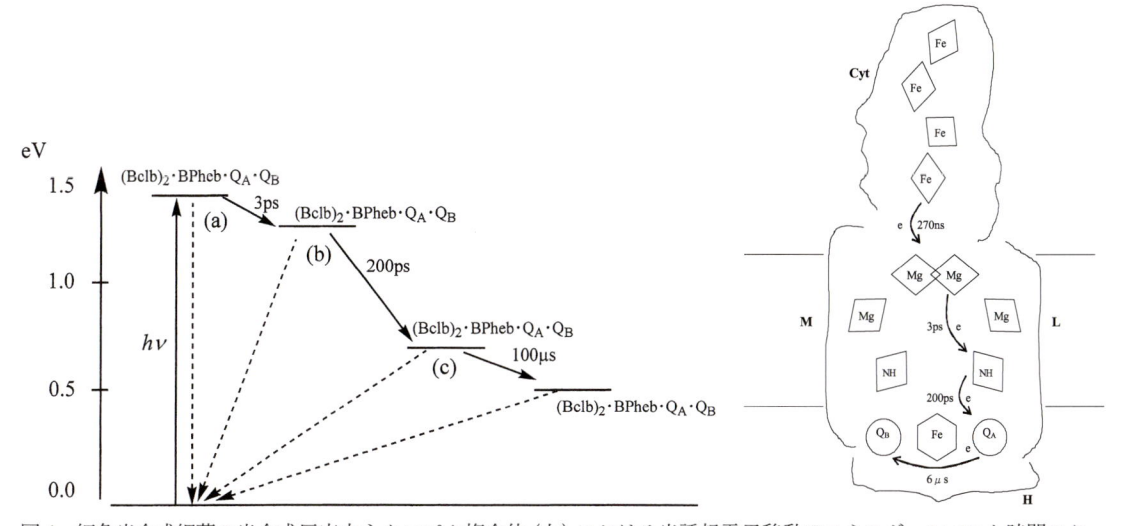

図４　紅色光合成細菌の光合成反応中心タンパク複合体（右）における光誘起電子移動のエネルギーレベルと時間スケール（左）

65　有機電子論

(1) 有機電子論とは

　有機反応の進行経路を電子対の授受により体系的に説明しようとした考え方であり，英国のR. Robinson（ロビンソン），C. K. Ingold（インゴールド）により確立された．有機電子論は，求核剤と求電子反応中心との反応や，求電子剤と求核反応中心との反応において，有機分子中の置換基の示す誘起効果や共鳴効果によってもたらされる結合の分極や電子密度の分布に基づいて，反応性を説明する理論である．その後に発展した分子軌道法の考え方とともに，現在でも有機反応結果を予測したり，解釈する際に活用されている．

(2) 誘起効果（Inductive effect；I 効果）

　原子どうしが主に共有結合で結ばれた有機分子は，ルイス構造式で書き表され，水素を除く各原子の周りの価電子の総数は通常 8 となる（オクテット則とよぶ）．異なる原子が結合した共有結合は，原子間の電気陰性度の差に応じて分極している．たとえば，C—Cl 結合では，この共有結合をつくる 1 対の電子（σ 結合電子対）は Cl の方に偏っており，C は $\delta+$（$0<\delta<1$）に，Cl は $\delta-$ に荷電している．この結合の分極があることを誘起効果（I 効果）とよぶ．I 効果は σ 結合を通して伝えられ，電子対を求引する効果（$-$I 効果）と，電子対を供与する効果（$+$I 効果）に分類される．

(3) 共鳴効果（Mesomeric effect；メソメリー効果；M 効果）

　電子対が，隣接する π 共役系の軌道と重なって共鳴構造をとることによって及ぼす効果を指す．たとえば，$-$NH$_2$ 基，$-$OH 基，$-$OR 基の窒素や酸素原子は，炭素より高い電気陰性度をもつので，$-$I 効果を示す置換基である．しかし，ベンゼン環に結合したヘテロ原子は，そのローンペア（非共有電子対）がベンゼン環の π 共役系と重なることができるので，ベンゼン環に対して電子を供給し，強い電子供与性共鳴効果（$+$M 効果）も示す．これらの置換基は，$-$I 効果よりも $+$M 効果が勝るので，ベンゼン環に対して強い電子供与性置換基として働くことになる．一般に，M 効果は I 効果を上回る．しかし，ハロゲン原子の場合は例外で，原子上のローンペアによる $+$M 効果よりも，高い電気陰性度による $-$I 効果が勝り，ベンゼン環に対して電子求引基となる．また，ベンゼン環に結合したカルボニル基やニトロ基は，ベンゼン環との共鳴構造をとることができ，ベンゼン環の電子を求引するので，$-$M 効果を示す置換基と

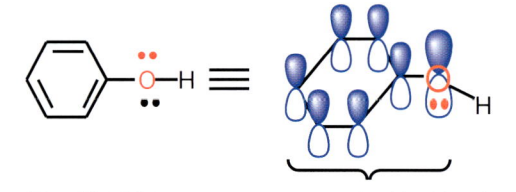

図1　酸素原子のローンペアとベンゼン環 π 電子系との重なり

表1　置換基の I 効果と M 効果

置換基の種類	電子的効果	置換基の種類	電子的効果
$-$NH$_2$	$+$M, $-$I	$-$Br	$+$M, $-$I
$-$OH	$+$M, $-$I	$-$COOH	$-$M, $-$I
$-$OR	$+$M, $-$I	$-$CN	$-$M, $-$I
$-$R	$+$I	$-$NO$_2$	$-$M, $-$I
$-$F	$+$M, $-$I	$-$N$^+$R$_3$	$-$M, $-$I
$-$Cl	$+$M, $-$I		

なる．代表的な置換基の及ぼす電子的効果を表1にまとめた．

(4) 有機電子論による結合の形成と切断

有機電子論では，一般に部分的な（δ＋）あるいは完全な正電荷をもつ電子不足の原子と，部分的な（δ－）あるいは完全な負電荷をもつ電子過剰の原子との間で，電子の移動が起こり結合が形成される．また，反対に，結合が切断するときには，一方の原子が2電子もつように切れる（ヘテロリシス開裂）．この結合の形成または切断のとき，2電子の動きを曲がった両羽矢印（⤴⤵）で表す．たとえば，水酸化物イオンによるヨウ化メチルのS_N2置換反応や，アンモニアのプロトン化反応におけるσ結合の形成と切断は図2のように表される．また，エステルの加水分解反応に伴うπ結合の形成と切断は，図3のように表される．

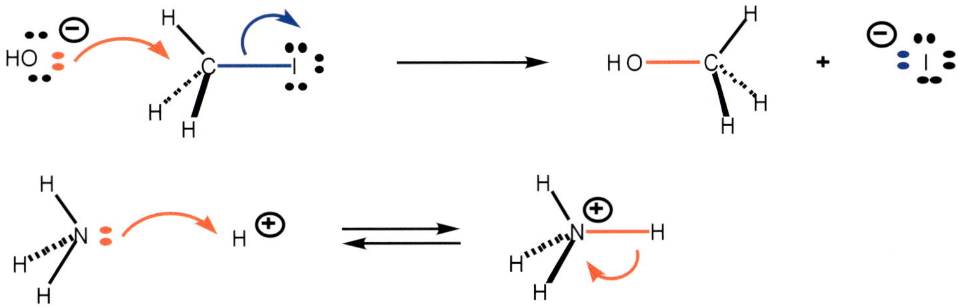

図2 有機電子論によるS_N2反応とプロトン化/脱プロトン化反応の表示法

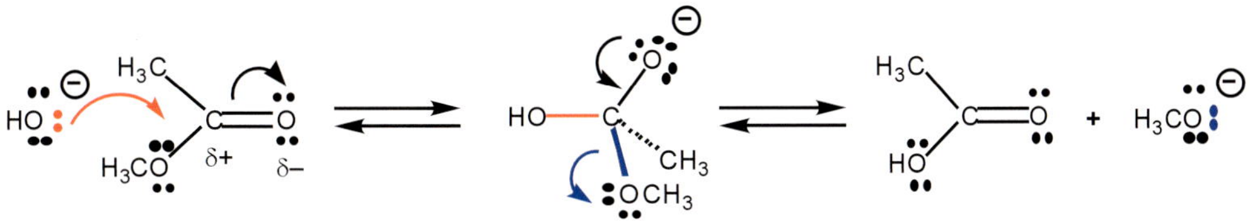

図3 エステルの加水分解に伴うπ結合の切断と形成

このほかに，原子どうしが1電子ずつ出しあって結合を作る，あるいは1電子ずつ分かれて切断するラジカル反応の形式も知られている．このとき，1電子の動きを片羽矢印（⤴や⤵）で表す（図4）．

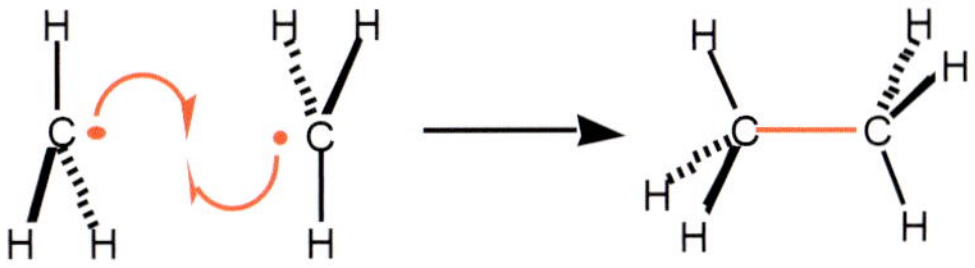

図4 ラジカル反応の表示法

ローンペアをもつヘテロ原子が結合したベンゼン誘導体の芳香族求電子置換反応において，置換位置に関するオルト・パラ配向性についても，カチオン性反応中間体がヘテロ原子上のローンペアの重なりにより安定化されることで説明される．

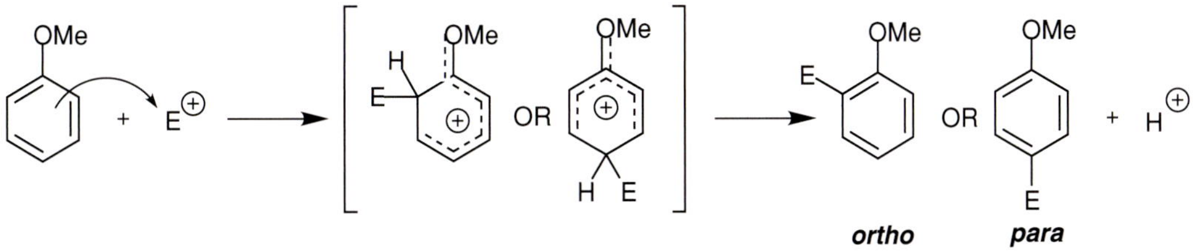

図5 アニソールの求電子置換反応

66 化学反応ダイナミクス

化学反応は原子間の結合の組み替えである．化学反応途上の原子の動きを追跡することにより，化学反応の本質を理解することができる．

(1) 化学反応のポテンシャル

化学反応 $D+H_2 \rightarrow HD+H$ を考える．化学反応途上の3個の原子 D，H および H がどのような運動をするかは，これらの3個の原子の間に働く力のポテンシャルから知ることができる．ポテンシャルは図1のようになる．同じものを等高線表示したものが図2である．化学反応の始状態は D－H 間距離が長く H－H 間距離が短い状態で，図2の右下方に相当する．反応の進行とともに D－H 間距離が縮まり，ポテンシャルの峠にさしかかる．その後，峠を越えて図の上方へ進行すると H－H 間距離が長くなり，反応が終了する．

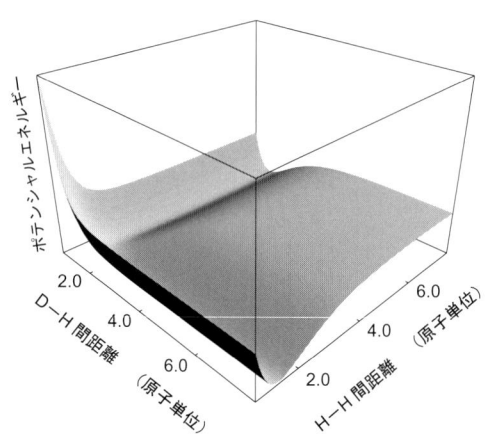

図1 化学反応のポテンシャルの3次元表示

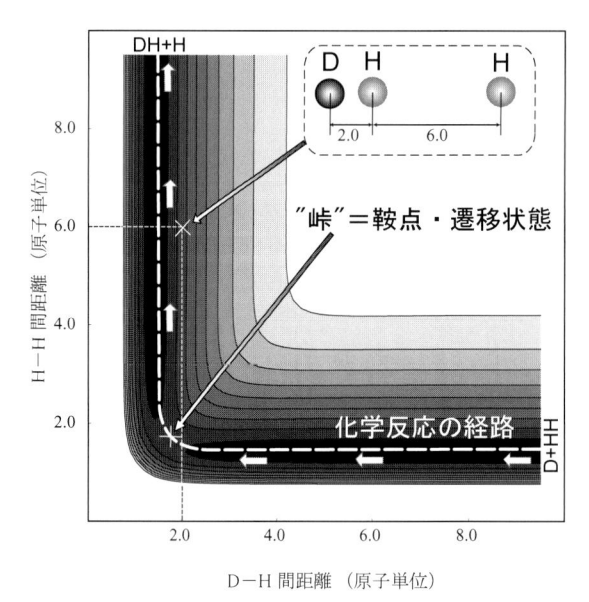

図2 化学反応のポテンシャルの等高線表示

(2) 化学反応の古典トラジェクトリー

原子間に働く力のポテンシャルを用いて，I. Newton（ニュートン）の古典運動方程式を計算機で解くことにより，原子の運動を刻々と追跡することができる．図3に運動のトラジェクトリー（軌跡）を示した．古典トラジェクトリーを観察することにより，どのように化学反応が進行するかを知ることができる．図4は化学反応 $F+H_2 \to HF+H$ の古典トラジェクトリーである．反応後に古典トラジェクトリーが波打っているのは，H—F間距離が振動している，すなわち，反応で生成したHF分子が振動励起していることを意味する．

逆反応も同じポテンシャルで記述される．図5および図6は $HF+H \to F+H_2$ の古典トラジェクトリーである．HF分子がH原子と衝突しても，反応は起こらない（図5）．振動励起したHF分子のみが反応を起こす（図6）．このような現象はポテンシャルの地形の特徴から理解することができる．

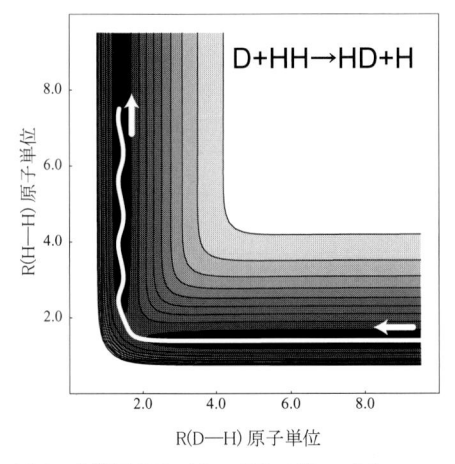

図3 化学反応 $D+H_2 \to HD+H$ のポテンシャルと古典トラジェクトリー

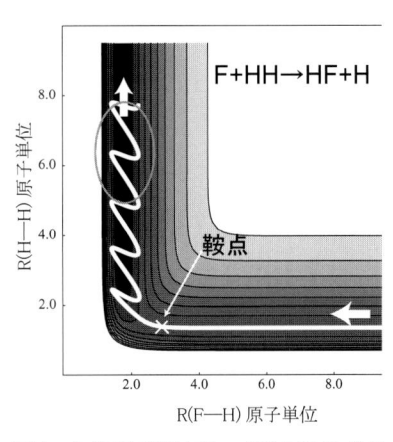

図4 化学反応 $F+H_2 \to HF+H$ のポテンシャルと古典トラジェクトリー

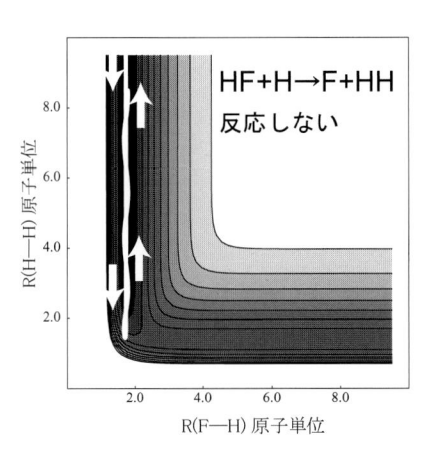

図5 化学反応 $HF+H \to F+H_2$ の古典トラジェクトリー

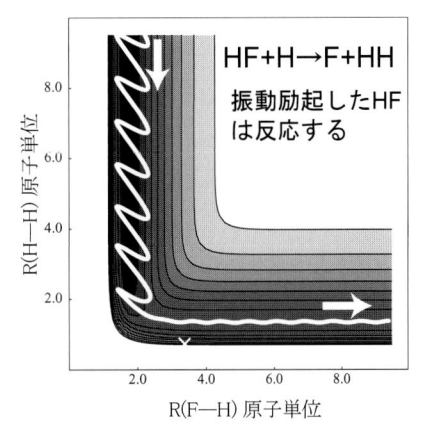

図6 振動励起したHFが起こす化学反応 $HF+H \to F+H_2$ の古典トラジェクトリー

67　プロトン移動

(1) プロトンの付着：NH_4^+ と H_3O^+

アンモニウムイオン（NH_4^+）やオキソニウムイオン（H_3O^+）は，それぞれアンモニア分子や水分子のローンペア（孤立電子対）からのプロトン（H^+）の空軌道への一種の配位結合とみなすことができる．このようなイオンは安定に存在することができる．

次に水分子の二量体を考えてみよう（図1）．2つの酸素原子にはさまれた水素原子（あるいはプロトン）を経由した分子間相互作用を水素結合という．このとき，水素原子はプロトンとなって移動することにより，$HOHOH_2$ の状態と $HO^-(HOH_2)^+$ の状態をとりうる．反応，

$$HOHOH_2 \rightarrow HO^-(HOH_2)^+$$

をプロトン移動という．電子移動反応などと並んで，プロトン移動は基本的かつ普遍的な化学反応の1つである．

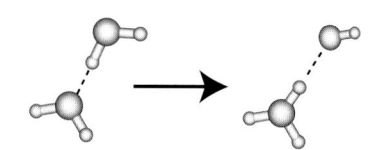

図1　水分子二量体と $HO^-(HOH_2)^+$

(2) 多重水素結合のネットワーク

2つの分子の間で，2つのプロトンが移動することもある．図2はギ酸二量体の例である．これを二重プロトン移動という．このとき，プロトンはどのような運動をするのか，興味ある問題である．実は1つ目のプロトンと2つ目のプロトンでは，移動するためのメカニズムが違っていることが最近の研究でわかってきた．注意して欲しいのは，プロトンの移動とともに，二重結合に位置が交代することである．これを互変異性という．

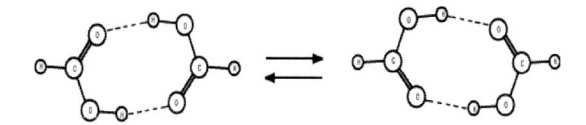

図2　ギ酸二量体の安定構造

(3) 水分子のネットワーク

図3は水分子がプロトンを交換しながら，結合しているネットワークである．液体やクラスター状態の水は，このように水素結合のネットワークを作って存在している．

液体の水では，ネットワークが固定されておらず，時間とともにネットワークの組み直しが進行する．

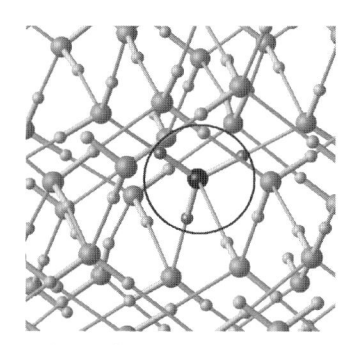

図3　水分子のネットワーク
（C. Kobayashi *et al., J. Chem. Phys.* **113**, 9090（2000）より）

⑷ 二重らせんと DNA

　DNA を構成している塩基のうち，アデニン (A) とチミン (T) は二重の水素結合，グアニン (G) とシトシン (C) は三重の水素結合をもっており，水素結合をする組み合わせの相手が決まっている．このことにより DNA の転写における相補性が担保されている．生体内では，いたるところ水素結合が使われている．水素結合は，共有結合の十分の 1 程度の結合エネルギーしかないが（数 kcal mol^{-1}），ファンデルワールス力に比べるとかなり強い．DNA の二本鎖の例で見られるとおり，十分な強さで結合するが，必要に応じて解離しやすくもあるという性質が，生体にうまく利用されているのである．

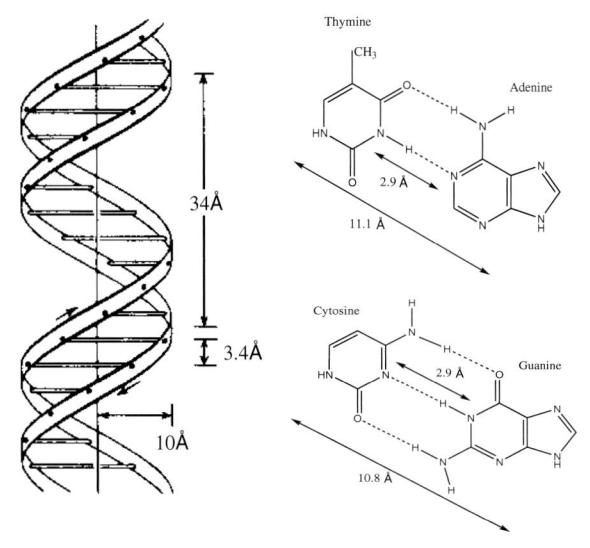

図 4　DNA 二重らせんと塩基対
(左図：『理化学辞典　第 4 版』岩波書店，1987 年より)

COLUMN

プロトン移動とトンネル現象

　プロトンが移動する際，エネルギーの山（障壁）を越えなければならないことが多い．たとえば，HOHOH$_2$ も HO$^-$(HOH$_2$)$^+$ もエネルギーが十分低い場合には，古典力学的にみて，局所的な安定構造である．ところが，量子力学では，ポテンシャルの山を越えるだけのエネルギーをもたなくても，プロトンがきわめて軽い粒子であるため，一定の確率で障壁を越えるかのように移動することができる．実際には，物質波がポテンシャル障壁に跳ね返される成分と，その中へ沁み込んで透過する成分とに分かれる（分波）する．これは，物質波の波動性によって引き起こされる現象であり，量子力学的トンネル現象という．低温化学反応などで，重要な役割を果たす．

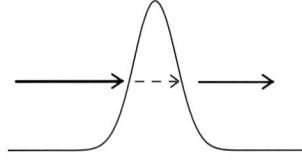

量子力学的トンネル現象

Ⅶ　固体の構造と物性

68 結 晶

ほとんどの物質は低温でその物質の安定な状態，結晶状態に変化する．結晶中では原子，分子は3次元的に繰り返しのある秩序構造をとっている．結晶内に1点をとり，それと全く等価な点を結晶内にプロットし，それらの点を結ぶと，平行六面体で構成される格子ができる．これを結晶格子とよぶ．格子点に原子を一致させる必要はないが，簡単な結晶では原子を格子の原点に置いて考えると都合よいものが多い．格子の最小単位である平行六面体は単位胞または単位格子とよばれる．単位胞は3つの長さ a, b, c と3つの角 α, β, γ で規定される．単位胞の選び方には任意性があるが，通常，軸の長さがなるべく短くなるように，また，角度が直角に近くなるように選ぶ．軸 a, b, c は右手系にとる．すなわち右手の親指，人差し指，中指の方向に a, b, c のそれぞれの軸方向が向くようにとる．

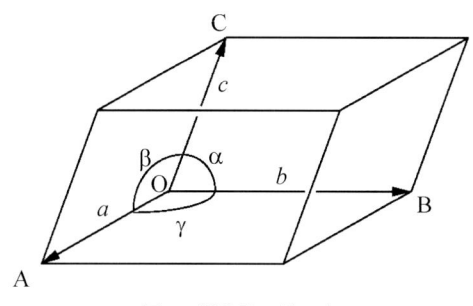

図1　単位胞の軸と角

単位胞の形と対称性から結晶は7つの晶系に分類される．晶系は単に単位胞の形だけで決まるのではなく，対称性も必要条件である．簡単な組成の結晶では等軸晶系，六方晶系，三方晶系，正方晶系などの対称性の高いものに限られる．

表1　7つの晶系の特徴と例

晶系	単位胞の形	対称性	例
三斜晶系	$a \neq b \neq c, \alpha \neq \beta \neq \gamma \neq 90°$	1回軸	
単斜晶系	$a \neq b \neq c, \alpha = \gamma = 90°, \beta \neq 90°$	2回軸	$C_{10}H_8$ (ナフタレン)
斜方晶系 (直方晶系)	$a \neq b \neq c, \alpha = \beta = \gamma = 90°$	互いに直交する 3つの2回軸	C_6H_6 (ベンゼン)
正方晶系	$a = b \neq c, \alpha = \beta = \gamma = 90°$	4回軸	TiO_2 (ルチル)
三方晶系	$a = b = c, \alpha = \beta = \gamma \neq 90°$	3回軸	Hg
六方晶系	$a = b \neq c, \alpha = \beta = 90°, \gamma = 120°$	6回軸	NiAs, Cd, グラファイト
等軸晶系 (立方晶系)	$a = b = c, \alpha = \beta = \gamma = 90°$	4つの3回軸	NaCl, CsCl, Fe, ダイヤモンド

単位胞には格子点が1つずつ含まれるだけであるが，複数の格子点を含ませることにより，高い対称性をもつ晶系で結晶を記述できる場合がある．これを複合格子とよぶ．それに対して格子点が1つしか含まれない格子を単純格子 (P) とよぶ．複合格子は第二以下の格子点の位置により，底心 (A, B または C)，体心 (I)，面心 (F) と区別され，晶系と組み合わせて，14 種類のブラヴェ (Bravais) 格子に分類される．

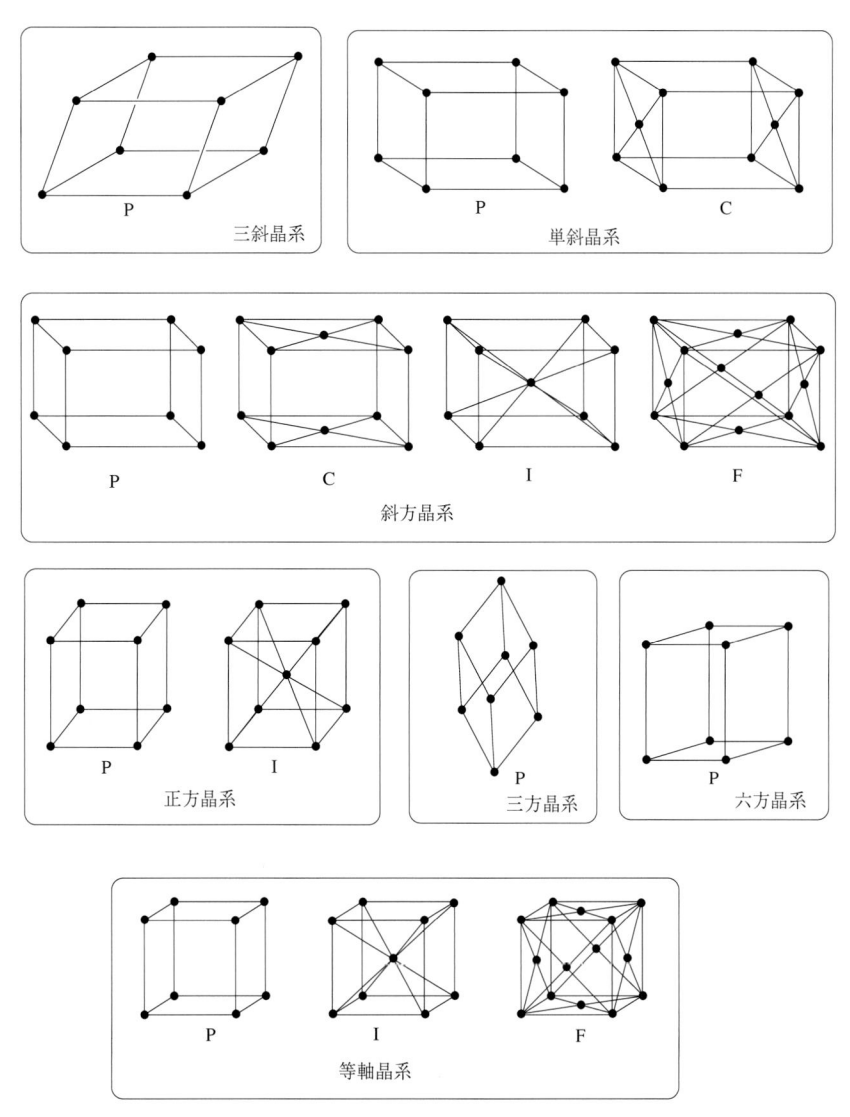

図2　ブラヴェ (Bravais) 格子

　三斜晶系には複合格子が存在しない．たとえば，体心格子を考えた場合，三斜晶系では格子の形，対称性に制限がないため，半分の体積の単位胞を考えれば単純格子で記述できるからである．単斜晶系で体心格子が存在しないのは，2つの軸に直交する軸を固定したまま，他の2軸を変えることにより底心格子として記述できるからである．同様に，単斜晶系における面心格子は体積半分の底心格子として記述できる．

69 回折法

化学のさまざまな分野において，分子や結晶の化学構造を知る手段として，結晶構造解析は不可欠である．回折法は，その結晶構造決定の重要な方法である．回折は，散乱された波が干渉しあって，特定方向に強めあったり，弱めあったりした結果起こる現象である．原子配列に基づいた干渉が起こるには，原子によって散乱される波の波長が原子間距離と同程度であることが必要である．原子によって散乱されるものとして，X線，電子線，中性子線が用いられる．

表1 回折を生じる波

X線	電磁波	波長が1Å程度の電磁波
中性子	物質波	$\lambda = h/mv = h/p$
電子	物質波	

表2 それぞれの回折法の特徴

X線回折	固体結晶の構造解析
	重原子ほど散乱強度が大きい
中性子回折	固体結晶の構造解析
	散乱強度が原子番号によらない
	特に水素原子の位置の決定に有効
電子回折	気体試料，薄膜試料の構造解析
	散乱強度が非常に大きい

(1) X線回折

結晶性の物質に一定波長 λ のX線が照射されると，原子の核外電子は，X線の振動数 ν で強制的に振動運動し，種々の方向に振動数 ν のX線を散乱する（トムソン散乱）．その散乱X線が干渉し合って，回折現象を起こす．散乱X線が強め合う回折条件を模式的に図1に示した．また，図2に示すように結晶面（原子網面）の面間隔を d，X線の入射角を θ とすれば，X線が回折を起こす条件は，次の式で表される．

$$2d \sin \theta = n\lambda \quad (n=1, 2, 3, \cdots)$$

この式は，ブラッグの式とよばれる．この条件に従って，強い回折が得られる角度 θ を求めれば，面間隔 d を決定することができる．

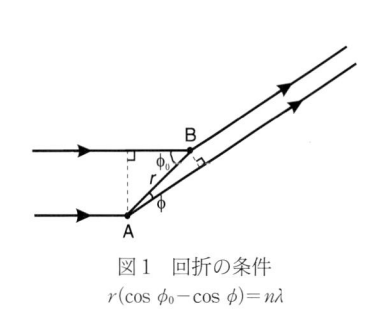

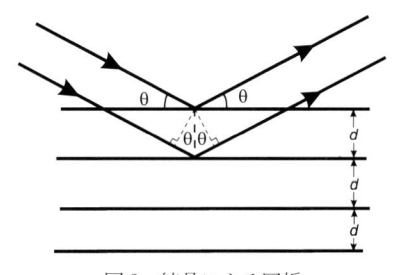

図1 回折の条件
$r(\cos \phi_0 - \cos \phi) = n\lambda$

図2 結晶による回折
ブラッグの条件 $2d \sin \theta = n\lambda$

図3に臭化カリウム（KBr）のX線回折パターンの例を示したが，多結晶粉末を試料とした粉末X線回折法では，回折パターンから求めた面間隔 d と回折強度を既知物質のものと比較し，物質の同定を行う．既知物質の回折データは，JCPDS (Joint Committee on Powder Diffraction Standards) の粉末データファイル（Powder Data File: PDF）で検索することができる．また，回折ピークの強度から定量分析を行うことや，結晶系や格子定数の変化から転移点の推定や反応の追跡などを行うことができる．最近のX線回折装置には，JCPDSデータファイルとそ

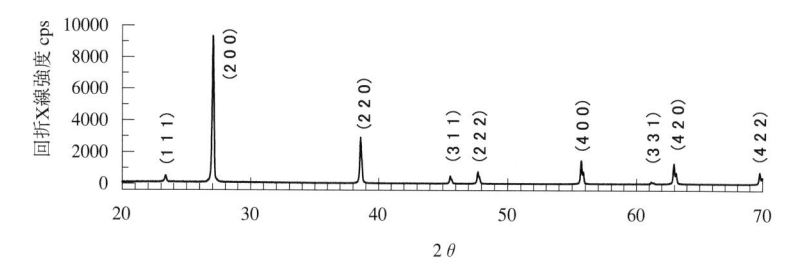

図3 KBrのX線回折パターン
(111), (200)などの数字は各ピークのミラー指数(結晶面,格子面などの方位を表示するのに用いる面指数の一種)を表す.

れを利用した定性定量分析ソフトが搭載されていることも多くなっている．また，単結晶法では，4軸型回折装置などを用いて，無機化合物，有機化合物の原子間距離や結合角などを求めることができ，さらに詳細な構造解析が可能である．

(2) 電子回折・中性子回折

電子や中性子のような粒子も，物質波(ド・ブロイ波)としての性質をもつことにより，物質の原子との回折現象を示し，構造解析に用いられる．

電子線(電子波)は，原子の原子核と核外電子の作る電場によって散乱される．X線と比較して，電子は物質の原子と強く相互作用(散乱，吸収)するため，電子線は物質の深くまで浸入しない．このため，X線回折や中性子回折とは異なり，電子回折は，物質の表面，薄膜，微小結晶等の構造の研究に用いられる．図4に電子回折像の例を示す．

中性子は，原子の原子核ならびに不対電子のスピンによる磁気モーメントによって散乱される．中性子は物質中の原子核と相互作用するが，原子と原子核の大きさの違いから考えて明らかだが，原子核の占める割合が大変小さく，その相互作用は一般的に小さい．そのため中性子は物質内部まで貫通する．X線と類似して，単結晶や粉末結晶試料の回折測定に用いられる．X線は原子の核外電子で散乱されるため，散乱振幅は原子番号に比例し，同位体で差がないが，中性子の原子核による散乱振幅は，原子番号に対する比例性はもたず，同位体によっても異なる．また，中性子は磁気モーメントで散乱されるので，磁性体結晶の磁気構造の解析に利用されることが，X線回折や電子回折と大きく異なる特徴である．

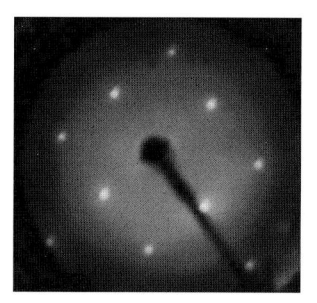

図4 銅の(100)結晶面の電子回折像
白い斑点が回折像で，正方格子を示している(提供：東京大学大学院理学系研究科助教授近藤寛氏).

70 元素単体の結晶構造

単体の結晶構造は，同一の球の充塡として記述できる．充塡構造は，結合に依存し，方向性のない金属結合やファンデルワールス力による最密充塡から共有結合によるダイヤモンド構造まで数種ある．

(1) 最密充塡

金属，希ガスなどがとる最密充塡の構造として，立方最密充塡構造 (cubic closest packing : ccp) と六方最密充塡構造 (hexagonal closest packing : hcp) がある．その違いは，図1，2 に示すように積層の形式による．また，立方最密充塡構造は，図3に示すように面心立方格子 (face-centered cubic : fcc) と同一である．

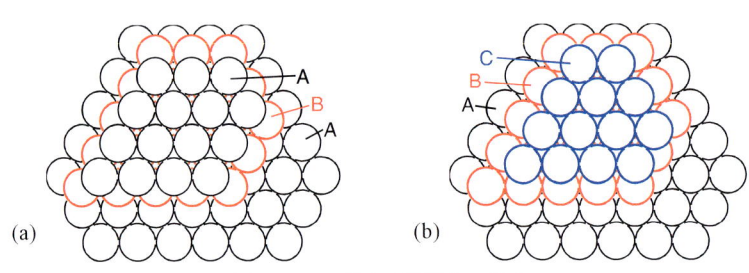

図1　2つの最密充塡構造の形式
(a)第三の層は第一の層の真上にきて，ABA 構造を与える（六方最密充塡構造）．
(b)第三の層は第一の層の凹みの真上にきて ABC 構造を与える（立方最密充塡構造）．

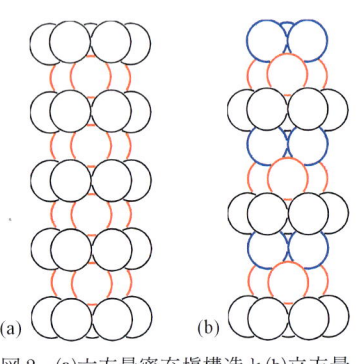

図2　(a)六方最密充塡構造と(b)立方最密充塡構造（面心立方格子）

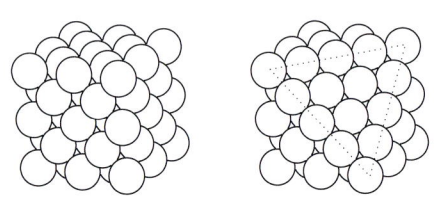

図3　面心立方格子中の最密充塡層

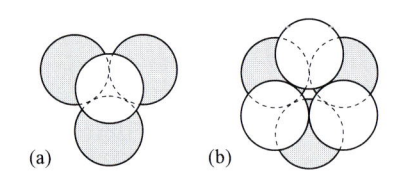

図4　球の最密充塡によってできる隙間
(a)四面体型隙間：T-site，(b)八面体型隙間：O-site．

(2) 最密充塡以外の金属の結晶構造

金属には最密充塡構造より少し空間充塡率の低い結晶構造をとるものもある．アルカリ金属の常温・常圧における結晶は，隙間の多い体心立方格子 (body-centered cubic : bcc, 図5) をとる．ただし，低温で高圧にすると，隙間が詰まって最密充塡構造のものが得られる．アルカリ土類金属では，常温で Ba を除き最密充塡構造をとる．ただし，Ca や Sr では高温にすると，隙間の多

い体心立方格子をとるようになる．表1に各金属がとる結晶構造の種類を示した．

図5 体心立方格子

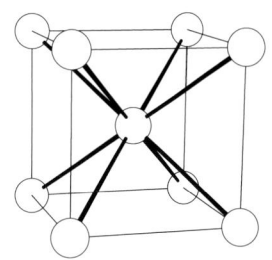

表1 金属の結晶構造

Li bcc	Be hcp										
Na bcc	Mg hcp	Al ccp									
K bcc	Ca bcc ccp	Sc bcc hcp	Ti bcc hcp	V bcc	Cr bcc	Mn bcc ccp β γ	Fe bcc ccp bcc	Co ccp hcp	Ni ccp	Cu ccp	Zn hcp
Rb bcc	Sr bcc hcp ccp	Y bcc hcp	Zr bcc hcp	Nb bcc	Mo bcc	Tc hcp	Ru hcp	Rh ccp	Pd ccp	Ag ccp	Cd hcp
Cs bcc	Ba bcc	La bcc ccp hcp	Hf bcc hcp	Ta bcc	W bcc	Re hcp	Os hcp	Ir ccp	Pt ccp	Au ccp	

構造は温度による安定性の順番で示されている．室温での安定な構造が一番下に示されている．

(3) 共有結合性の元素単体の結晶構造

共有結合性の元素単体の結晶構造として，図6に示すダイヤモンド構造や図7に示すグラファイト構造がある．

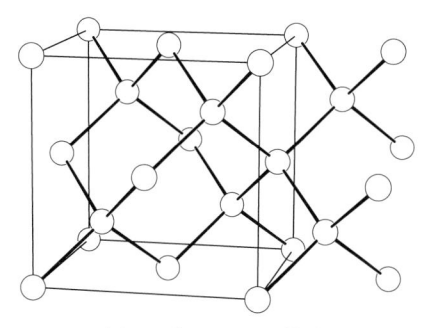

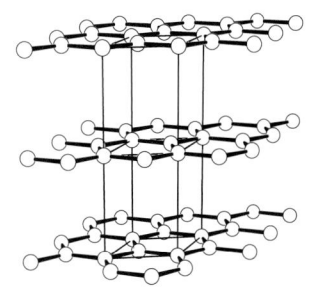

図6 ダイヤモンド構造　　図7 グラファイトの結晶構造

充填構造と配位数，ならびに，空間充填率との関係を表2に示した．方向性がない結合による結晶の構造は配位数の多い，空間充填率が高い構造を取り，方向性のある共有結合の結晶では空間充填率が低い構造をとっている．

表2 球の充填構造と空間充填率

構造	配位数	空間充填率
ダイヤモンド構造	4	0.3401
単純立方格子	6	0.5236
体心立方格子	8	0.6802
立方最密充填構造（面心立方格子）	12	0.7405
六方最密充填構造	12	0.7405

71 金属，半導体および絶縁体

物質の電気伝導性は，金属のような良導体（$\sigma=10^6$ S cm^{-1}）からガラスのような絶縁体（$\sigma=10^{-14}$ S cm^{-1}）まで，広範囲にわたっている．分子軌道法的な扱いによるバンドモデルで統一的に説明が可能である．ヒュッケル（Hückel）近似を用いて一次元に無限に並んだ原子の列を考えると，原子間距離が離れている状態では原子軌道のエネルギー準位は離散した状態にあるが，原子間距離が小さくなると，一定の間隔の中に無限の軌道が入るバンド（帯）が形成される．図1に示されるようにs軌道とp軌道はそれぞれバンドを形成し，その間隔をバンドギャップとよぶ．物質によってはバンドが重なるような場合も生じる（図2）．

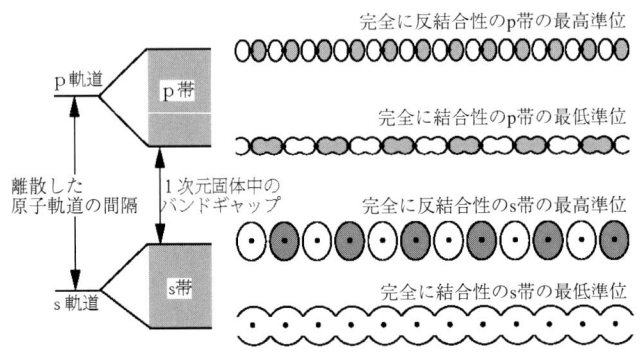

図1 s軌道とp軌道により形成されるバンドとバンドギャップ

図3に示すようにアルカリ金属のような場合にはs帯の下半分に電子が入るが上半分には電子が入らない状態になる．このように不完全に満たされたバンドの存在が電気伝導性をもたらす．

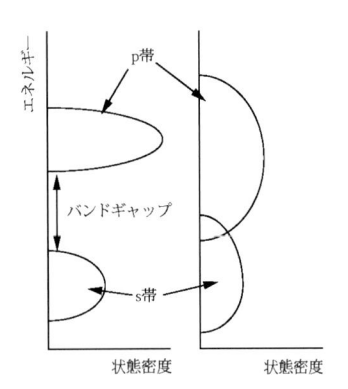

図2 s帯とp帯のバンドギャップ
　s軌道とp軌道の相互作用が大きいとs帯とp帯が重なる．

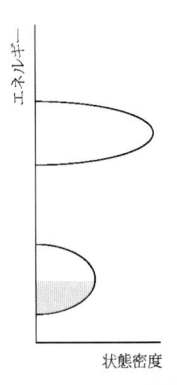

図3 アルカリ金属の状態密度
　半影をつけた部分は電子が満たされている．

表1 バンドギャップ E_g の例 (0 K)

物質	E_g/eV	物質	E_g/eV	物質	E_g/eV
α-Sn	0.0	Si	1.1	GaP	2.9
Te	0.3	GaAs	1.5	ZnO	3.4
PbS	0.3	Se	1.8	ZnS	4.6
InAs	0.4	Cu_2O	2.2	diamond	5.4
Ge	0.7	CdS	2.6	BP	6.0

図4のようにバンドが完全に満たされたものと，完全に空のものから成り立つとき，絶縁体になる．ただし，バンドギャップが狭いときには，図5のように熱や光によって充填されたバンド（価電子帯）から上の空のバンド（伝導帯）へ電子が励起され，隙間のできた価電子帯とわずかに電子が入った伝導体で伝導性を生じるため，半導体になる．このように純物質でバンドギャップが小さいために半導体になっているものを真性半導体とよんでいる．表1は単体ないしは化合物の半導体，絶縁体のバンドギャップの例を示している．可視光線は 1.5 eV から 3.0 eV であるため，3.0 eV 以下のバンドギャップをもつものは着色しており，光励起により電気伝導度をもつことができる．硫化カドミウム (CdS) はカメラの露出計に，セレンはゼログラフィーにそれぞれ利用されている．絶縁体，半導体に不純物を入れることによりバンドギャップの間に新たな準位 (不純物準位) をつくって，電子の移動を容易にすることができる．これを不純物半導体とよんでいる (図6)．

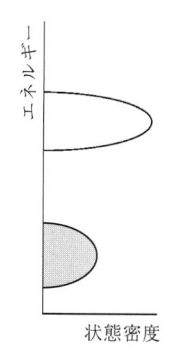

図4 典型的な絶縁体のバンド構造

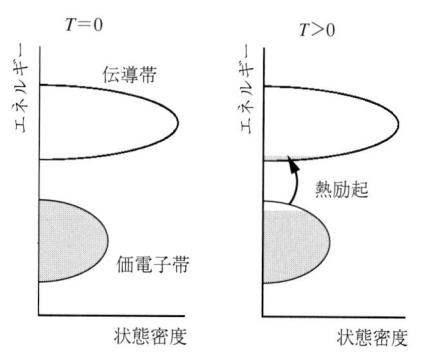

図5 真性半導体のバンド構造

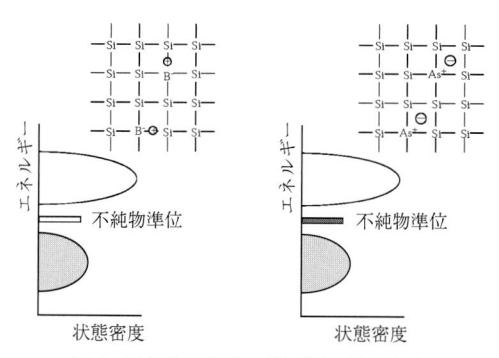

図6 不純物半導体の模式図と状態密度
p 型半導体(左) と n 型半導体(右)．

72 二元化合物の結晶構造

　一般式 A_mX_n で表せる一連の化合物を二元化合物という．A は陽性元素，X は陰性元素を表している．二元化合物がイオン結晶の場合は，A は陽イオン，X は陰イオンである．A の最近接の X の数，あるいは，X の最近接の A の数を配位数という．AX という一般式をもつイオン結晶では，陽イオンと陰イオンの配位数はともに等しい．AX 型および AX_2（あるいは A_2X）型の代表的な構造を図1〜11に示す．陽性元素を●，陰性元素を○で表している．また，表1に代表的な A_mX_n 型結晶の配位数を示す．

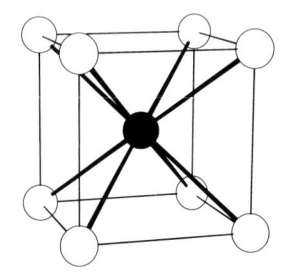

図1　塩化セシウム (CsCl) 型構造

表1　代表的な A_mX_n 型結晶の配位数

結晶型	化学式	陽性元素の配位数
塩化セシウム型	CsCl	8（立方体）
ホタル石型	CaF_2	8（立方体）
塩化ナトリウム型	NaCl	6（八面体）
ヒ化ニッケル型	NiAs	6（八面体）
ルチル型	TiO_2	6（八面体）
セン亜鉛鉱型	ZnS	4（四面体）
ウルツ鉱型	ZnS	4（四面体）

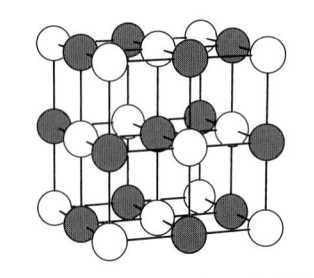

図2　塩化ナトリウム (NaCl) 型構造

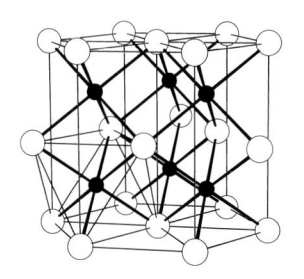

図3　ヒ化ニッケル (NiAs) 型構造

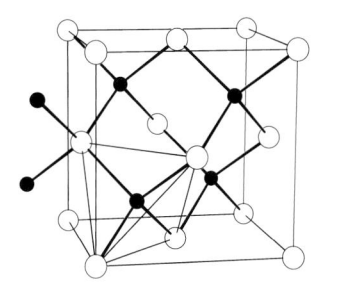

図4　セン亜鉛鉱 (ZnS) 型構造
　　　（または，CuCl 型）

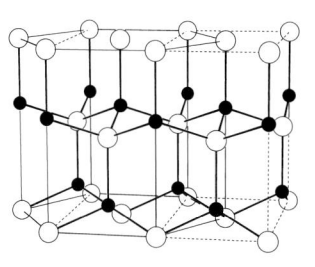

図5　ウルツ鉱 (ZnS) 型構造
　　　（または，ZnO 型）

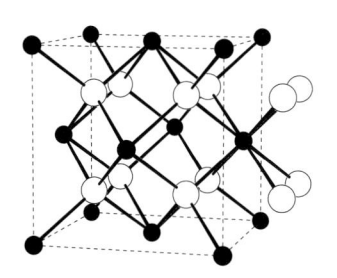

図6 ホタル石（CaF_2）型構造

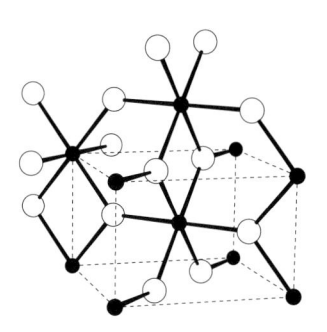

図7 ルチル（TiO_2）型構造

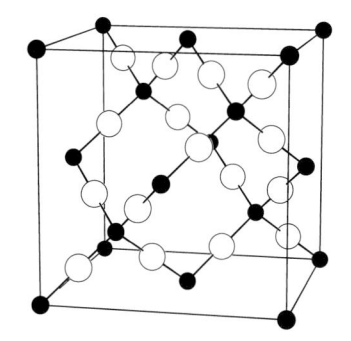

図8 クリストバライト（SiO_2）型構造

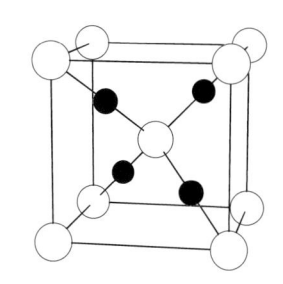

図9 赤銅鉱（Cu_2O）型構造

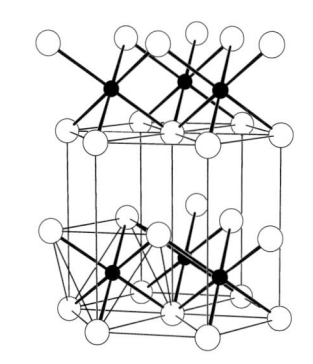

図10 ヨウ化カドミウム（CdI_2）型構造

図11 硫化モリブデン（MoS_2）型構造

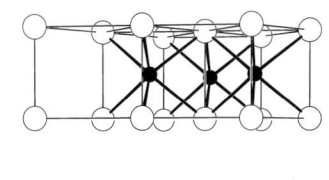

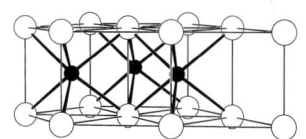

表2 陽イオン，陰イオンの組合せとその化合物がとる結晶構造型

	Li^+	Na^+	K^+	Rb^+	Cs^+	Cu^+	Ag^+	Be^{2+}	Mg^{2+}	Ca^{2+}	Sr^{2+}	Ba^{2+}	Mn^{2+}	Fe^{2+}	Co^{2+}	Ni^{2+}
F^-	NaCl	NaCl	NaCl	NaCl	NaCl	CuCl	NaCl	SiO_2	TiO_2	CaF_2	CaF_2	CaF_2	TiO_2	TiO_2	TiO_2	TiO_2
Cl^-	NaCl	NaCl	NaCl	NaCl	CsCl	CuCl	CuCl		$CdCl_2$	$CaCl_2$	$CaCl_2$	$CaCl_2$	$CdCl_2$	$CdCl_2$	$CdCl_2$	$CdCl_2$
Br^-	NaCl	NaCl	NaCl	NaCl	CsCl	CuCl	CuCl		$CdCl_2$	$CaCl_2$	$CaCl_2$	$CaCl_2$	CdI_2	CdI_2	CdI_2	CdI_2
I^-	NaCl	NaCl	NaCl	NaCl	CsCl	CuCl	CuCl		CdI_2	$CaCl_2$	$CaCl_2$	$CaCl_2$	CdI_2	CdI_2	CdI_2	CdI_2

	Li^+	Na^+	K^+	Rb^+	Cs^+	Cu^+	Ag^+	Be^{2+}	Mg^{2+}	Ca^{2+}	Sr^{2+}	Ba^{2+}	Fe^{2+}	Co^{2+}	Ni^{2+}
O^{2-}	逆CaF_2	逆CaF_2	逆CaF_2	逆CaF_2	$CdCl_2$	Cu_2O	Cu_2O	ZnO	NaCl	NaCl	NaCl	NaCl	NaCl	NaCl	歪NaCl
S^{2-}	逆CaF_2	逆CaF_2	逆CaF_2	逆CaF_2				CuCl	NaCl	NaCl	NaCl	NaCl	NiAs	NiAs	NiAs
Se^{2-}	逆CaF_2	逆CaF_2	逆CaF_2	逆CaF_2				CuCl	NaCl	NaCl	NaCl	NaCl	NiAs	NiAs	NiAs
Te^{2-}	逆CaF_2	逆CaF_2	逆CaF_2	逆CaF_2				CuCl	NaCl	NaCl	NaCl	NaCl	NiAs	NiAs	NiAs

73　イオン半径と結晶構造

結晶構造を決める要因の1つとして幾何学的な要因がある．L. Pauling（ポーリング）はこれを「イオン性結晶の構造に関する規則のI」(1929)として，陽イオンと陰イオンの間の距離はそれぞれの**イオン半径**の和であり，1つの陽イオンを囲んでいる陰イオンの数（配位数）はイオン半径の比で決まる（**極限半径比モデル**）とまとめている．

(1) イオン半径

イオン性結晶中の陽イオンと陰イオンの最近接距離を d，陽および陰イオンを剛体球と仮定しそれぞれの半径を r_+, r_- としたとき，$d = r_+ + r_-$ が成立するように選んだ r_+, r_- のセットをイオン半径という（結晶半径ともいう）．d は回折法などから実験値として求まるが，r_+, r_- にどのように値を割り当てるかいろいろな試みがなされてきた．

(a) ポーリングのイオン半径

仮定した半径（$r(\text{Li}^+)=0.60\,\text{Å}$ と $r(\text{O}^{2-})=1.40\,\text{Å}$），陽イオンおよび陰イオンの閉殻電子構造が同じアルカリハライド（NaF, KCl, RbBr, CsI）の d の実測値から各イオン半径は各イオンの有効核電荷に反比例するとして算出した一価のイオンの半径，それらに補正を加えて算出した多価のイオンの半径，およびそれらと d の実測データより算出した半径のセット．

(b) シャノンのイオン半径

現実の d は配位数やスピン状態にも依存している．これらを考慮し2000近くの d の実測データを基に各イオンに最適な半径を割り当てたもの．

表1　ポーリングとシャノンのイオン [半径]

凡例:
- イオンの価数
- 配位数　□平面形、〇ピラミッド形
- スピン状態　H 高スピン、L 低スピン
- イオン半径(Å) 配位数がPのものはPaulingの値、他はShannonの値

Li		Be	
1+ P	0.60	2+ P	0.31
1+ 4	0.730	2+ 3	0.30
1+ 6	0.90	2+ 4	0.41
1+ 8	1.06	2+ 6	0.59

Na		Mg	
1+ P	0.95	2+ P	0.65
1+ 4	1.13	2+ 4	0.71
1+ 6	1.16	2+ 5	0.80
1+ 8	1.32	2+ 6	0.860
1+ 12	1.53	2+ 8	1.03

K		Ca		Sc		Ti		V		Cr		Mn		Fe		Co		Ni	
1+ P	1.33	2+ P	0.99	3+ P	0.81	2+ P	0.90	2+ P	0.88	2+ P	0.84	2+ P	0.80	2+ P	0.76	2+ P	0.74	2+ P	0.72
1+ 4	1.51	2+ 6	1.14	3+ 6	0.885	3+ P	0.76	3+ P	0.74	3+ P	0.69	3+ P	0.66	3+ P	0.64	3+ P	0.63	3+ P	0.62
1+ 6	1.52	2+ 8	1.26	3+ 8	1.010	4+ P	0.68	4+ P	0.60	4+ P	0.56	4+ P	0.54	2+ 4 H	0.77	3+ 4 H	0.72	2+ 4	0.69
1+ 8	1.65	2+ 10	1.37			2+ 6	1.00	5+ P	0.59	6+ P	0.52	7+ P	0.26	2+ 6 L	0.75	2+ 5	0.81	2+ □4	0.63
1+ 10	1.73	2+ 12	1.48			3+ 6	0.810	2+ 6	0.93	2+ 6 L	0.87	2+ 6 L	0.81	2+ 6 H	0.920	2+ 6 L	0.79	2+ 5	0.77
1+ 12	1.78					4+ 4	0.56	3+ 6	0.780	2+ 6 H	0.94	3+ 6	0.970	3+ 4 H	0.63	2+ 6	0.830		
						4+ 5	0.65	4+ 6	0.72	3+ 6	0.755	3+ 6 L	0.72	3+ 6 L	0.69	2+ 8	1.04	3+ 6 L	0.70
						4+ 6	0.745	4+ 8	0.86	4+ 4	0.55	3+ 6 H	0.785	3+ 6 H	0.785	3+ 6 L	0.685	3+ 6 H	0.74
						4+ 8	0.88	5+ 4	0.495	4+ 6	0.69	4+ 6	0.670	3+ 8 H	0.92	3+ 6 H	0.75	4+ 6 L	0.62
								5+ 5	0.60	6+ 4	0.40	6+ 4	0.395	4+ 6	0.725	4+ 4	0.54		
								5+ 6	0.68	6+ 6	0.58	7+ 4	0.39	6+ 4	0.39	4+ 6 H	0.67		

Rb		Sr		Y		Zr		Nb		Mo		Tc		Ru		Rh		Pd	
1+ P	1.48	2+ P	1.13	3+ P	0.93	4+ P	0.80	4+ P	0.67	4+ P	0.66	4+ 6	0.785	4+ P	0.63	3+ 6	0.805	2+ P	0.86
1+ 6	1.66	2+ 6	1.32	3+ 6	1.040	4+ 4	0.73	5+ P	0.70	5+ P	0.62	5+ 6	0.74	4+ 6	0.82	4+ 6	0.74	1+ 2	0.73
1+ 8	1.75	2+ 8	1.40	3+ 7	1.10	4+ 5	0.80	3+ 6	0.86	3+ 6	0.83	7+ 4	0.51	4+ 6	0.760	5+ 6	0.69	2+ □4	0.78
1+ 10	1.80	2+ 10	1.50	3+ 8	1.159	4+ 6	0.86	4+ 6	0.82	4+ 6	0.790	7+ 6	0.70	5+ 6	0.705			2+ 6	1.00
1+ 12	1.86	2+ 12	1.58	3+ 9	1.215	4+ 7	0.92	4+ 8	0.93	5+ 6	0.75			7+ 4	0.52			3+ 6	0.90
1+ 14	1.97					4+ 8	0.98	5+ 4	0.62	6+ 4	0.55			8+ 4	0.50			4+ 6	0.755
						4+ 9	1.03	5+ 6	0.78	6+ 6	0.73								

Cs		Ba				Hf		Ta		W		Re		Os		Ir		Pt	
1+ P	1.69	2+ P	1.35			4+ P	0.81	3+ 6	0.86	4+ P	0.66	4+ 6	0.77	4+ P	0.65	4+ P	0.64	2+ □4	0.74
1+ 6	1.81	2+ 6	1.49			4+ 4	0.72	4+ 6	0.82	4+ 6	0.80	5+ 6	0.72	4+ 6	0.770	3+ 6	0.82	2+ 6	0.94
1+ 8	1.88	2+ 8	1.56			4+ 6	0.85	5+ 6	0.78	5+ 6	0.76	6+ 6	0.69	5+ 6	0.715	4+ 6	0.765	4+ 6	0.765
1+ 10	1.95	2+ 10	1.66			4+ 7	0.90	5+ 7	0.83	6+ 4	0.56	7+ 4	0.52	6+ 5	0.63	5+ 6	0.71	5+ 6	0.71
1+ 12	2.02	2+ 12	1.75			4+ 8	0.97	5+ 8	0.88	6+ 5	0.65	7+ 6	0.67	6+ 6	0.685				
										6+ 6	0.74			7+ 6	0.665				
														8+ 4	0.53				

L. Pauling, *J. Am. Chem. Soc.*, **49**, 765-790(1927) & "The Nature of the Chemical Bond", 3rd ed. (1960), R. D. Shannon, *Acta Cryst.*, **A32**, 751-767(1976)より

(2) 極限半径比モデル

イオン性結晶の構造は，陰イオンのつくる充填構造内に陽イオンが入り込んだ構造とみなすことができる．そこでは，1つの陽イオンに注目すると，その周囲を陰イオンによりきっちりと囲まれてできた配位多面体を考えることができる．このときの半径比 (r_+/r_-) は幾何学的に計算できる．逆に，イオンの半径比が与えられると可能な配位多面体や配位構造を考察することができる．たとえば半径比が 0.414 だと，きっちりと接触した 6 配位構造，すなわち配位多面体としては正八面体となるが，これより半径比が小さいと陽イオン陰イオン間の接触がなくなったり，陰イオン間の距離が短くなったりして不安定化がおこり 6 配位構造は成立しなくなる．逆に半径比が大きくなると陰イオン間に隙間ができるが，半径比が 0.732 になるまでは配位数は増大しえない．したがって半径比が 0.414 以上 0.732 未満では 6 配位構造になると考えられる．これは，あくまでも剛体球，完全なイオン結合を想定したものであるので現実との一致には限界がある．

表 2　極限半径比モデルより予測される結晶構造

半径比 (r_+/r_-)	配位数	配位多面体	結晶構造型
$0.225 \leq r_+/r_- < 0.414$	4	正四面体	ウルツ鉱型, セン亜鉛鉱型
$0.414 \leq r_+/r_- < 0.732$	6	正八面体	塩化ナトリウム型
$0.732 \leq r_+/r_- < 1$	8	立方体	塩化セシウム型
$1 \sim$	12		hcp, ccp

半径（結晶半径）

	B		C		N		O		F	
3+ P	0.20	4+ P	0.15	3− P	1.71	2− P	1.40	1− P	1.36
3+ 3	0.15	4+ 3	0.06	1+ 2	1.21	2− 2	1.21	7+ P	0.07
3+ 4	0.25	4+ 4	0.29	3+ 4	1.32	2− 3	1.22	1− 3	1.16
3+ 6	0.41	4+ 6	0.30	3+ 6	0.30	2− 4	1.24	1− 4	1.17
				5+ 3	0.044	2− 6	1.26	1− 6	1.19
				5+ 6	0.27	2− 8	1.28	7+ 6	0.22

	Al		Si		P		S		Cl	
3+ P	0.50	4+ P	0.41	3− P	2.12	2− P	1.84	1− P	1.81
3+ 4	0.53	4+ 4	0.40	5+ P	0.34	2− 6	1.70	7+ P	0.46
3+ 5	0.62	4+ 6	0.540	3+ 6	0.58	4+ 6	0.51	1− 6	1.67
3+ 6	0.675			5+ 4	0.31	6+ 4	0.26	5+ ③	0.26
				5+ 5	0.43	6+ 6	0.43	7+ 4	0.22
				5+ 6	0.52			7+ 6	0.41

	Cu		Zn		Ga		Ge		As		Se		Br	
1+ P	0.96	2+ P	0.74	3+ P	0.62	2+ P	0.93	3− P	2.22	2− P	1.98	1− P	1.95
1+ 2	0.60	2+ 4	0.74	3+ 4	0.61	4+ P	0.53	5+ P	0.47	2− 6	1.84	7+ P	0.39
1+ 4	0.74	2+ 5	0.82	3+ 5	0.69	2+ 6	0.87	3+ 6	0.72	4+ 6	0.64	1− 6	1.82
1+ 6	0.91	2+ 6	0.880	3+ 6	0.760	4+ 4	0.530	5+ 4	0.475	6+ 4	0.42	5+ ④	0.73
2+ 4	0.71	2+ 8	1.04			4+ 6	0.670	5+ 6	0.60	6+ 6	0.56	5+ ③	0.45
2+ ④	0.71											7+ 6	0.39
2+ 5	0.79											7+ 6	0.53
2+ 6	0.87												
3+ 6 L	0.68												

	Ag		Cd		In		Sn		Sb		Te		I	
1+ P	1.26	2+ P	0.97	3+ P	0.81	2+ P	1.12	3− P	2.45	2− P	2.21	1− P	2.16
1+ 2	0.81	2+ 4	0.92	3+ 4	0.76	4+ P	0.71	5+ P	0.62	4+ P	0.81	7+ P	0.50
1+ 4	1.14	2+ 5	1.01	3+ 6	0.94	4+ 4	0.69	3+ ④	0.90	2+ 4	2.07	1− 6	2.06
1+ ④	1.16	2+ 6	1.09	3+ 8	1.06	4+ 5	0.76	3+ 5	0.94	4+ 3	0.66	5+ ③	0.58
1+ 6	1.29	2+ 7	1.17			4+ 6	0.830	3+ 6	0.90	4+ 4	0.80	5+ 6	1.09
2+ 6	1.08	2+ 8	1.24			4+ 7	0.89	5+ 6	0.74	4+ 6	1.11	7+ 4	0.56
3+ ④	0.81	2+ 12	1.45			4+ 8	0.95			6+ 4	0.70	7+ 6	0.67

	Au		Hg		Tl		Pb		Bi		Po		At	
1+ P	1.37	2+ P	1.10	1+ P	1.40	2+ P	1.20	5+ P	0.74	4+ 6	1.08	7+ 6	0.76
1+ 6	1.51	1+ 3	1.11	1+ 6	0.95	4+ P	0.84	3+ 5	1.10	4+ 8	1.22		
3+ ④	0.82	1+ 6	1.33	1+ 6	1.64	2+ 6	1.33	3+ 6	1.17	6+ 6	0.81		
3+ 6	0.99	2+ 2	0.830	1+ 8	1.73	2+ 8	1.43	5+ 6	1.31				
5+ 6	0.71	2+ 4	1.10	1+ 12	1.84	2+ 12	1.63	5+ 6	0.90				
		2+ 6	1.16	3+ 4	0.89	4+ 4	0.79						
		2+ 8	1.28	3+ 6	1.025	4+ 6	0.915						
				3+ 8	1.12	4+ 8	1.08						

【補足】R. D. Shannon（シャノン）は同時に 2 つのイオン半径のセット，「結晶半径」と「有効イオン半径」，を提案している．このうち，表 1 には「結晶半径」セットを示してある．「結晶半径」セットは $r(6 配位 O^{2-}) = 1.26$ Å と $r(6 配位 F^-) = 1.19$ Å を基準に，「有効イオン半径」セットは Pauling と同じ $r(6 配位 O^{2-}) = 1.40$ Å を基準にして導出されている．「結晶半径」セットの陽イオン半径を 0.14 Å 小さくすると「有効イオン半径」セットの陽イオン半径に，「結晶半径」セットの陰イオンを 0.14 Å 大きくすると「有効イオン半径」セットの陰イオン半径になる．「結晶半径」セットは現実の固体中のイオン半径に近く，結晶構造の考察に適していると考えられている．一方，「有効イオン半径」は free のイオンの大きさを議論するのに適していると考えられている．

74　格子エネルギー

(1) 格子エネルギー

結晶を構成する粒子（原子，イオン，分子）を無限遠に離れた状態にするために外部から加える必要があるエネルギーを格子エネルギーとよぶ．これは，逆に，無限遠にある粒子から結晶格子をつくり上げる際に放出されるエネルギーでもある．NaClのようなイオン結晶の場合，静電エネルギーに若干の補正により算出することができる．この計算値はボルン-ハーバー（Born-Haber）サイクルを用いて算出される実測値とよく一致する．この計算値と実測値との一致はNaClがNa$^+$イオンとCl$^-$イオンとから成り立つイオン結晶であることの証明になる．

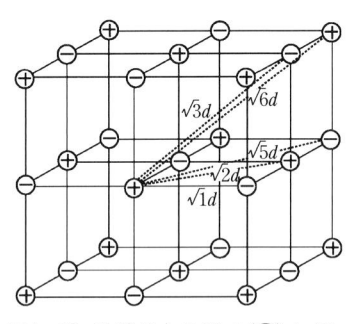

図1　NaCl結晶中のNa$^+$（⊕）とCl$^-$（⊖）の配列とイオン間距離

(2) 静電エネルギーとマーデルング定数

NaCl結晶のNa$^+$イオンとCl$^-$イオンにそれぞれ$+e$，$-e$の点電荷を考え，結晶の静電エネルギーを考える．NaClの原子間距離をdとすると，あるNa$^+$イオンからdだけ離れた位置には6つの負電荷，$\sqrt{2}d$だけ離れた位置に12個の正電荷，$\sqrt{3}d$だけ離れた位置に8個の負電荷，…が存在するので（図1），静電エネルギーE_εは次式で求められる．

$$E_\varepsilon = -\frac{e^2}{4\pi\varepsilon_0 d}\left(\frac{6}{\sqrt{1}} - \frac{12}{\sqrt{2}} + \frac{8}{\sqrt{3}} - \frac{6}{\sqrt{4}} + \frac{24}{\sqrt{5}} - \frac{24}{\sqrt{6}}\cdots\cdots\right)$$

$$= -\frac{e^2}{4\pi\varepsilon_0 d}M$$

カッコ内の級数は1.74756という値に収束する．
この定数はマーデルング（Madelung）定数とよばれ結晶の構造に固有の定数である．
静電エネルギーは原子間距離に反比例するが，イオンがきわめて接近してくると高次の反発エネルギーE_Rが効いてくる．格子エネルギーE_Cは両者の項の和として求められる．

$$E_C = E_\varepsilon + E_R$$

エネルギー極小になる条件を微分により求める（ボルン-ランデ）．

E_Rは結晶の圧縮率などから実験的に求められる関数を用いる．イオンの種類によって異なるが，一般に6〜10乗に反比例する関数であるため，エネルギー極小になる平衡位置でのE_RはE_Cの20〜10%程度になる．すなわち，格子エネルギーの大きさは，大部分静電エネルギーによって決まってくる．また，2価イオンどうしの結晶では静電エネルギーは1価イオンどうしの結晶の4倍になる．したがって，同一構造のイオン結晶のエネルギーはイオンの価数と原子間距離に依存する．

表1　結晶構造とマーデルング定数の値†

結晶構造型	配位数	マーデルング定数
塩化ナトリウム（NaCl）型	6:6	1.74756
塩化セシウム（CsCl）型	8:8	1.76267
セン亜鉛鉱（ZnS）型	4:4	1.63806
ウルツ鉱（ZnS）型	4:4	1.64132
ルチル（TiO$_2$）型	6:3	1.6053
ホタル石型（CaF$_2$）型	8:4	1.6688

† ここに掲載の値は，組成やイオン電荷数を定数に組入れていない値である．テキストによっては，組入れた値を記載している場合があり，数値が異なることがある．定義を確認すること．

(3) 塩化ナトリウムのボルン-ハーバーサイクル

イオン結晶の格子エネルギー E_c は実験的に直接求めることはできないが，ボルン-ハーバーサイクルにより，熱化学データから間接的に求めることができる（図2）．両者が一致することは結晶がイオンから成り立つ結晶であることを証明している．共有結合性が高くなると両者の一致が悪くなる．

イオン結晶の融点や溶解度は格子エネルギーに大きく依存する．特に格子エネルギーの価数依存性がきわめて大きいために，アルカリ金属塩とアルカリ土類金属塩の融点，溶解度の差は著しい．ハロゲン化銀の溶解度がきわめて小さいことは，格子エネルギーの実測値と計算値の違いが大きいことから，共有結合性によることが示される．

イオン結晶において，原子がイオンとして存在していることは格子エネルギーによる方法だけでなく，X線結晶解析による電子密度の精密な測定によっても証明されている．

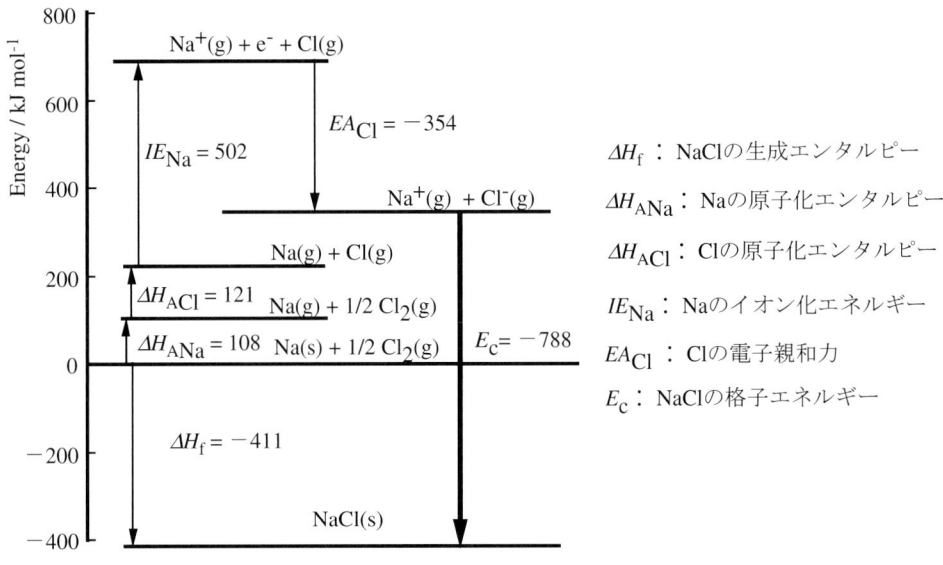

ΔH_f：NaClの生成エンタルピー
ΔH_{ANa}：Naの原子化エンタルピー
ΔH_{ACl}：Clの原子化エンタルピー
IE_{Na}：Naのイオン化エネルギー
EA_{Cl}：Clの電子親和力
E_c：NaClの格子エネルギー

図2　NaClのボルン-ハーバーサイクル

表2　格子エネルギーの実測値と計算値の比較

1価金属のハロゲン化物および水素化物の格子エネルギー（kJ mol^{-1}）．理論値（上段）とボルン-ハーバーサイクルによる計算値（下段）．

	Li	Na	K	Rb	Cs	Cu	Ag	Au
F	1030	910	808	774	744	—	953	—
	1036	923	821	785	740	—	967	—
Cl	834	769	701	680	657	921	864	1013
	853	786	715	689	659	996	915	1066
Br	788	732	671	651	632	879	830	1015
	807	747	682	660	631	979	904	1061
I	730	682	632	617	600	835	808	1015
	757	704	649	630	604	966	889	1070
H	858	782	699	674	648	—	941	1033
	920	808	714	685	644	1254	—	—

Chemical Rubber Company, *CRC Handbook of Chemistry and Physics*, 74th Ed., Cleveland, Ohio, CRC Press (1993) のデータより作成．

75 固体物性の応用

固体物性の応用には電気的特性，磁気的特性などが注目されているが，ここでは圧電効果を取り上げる．対称心のないイオン結晶を変形することをモデルで考えてみる．結晶に圧力を加えて結晶を変形させると，図1のように正電荷と負電荷の重心の位置がずれる．これは結晶の電荷に偏りが生じることを意味する．一般に対称心をもたない結晶の変形にはこのような電気的な偏りをもたらす（圧電効果，ピエゾエレクトリック）．逆に電圧をかけることにより結晶を変形させることができる．このような性質をもつ物質は固体誘電体として，コンデンサー等に広く利用されている．

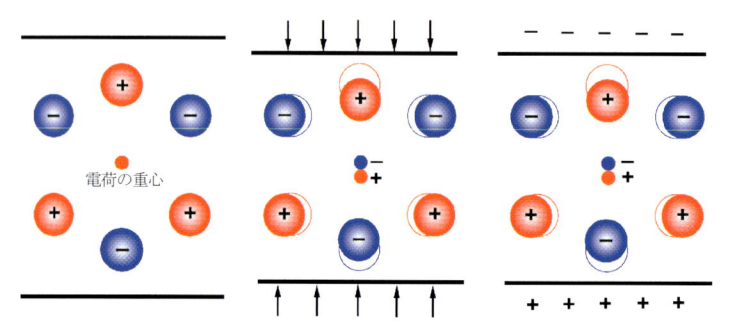

図1 対称心をもたない結晶の変形と電荷の偏り

ロッシェル塩（酒石酸ナトリウムカリウム）は古くからマイクロフォンやスピーカーなどに利用されてきたが，これは圧電効果を利用したものである．水晶（SiO_2）も対称心をもたない結晶であり，その光学対は右水晶，左水晶として区別される．水晶発振器は水晶の結晶を固有振動数で振動させ，その変形に伴い結晶の両端に発生する電気を種々の目的に利用するものであり，クオーツ時計はその代表例である．

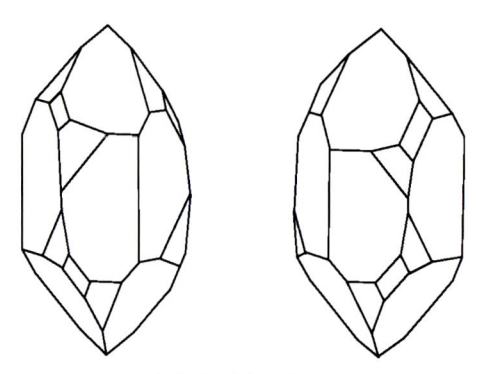

図2 左水晶（左）と右水晶（右）

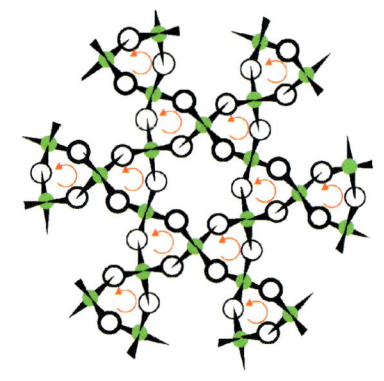

図3 水晶（SiO_2）の結晶構造
白い球は酸素を示し，枠の太さによって高さを示している．矢印で示したらせんの向きにより，左水晶と右水晶の区別が生じる．

チタン酸カルシウム（ペロブスカイト CaTiO$_3$）は対称心をもつ結晶であるが，チタン酸バリウム（BaTiO$_3$）ではバリウムイオンがカルシウムイオンより大きいため，格子に適合せず，対称心を失い，大きな圧電効果をもたらす．伝導物質と探針との間に流れるトンネル電流を利用して，固体表面の構造を調べる走査型トンネル顕微鏡（STM：Scanning Tunneling Microscope）では，調べる表面の構造の大きさに合わせて探針を動かす必要がある．チタン酸バリウムのような大きな圧電効果をもたらす結晶は印加電圧により任意に伸縮することができるため，探針を動かす部品として利用される．原子の大きさ以下の精度（pm）で探針を動かすことができるため，固体表面の原子の並び方などを調べる方法として欠かせない方法になっている．

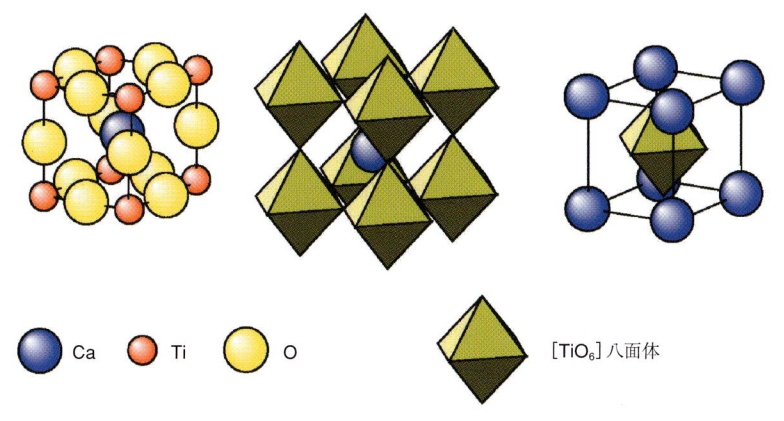

図4　ペロブスカイト（CaTiO$_3$）の結晶構造
左図は Ti 原子を格子の原点に置いた図，中央および右図は酸素原子を八面体の頂点として表示したもの，右図は格子の原点に Ca を置いた図をそれぞれ示している．

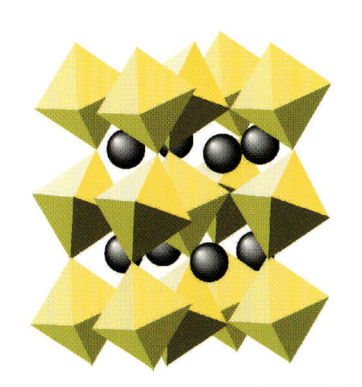

図5　チタン酸バリウム（BaTiO$_3$）の結晶構造

　ペロブスカイト構造をもつ多くの化合物は強誘電体としての性質をもっているが，Ba$_x$La$_{2-x}$CuO$_4$ もペロブスカイト類似構造をもつ高温超伝導物質である．J. Bednorz（ベドノルズ），K. Müler（ミュラー）らは誘電体の開発をしている中で，この酸化物が 35 K という異常に高い温度で超伝導の性質を示すことを発見した．現在では液体窒素温度（77 K）でも超伝導を示す酸化物超伝導物質が開発されている．

Ⅷ　化合物の名称

76　錯体（配位化合物）の構成，化学式と名称

錯体の化学式や名称は，その構成（中心原子と配位子）に基づき系統的につくられている．その方法を理解することは，与えられた化学式や名称から錯体の構成を理解することになる．

錯体：中心原子（普通は金属原子）とそれを取り囲んで結合（配位結合）している原子または原子団，すなわち配位子から構成される．

中心原子：配位子と結合し，錯体中の中心の位置を占める原子である．

配位子：錯体中，中心原子に結合した原子または原子団である．

錯体，中心原子，配位子は，いずれも中性の場合もあれば，電荷をもつ場合（イオン）もある．

配位多面体：中心原子に結合している配位子がその周りにつくる多面体を配位多面体という．

配位数：中心原子に結合している配位子の配位原子の数．

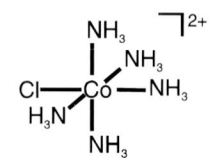

左の錯体の場合，中心原子は3価のコバルトイオン（Co^{3+}），配位子はアンモニア分子（NH_3）が5つ，塩化物イオン（Cl^-）が1つである．配位多面体は八面体で，配位数は6である．

(1) 化学式の書き方

記号の順：化学式中の記号は，最初に中心原子，次に陰イオン性配位子，陽イオン性配位子，中性配位子の順に書く．それぞれで2種以上あるときは，配位子の化学式の先頭元素記号のABC順である．

カッコの使い方：錯体全体の化学式は電荷の有無にかかわらず角カッコ［，］の中に入れる．配位子が多原子のときはその化学式を丸カッコ（，）で囲む．

イオン電荷と酸化数：錯イオンを対イオンなしで書くときは，右肩にイオン価を示す．中心原子の酸化数は元素記号の右肩にローマ数字で示す．

上の例は次の化学式で表される．

$$[Co^{III}Cl(NH_3)_5]^{2+}$$

対イオンが塩化物である化合物として化学式を書くと次のように表される．

$$[Co^{III}Cl(NH_3)_5]Cl_2$$

(2) 名称のつけ方

中心原子と配位子名の順：配位子名を中心原子の前に置く．配位子名の順は電荷に関係なく，英語での配位子名のABC順で，日本語には英語名をそのまま字訳して，かな書きとする．配位子の数を示す接頭辞は順序に含めない．

（例）$NH_4[Co(C_2O_4)(NO_2)_2(NH_3)_2]$ ammonium diamminedinitrooxalatocobaltate(III)
ジアンミンジニトロオキサラトコバルト(III)酸アンモニウム

配位子名：陰イオン性配位子→語尾に -o をつける．中性の配位子→分子の名前そのまま．陽イオン性配位子→イオンの名前そのまま（まれである）．

(例) Cl$^-$：クロロ (chloro)，CN$^-$：シアノ (cyano)，H$_2$NCH$_2$CH$_2$NH$_2$：エチレンジアミン (ethylenediamine)，
H$_2$NCH$_2$CH$_2$NH$_3^+$：2-アミノエチルアンモニウム (2-aminoethylammonium)

この規則の例外，H$_2$O：アクア (aqua)，NH$_3$：アンミン (ammine) (mm と 2 個連続に注意)，
CO：カルボニル (carbonyl)，NO：ニトロシル (nitrosyl)

配位子の数：簡単な配位子名の場合，その前に，接頭辞として，ジ (di-)，トリ (tri-)，テトラ (tetra-) などをつけて示す．複雑な場合は，代わって，ビス (bis-)，トリス (tris-)，テトラキス (tetrakis-) が用いられる．エチレンジアミンやトリフェニルホスフィンのように配位子名の中にすでにモノ，ジ，トリの数詞を含む場合，ジメチルアミン dimethylamine と混同しないように，ビス (メチルアミン) bis(methylamine) とする場合などである．

(例) [Co^{III}Cl(NH$_3$)$_5$]Cl$_2$　　pentaamminechlorocobalt(III)chloride
　　　　　　　　　　　　ペンタアンミンクロロコバルト(III)塩化物

[CoCl$_2$(en)$_2$]$_2$SO$_4$　　dichlorobis(ethylenediamine)cobalt(III)sulfate
　　　　　　　　　　　　ジクロロビス (エチレンジアミン) コバルト(III)硫酸塩

1	2	3	4	5	6	7	8	9	10
モノ mono	ジ di	トリ tri	テトラ tetra	ペンタ penta	ヘキサ hexa	ヘプタ hepta	オクタ octa	ノナ nona	デカ deca
—	ビス bis	トリス tris	テトラキス tetrakis	ペンタキス pentakis	ヘキサキス hexakis	ヘプタキス heptakis	オクタキス octakis	ノナキス nonakis	デカキス decakis

錯体名の語尾：陰イオン性の錯体名の語尾は，-酸イオン (-ate) となる．陽イオン性や中性の錯体名の語尾はそのままである．

中心原子の酸化状態：中心原子の酸化数がはっきりしている場合は，金属原子名のすぐあとに丸カッコに入れたローマ数字をつけて示す．正の場合は，+の符号はつけないが，負の場合は，－符号をローマ数字の前につける．酸化数 0 の場合は，アラビア数字の 0 で示す．

(3) 異性体を区別する名称

配位異性：配位子中の配位可能な原子が 2 カ所以上あり，配位している原子をとくに示す必要があるときは，その元素記号 (イタリック) を，ハイフンをつけて，配位子名の後につける．

(例) (NH$_4$)$_3$[Cr(NCS)$_6$]　　ammonium hexathiocyanato-N-chromate(III)
　　　　　　　　　　　　ヘキサチオシアナト-N-クロム(III)酸アンモニウム

(NH$_4$)$_2$[Pt(SCN)$_6$]　　ammonium hexathiocyanato-S-platinate(IV)
　　　　　　　　　　　　ヘキサチオシアナト-S-白金(IV)酸アンモニウム

幾何異性：隣の位置を示すのに cis-，向かい側の位置を示すのに $trans$-を錯体名の前につける．

(例) [PtCl$_2$(NH$_3$)$_2$] cis-diamminedichloroplatinum(II)　　シス-ジアンミンジクロロ白金(II)
　　　　　　$trans$-diamminedichloroplatinum(II)　　トランス-ジアンミンジクロロ白金(II)

光学異性：キレート配位子のキレート環が左回りらせんのとき Λ-，右回りらせんのとき Δ-を錯体名の前につけて，その絶対配置を示す (「44 金属錯体の立体化学」を参照).

配位子の略号：よく登場する複雑な配位子には，慣習的に略号が用いられる．

en：エチレンジアミン，phen：1,10-フェナントロリン，dmg：ジメチルグリオキシマト，
edta：エチレンジアミンテトラアセタト，gly：グリシナト，acac：アセチルアセトナト

77　有機化合物の名称

　有機化合物の命名法は，その分子の骨格を構成する化合物（母体化合物）を定め，置換基を接頭語，あるいは接尾語で表現する体系をとっている．置換基のうちで，その化合物に特徴的な物性・反応性の要因となるような原子，あるいは原子団を「官能基」という．以下に，母体化合物となる炭化水素の名称と，代表的な官能基の例とそれをもつ化合物の名称を記す．

(1) 飽和炭化水素の名称
(a) 直鎖飽和炭化水素

　直鎖，分岐にかかわらず飽和炭化水素を一般にアルカンという．直鎖の飽和炭化水素は，C1からC4までは慣用名を用い，他は炭素数を示すギリシャ語の数詞に接尾語アン（-ane）をつけて命名する．以下に炭素数 n と相当する直鎖飽和炭化水素 C_nH_{2n+2} の名称の例を示す．

(例)　1 メタン (methane)　2 エタン (ethane)　3 プロパン (propane)　4 ブタン (butane)
　　　5 ペンタン (pentane)　6 ヘキサン (hexane)　7 ヘプタン (heptane)　8 オクタン (octane)
　　　9 ノナン (nonane)　10 デカン (decane)　11 ウンデカン (undecane)　12 ドデカン (dodecane)
　　　13 トリデカン (tridecane)　20 イコサン (icosane)　30 トリアコンタン (triacontane)

　直鎖飽和炭化水素の末端の水素原子を除いてできる置換基を一般にアルキル基といい，語尾のアンをイル（-yl）に変えて命名する．

(例)　$CH_3CH_2CH_2CH_2-$　　ブチル基

(b) 分岐飽和炭化水素

　枝分かれ（側鎖）のある飽和炭化水素は，最長炭素鎖名に，側鎖となる置換基を接頭語としてつけることにより命名する．側鎖の位置は，最長鎖の端からつけた位置番号で示し，この位置番号が最小となるように番号をつける．同じ基が複数個ある場合は，基の名称の前にジ（di），トリ（tri），テトラ（tetra）などの数詞をつける．

(2) 芳香族炭化水素の名称

　芳香族化合物は，ベンゼンなどを母体化合物としてその誘導体として命名する．母体化合物となる芳香族炭化水素は，慣用名が用いられることが多い．ベンゼンの水素原子を1個除いてできる置換基は，フェニル基（phenyl）という．

(3) 不飽和炭化水素の名称

　二重結合をもつ炭化水素（アルケン）は，二重結合を含む最長炭素鎖名を主鎖として，相当するアルカンの接尾語アンをエン（-ene）に変えて命名する．三重結合をもつ炭化水素（アルキン）は，アルカンの接尾語アンをイン（-yne）に変える．多重結合の位置番号ができるだけ小さくなるように番号をつける．

(例)　$CH_3CH_2CH_2CH=CHCH_3$　　2-ヘキセン

(4) ハロゲン原子をもつ化合物の名称

置換したハロゲン原子を接頭語として，炭化水素名につけて命名する．接頭語では，F, Cl, Br, I をそれぞれフルオロ (fluoro-)，クロロ (chloro-)，ブロモ (bromo-)，ヨード (iodo-) という．あるいは，炭化水素基名のあとに，フルオリド，クロリド，ブロミド，ヨージドをつけて命名する．日本語では，フッ化，塩化，臭化，ヨウ化のあとに炭化水素基名をつける．

(例) $(CH_3)_3CBr$　2-ブロモ-2-メチルプロパン　臭化 *tert*-ブチル

(5) ヒドロキシ基 (-OH) をもつ化合物の名称

一般に，アルキル基に-OH が結合した化合物をアルコール，芳香環に結合した化合物をフェノールという．母体化合物の語尾 e をとり，接尾語オール (-ol) をつけて命名する．命名法において優先する官能基がある場合や側鎖に-OH がある場合には，ヒドロキシ (hydroxy-) を用いて命名する．あるいは，母体化合物よりできる基名に，アルコールをつけて命名する．

(例) $CH_3CH(OH)CH_3$　2-プロパノール　イソプロピルアルコール

(6) カルボニル基 (=CO) をもつ化合物の名称

(a) アルデヒド

炭化水素名の語尾 e をとり，接尾語アール (-al) をつけて命名する．あるいは，アルデヒド原子団 (-CHO) が母体化合物に直接つくアルデヒドでは，母体化合物の名称にカルバルデヒド (-carbaldehyde) をつけて命名する．命名法において優先する官能基がある場合には，アルデヒド原子団はホルミル (formyl-) で示す．

(例) $CH_3CH_2CH_2CH_2CHO$　ペンタナール

(b) ケトン

炭化水素名の語尾 e をとり，接尾語オン (-one) をつけて命名する．カルボニル基の位置は，=O が結合している炭素原子の位置番号で示す．あるいは，カルボニル基に結合している 2 個の炭化水素基名を並べたあとに，ケトン (ketone) をつけて命名する．

(例) $CH_3CH_2COCH_3$　2-ブタノン　エチルメチルケトン

(7) カルボキシル基 (-COOH) をもつ化合物の名称

炭化水素名の語尾 e をオイックアシッド (-oic acid) に変えて命名する．日本語では炭化水素名のあとに酸をつける．あるいは，母体化合物の名称にカルボキシリックアシッド (-carboxylic acid) をつけて命名する．簡単なカルボン酸は，慣用名を用いるほうがよい．

(例) CH_3COOH　エタン酸 (ethanoic acid)　(慣用名　酢酸)

(8) アミノ基 (-NH₂) をもつ化合物の名称

炭化水素基名のあとにアミン (amine) をつけて命名する．あるいは，アミノ基をアミノ (amino-) で示す．RNH-, RR'N- (R, R' は炭化水素基) は置換アミノ原子団とし，アミンのインをイノ (ino-) に変えて命名する．

(例) $CH_3CH_2NH_2$　エチルアミン

付属資料 1

(1) ボーア原子の軌道半径 (「3 ボーア原子」(4)式) の導出

　仮説3から，定常状態における電子の運動は古典力学的に取り扱うことができる．したがって，電子に働くクーロン力は遠心力とつり合っており，

$$\frac{Ze^2}{4\pi\varepsilon_0 r^2}=\frac{mv^2}{r} \tag{i}$$

原子の全エネルギー（＝運動エネルギー＋ポテンシャルエネルギー）は

$$E=\frac{1}{2}mv^2-\frac{Ze^2}{4\pi\varepsilon_0 r}=-\frac{Ze^2}{8\pi\varepsilon_0 r} \tag{ii}$$

となる．本文(2)式の右辺＝(ii)式の右辺と置き，r について書きなおせば，以下のとおりである．

$$r=\frac{4\pi\varepsilon_0 \hbar^2}{Zme^2}n^2, \quad n=1, 2, 3, \cdots$$

(2) ボーア原子における角運動量 (「3 ボーア原子」(6)式) の導出

　定常状態における原子の全エネルギー E について，

$$\langle T \rangle + \langle U \rangle = \langle E \rangle \tag{i}$$

かつ，核の周りの電子の円運動についてヴィリアル定理 (virial theorem) から，

$$-2\langle T \rangle = \langle U \rangle \tag{ii}$$

が成立する．ただし，T, U はそれぞれ運動エネルギーとポテンシャルエネルギー，$\langle\ \rangle$ は時間平均を表す．(i), (ii)式から，

$$\langle E \rangle = -\langle T \rangle \tag{iii}$$

したがって，定常状態 n における電子の円運動の角運動量を $L(=mrv)$ とすれば，

$$E_n=-\frac{1}{2}mv^2=-\frac{L^2}{2mr^2} \tag{iv}$$

である．(iv)式の E_n, r に本文(2)式，(4)式を代入すると角運動量に関して

$$L=n\hbar, \quad n=1, 2, 3, \cdots$$

すなわち，本文(6)式が得られる．

(3) 箱の中の粒子のエネルギー準位および波動関数 (「5 箱の中の粒子」(2), (3)式) の導出

　本文(1)式に与えられたポテンシャル関数によって箱の中に閉じ込められた質量 m の粒子を考える．シュレディンガー方程式は，箱の内側の区間 ($0<x<L$) で，

$$-\frac{\hbar^2}{2m}\frac{d^2}{dx^2}\Psi(x)=E\Psi(x) \tag{i}$$

と表される．記号を簡単にするために，

$$k=\frac{\sqrt{2mE}}{\hbar} \tag{ii}$$

とおくと，(i)式は，

$$\frac{d^2}{dx^2}\Psi(x)=-k^2\Psi(x) \tag{iii}$$

と表すことができる．この微分方程式の解は，

$$\Psi(x)=A\sin kx+B\cos kx \tag{iv}$$

で与えられる．ここで，A および B は任意の定数である．(iv)式の波動関数は，粒子が箱の中に閉じ込められているという条件――これを境界条件とよぶ――がまだ考慮されていない．境界条件から定数 A および B の値を決定する．箱の外側に粒子を見出す確率は 0 である．したがって，箱の外側で波動関数は 0 である．箱の内側と外側の波動関数が箱の壁の地点で連続関数になるためには，$\Psi(0)=0$ および $\Psi(L)$

=0 でなければならない．$\Psi(0)=0$ より，$B=0$ が導かれる．さらに，$\Psi(L)=0$ から，$\sin kL=0$ すなわち，

$$k=\frac{n\pi}{L} \quad (n \text{ は整数}) \tag{v}$$

が導かれる．ここまでの結果をまとめると，波動関数は，

$$\Psi(x)=A\sin\frac{n\pi}{L}x \quad (n \text{ は整数}) \tag{vi}$$

と表される．定数 A は規格化条件から次のように決定される．箱の中（$0<x<L$）に粒子を見出す全確率は1でなければならないので，波動関数は，

$$\int_0^L |\Psi(x)|^2 dx = A^2 \int_0^L \sin^2\frac{n\pi}{L}x\, dx = 1 \tag{vii}$$

という条件を満たす必要がある．これより，

$$A=\sqrt{\frac{2}{L}} \tag{viii}$$

を得る．これで波動関数が決定された．すなわち，

$$\Psi(x)=\sqrt{\frac{2}{L}}\sin\frac{n\pi}{L}x \quad (n=1, 2, 3, \cdots) \tag{ix}$$

である．一方，エネルギー準位は式(ii)および(v)から，

$$E=\frac{\hbar^2 k^2}{2m}=\frac{\hbar^2 \pi^2}{2mL^2}n^2 \quad (n=1, 2, 3, \cdots) \tag{x}$$

であることがわかる．ただし，(ix)式で，$n=0$ の場合は無意味であり，$n=-1, -2, \cdots$ の場合はそれぞれ $n=1, 2, \cdots$ と同等の波動関数になるので除外した．

⑷ スレイターの規則（「**10** 多電子原子の原子軌道とエネルギー準位」）

J. C. Slater（スレイター）は多電子原子の波動関数を水素原子の波動関数と同様な形で近似することを提案した．

$$\Psi = R_{n^*l}(r)Y_{lm}(\theta, \phi), \quad R_{n^*l}(r) = Nr^{n^*-1}e^{-\frac{(Z-s)r}{n^*a_0}}$$

N は規格化定数，n^* は水素原子の主量子数 n に対応する定数，s は遮蔽定数，$Z-s$ は有効核電荷を表す．n^* と s の値は以下の規則（スレイターの規則）によって定める．
(1) n と n^* の関係は表1のとおりである．
(2) s を決めるために，電子を以下のグループに分ける．

$$(1s), (2s, 2p), (3s, 3p), (3d), (4s, 4p), (4d), (4f), \cdots$$

1s軌道に入った電子は原子の最も内側に分布しており，右側のグループほど電子は原子の外側に分布している．s の値は，以下のように，各グループに属する電子の和で与えられる．
 (a) 着目した電子よりも外側のグループの電子の寄与はない．
 (b) 着目した電子と同じグループの電子から各0.35の寄与がある．ただし1sの場合，0.30の寄与とする．
 (c) 着目した電子がs, pグループに属する場合，n が1だけ小さい電子からの寄与は各0.85，n が2以上小さい電子の寄与は各1.0とする．着目した電子がd, fグループに属する場合，内側の電子の寄与はすべて各1.0とする．

表1　n と n^* の関係

n	1	2	3	4	5	6
n^*	1	2	3	3.7	4.0	4.2

(5) 変分法（「17　最も簡単な分子のエネルギーと軌道」）

以下の変分原理に基づいて，エネルギー最小の固有値と固有関数を近似的に求める方法．

変分原理

$H\Psi = E\Psi$ の最低固有値 E_0 と，任意の関数 ϕ を用いて計算される量，

$$\varepsilon = \frac{\int \phi^* H\phi\, dv}{\int \phi^* \phi\, dv} \tag{i}$$

を比べると，常に，

$$\varepsilon \geq E_0$$

が成り立つ．ただし，等号が成立するのは，ϕ が E_0 に属する固有関数のときである．

[証明]

関数 ϕ を H の固有関数 ϕ_i で展開すると，$\sum C_i \phi_i$ となる．したがって，

$$\varepsilon = \frac{\sum C_i C_j \int \phi_i^* H \phi_j\, dv}{\sum C_i C_j \int \phi_i^* \phi_j\, dv} = \frac{\sum |C_i|^2 E_i}{\sum |C_i|^2} \geq \frac{\sum |C_i|^2 E_0}{\sum |C_i|^2} = E_0$$

となる．

水素分子イオンの場合，$\Psi = C_A \phi_A + C_B \phi_B$ を上式に代入すると，

$$\varepsilon = \frac{C_A^2 \alpha + 2 C_A C_B \beta + C_B^2 \alpha}{C_A^2 + 2 C_A C_B S + C_B^2}$$

となる．このエネルギーを極小にするには，

$$\frac{\partial \varepsilon}{\partial C_A} = C_A(\alpha - \varepsilon) + C_B(\beta - S\varepsilon) = 0 \tag{ii}$$

$$\frac{\partial \varepsilon}{\partial C_B} = C_A(\beta - S\varepsilon) + C_B(\alpha - \varepsilon) = 0 \tag{iii}$$

が必要となる．ここで，$C_A = C_B = 0$ でない解を得るには，

$$\begin{pmatrix} \alpha - \varepsilon & \beta - S\varepsilon \\ \beta - S\varepsilon & \alpha - \varepsilon \end{pmatrix} = 0$$

となる．これを展開して解くと，本文(4)，(5)式が得られる．

また，得られた ε の値を(ii)，(iii)式に代入し，規格化条件，

$$\int \Psi^* \Psi\, dv = 1$$

と連立させることにより，C_A と C_B の値が求められる．

(6) 原子価殻電子対反発（VSEPR）モデルでの多重結合の扱い（「23　ルイス構造と原子価殻電子対反発モデル」）

p.49 では，単結合，多重結合にかかわらず，ひとつひとつの電子対間の反発を考える方法を提示した．この考え方によると，2つの炭素原子間の二重結合は2つの四面体が一辺を，三重結合は1つの面を共有した形で表され，エチレン分子の平面構造やアセチレン分子の直線構造といった分子構造の基本的なトポロジーを説明することができる．これは，あくまで規則1を尊重した考え方である．これより洗練された方法として，二重結合の2つの電子対を1つに，また三重結合の場合は3つの電子対を1つにまとめドメインとし，このドメインと他の電子対間の反発を考える方法が広く行われている．この場合，多重結合のドメインは，単結合の電子対より大きな反発をもつと考えることにより，多重結合を含む化合物の結合角の歪みについても容易に推測ができる．

[参考文献]

R. J. Gillespie, *J. Chem. Edu.*, **40**, 295-301 (1963).

R. J. Gillespie, *Chem. Soc. Rev.*, **1992**, 59-69.

R. J. Billespie, *J. Chem. Edu.*, **69**, 116-121 (1992).

(7) ポーリングのイオン半径の導出方法 (「73 イオン半径と結晶構造」)

(a) $r(\mathrm{Li}^+)=0.60\,\mathrm{Å}$ と仮定する．$\mathrm{Li}_2\mathrm{O}$ において実測が $d(\mathrm{Li-O})=2.00\,\mathrm{Å}$ なので $r(\mathrm{O}^{2-})=1.40\,\mathrm{Å}$ ということになる．

(b) 1価のイオンの半径

陽イオンおよび陰イオンの閉殻電子構造が同じアルカリハライド (NaF, KCl, RbBr, CsI) において各イオン半径は各イオンの有効核電荷に反比例すると考える．すなわち，

$$r_1=\frac{k}{Z-s} \tag{1}$$

ここで r_1：1価のイオンの半径，k：定数，Z：原子番号，s：遮蔽定数，すなわち $Z-s$ は有効核電荷．なお実測値 $d(\mathrm{Na-F})=2.31\,\mathrm{Å}$, $d(\mathrm{K-Cl})=3.14\,\mathrm{Å}$, $d(\mathrm{Rb-Br})=3.43\,\mathrm{Å}$, $d(\mathrm{Cs-I})=3.85\,\mathrm{Å}$ を導出に使用する．

例として NaF より Na^+ と F^- のイオン半径を求めてみる．Na^+, F^- は Ne と同じ閉殻電子構造をもつ．L. Pauling によれば Ne と同じ閉殻電子構造の s は 4.52 である．よって，

$$r_1(\mathrm{Na}^+)=\frac{k}{11-4.52},\ r_1(\mathrm{F}^-)=\frac{k}{9-4.52},\ d(\mathrm{Na-F})=r_1(\mathrm{Na}^+)+r_1(\mathrm{F}^-)=2.31$$

これを解くと，$r_1(\mathrm{Na}^+)=0.944\,\mathrm{Å}$, $r_1(\mathrm{F}^-)=1.365\,\mathrm{Å}$ および $k=6.11863$ を得る．

同様に，K, Rb, Cs, Cl, Br, I の1価のイオンの半径が求められる．

(c) 多価のイオンの半径

例として O^{2-} のイオン半径を求めてみる．$Z=8$ であるから，

$$r_1(\mathrm{O}^{2-})=\frac{k}{Z-s}=\frac{6.11863}{8-4.52}=1.7582$$

これは1価のイオンの算出に用いた k をそのまま使っているので，いわば1価のクーロン相互作用をもつ仮想的なイオンの半径である．これを，

$$r_m=r_1\cdot m^{\frac{-2}{n-1}} \qquad \text{式(2)}$$

で2価の値に補正する．ここで m はイオンの価数，n はボルン (Born) の指数である．O^{2-} の場合，$m=2$, $n=7$ であるので，

$$r_2(\mathrm{O}^{2-})=r_1(\mathrm{O}^{2-})\cdot m^{\frac{-2}{n-1}}=1.7582\times 2^{\frac{-2}{7-1}}=1.395$$

となり，はじめに仮定した $1.40\,\mathrm{Å}$ と一致する．

(d) その他に，上記のようにして求めた半径と実測の d より算出したイオン半径，V. M. Goldschmidt の値に補正を施したイオン半径，D. H. Templeton と C. H. Dauben のイオン半径 (ランタノイド) を加えてポーリングのイオン半径のセットはできあがっている．

【補足】 式(2)の導出

結晶のポテンシャルエネルギー $V(r)$ は，r：陽・陰イオン間距離，M：マーデルング定数，m：イオン価，A：定数，n：ボルンの指数とすると，

$$V(r)=-\frac{Me^2m^2}{r}+\frac{Ae^2}{r^n}$$

実際の結晶では V は極小となっており，このときの r を r_0 とすると，

$$\frac{dV(r)}{dr}=\frac{Me^2m^2}{r^2}-\frac{nAe^2}{r^{n+1}},\ \text{そして}\left(\frac{dV(r)}{dr}\right)_{r=r_0}=0\ \text{より},\ r_0=\left(\frac{nA}{Mm^2}\right)^{\frac{1}{n-1}}$$

1価のイオンでは $r_{01}=\left(\frac{nA}{M}\right)^{\frac{1}{n-1}}$, m 価のイオンでは $r_{0m}=\left(\frac{nA}{Mm^2}\right)^{\frac{1}{n-1}}$

よって，$r_{0m}=r_{01}\cdot m^{\frac{-2}{n-1}}$ となる．

付属資料2

表1 基本定数

物理量	記号	数値と単位
真空中の光速度	c	2.99792458×10^8 m s^{-1}
真空中の誘導率	ε_0	$8.854187817 \times 10^{-12}$ C^2 J^{-1} m^{-1}
真空中の透磁率	μ_0	$4\pi \times 10^{-7}$ N A^{-2}
電気素量	e	$1.602176462 \times 10^{-19}$ C
プランク定数	h	$6.62606876 \times 10^{-34}$ J s
アボガドロ定数	L	$6.02214199 \times 10^{23}$ mol^{-1}
ボルツマン定数	k	$1.3806503 \times 10^{-23}$ J K^{-1}
原子質量単位	u	$1.66053873 \times 10^{-27}$ kg
電子の静止質量	m_e	$9.10938188 \times 10^{-31}$ kg
陽子の静止質量	m_p	$1.67262158 \times 10^{-27}$ kg
中性子の静止質量	m_n	$1.67492716 \times 10^{-27}$ kg
リュードベリ定数	R_∞	$1.0973731568549 \times 10^7$ m^{-1}
ボーア半径	a_0	$5.291772083 \times 10^{-11}$ m
ボーア磁子	μ_B	$9.27400899 \times 10^{-24}$ J T^{-1}
核磁子	μ_N	$5.05078317 \times 10^{-27}$ J T^{-1}
気体定数	R	8.314472 J K^{-1} mol^{-1}

表2 エネルギー換算表

	eV	J	cm^{-1}	kJ mol^{-1}	kcal mol^{-1}
1 eV	1	1.6022×10^{-19}	8065.5	96.485	23.061
1 J	6.2415×10^{18}	1	5.0341×10^{22}	6.0221×10^{20}	1.4393×10^{20}
1 cm^{-1}	1.2398×10^{-4}	1.9864×10^{-23}	1	1.1963×10^{-2}	2.8591×10^{-3}
1 kJ mol^{-1}	1.0364×10^{-2}	1.6605×10^{-21}	83.593	1	0.23901
1 kcal mol^{-1}	4.3364×10^{-2}	6.9477×10^{-21}	349.76	4.184	1

表 3　元素

1	2	3	4	5	6	7	8	9
典型元素		遷移元素						
1 H Hydrogen 1.00794		s-block						
3 Li Lithium 6.941	4 Be Beryllium 9.012182							
11 Na Sodium 22.98976928	12 Mg Magnesium 24.3050					d-block		
19 K Potassium 39.0983	20 Ca Calcium 40.078	21 Sc Scandium 44.955912	22 Ti Titanium 47.867	23 V Vanadium 50.9415	24 Cr Chromium 51.9961	25 Mn Manganese 54.938045	26 Fe Iron 55.845	27 Co Cobalt 58.933195
37 Rb Rubidium 85.4678	38 Sr Strontium 87.62	39 Y Yttrium 88.90585	40 Zr Zirconium 91.224	41 Nb Niobium 92.90638	42 Mo Molybdenum 95.94	43 Tc Technetium (99)	44 Ru Ruthenium 101.07	45 Rh Rhodium 102.90550
55 Cs Caesium 132.9054519	56 Ba Barium 137.327	ランタノイド	72 Hf Hafnium 178.49	73 Ta Tantalum 180.94788	74 W Tungsten 183.84	75 Re Rhenium 186.207	76 Os Osmium 190.23	77 Ir Iridium 192.217
87 $\underline{Fr}$ Francium (223)	88 $\underline{Ra}$ Radium (226)	アクチノイド	104 Rf Rutherfordium (267)	105 Db Dubnium (268)	106 Sg Seaborgium (271)	107 Bh Bohrium (272)	108 Hs Hassium (277)	109 Mt Meitnerium (276)

ランタノイド	57 La Lanthanum 138.90547	58 Ce Cerium 140.116	59 Pr Praseodymium 140.90765	60 Nd Neodymium 144.242	61 Pm Promethium (145)	62 Sm Samarium 150.36	63 Eu Europium 151.964
アクチノイド	89 $\underline{Ac}$ Acitinium (227)	90 $\underline{Th}$ Thorium 232.03806	91 $\underline{Pa}$ Protactinium 231.03588	92 $\underline{U}$ Uranium 238.02891	93 Np Neptunium (237)	94 Pu Plutonium (239)	95 Am Americium (243)

原子量は IUPAC の「原子量表（2007）」による．
「原子量表（2007）」で原子量が記載されていない，安定同位体がなく，天然で特定同位体組成を示さない元素について量数の一例を（　）内に示した．
安定同位体のない元素は元素記号を斜字体で示した．そのうち天然に存在する元素は下線を引いた．
常温で単体が固体の元素は元素記号をローマン体で，液体の元素はゴシック体で，気体の元素はボールド体で示した．
元素記号は s-block 元素，p-block 元素，d-block 元素，f-block 元素で色分けした．

周期表

10	11	12	13	14	15	16	17	18
		典型元素						
			p-block					2 **He** Helium 4.002602
			5 **B** Boron 10.811	6 **C** Carbon 12.0107	7 **N** Nitrogen 14.0067	8 **O** Oxygen 15.9994	9 **F** Fluorine 18.9984032	10 **Ne** Neon 20.1797
			13 **Al** Aluminium 26.9815386	14 **Si** Silicon 28.0855	15 **P** Phosphorus 30.973762	16 **S** Sulfur 32.065	17 **Cl** Chlorine 35.453	18 **Ar** Argon 39.948
28 **Ni** Nickel 58.6934	29 **Cu** Copper 63.546	30 **Zn** Zinc 65.409	31 **Ga** Gallium 69.723	32 **Ge** Germanium 72.64	33 **As** Arsenic 74.92160	34 **Se** Selenium 78.96	35 **Br** Bromine 79.904	36 **Kr** Krypton 83.798
46 **Pd** Palladium 106.42	47 **Ag** Silver 107.8682	48 **Cd** Cadmium 112.411	49 **In** Indium 114.818	50 **Sn** Tin 118.710	51 **Sb** Antimony 121.760	52 **Te** Tellurium 127.60	53 **I** Iodine 126.90447	54 **Xe** Xenon 131.293
78 **Pt** Platinum 195.084	79 **Au** Gold 196.966569	80 **Hg** Mercury 200.59	81 **Tl** Thallium 204.3833	82 **Pb** Lead 207.2	83 *Bi* Bismuth 208.98040	84 *Po* Polonium (210)	85 *At* Astatine (210)	86 *Rn* Radon (222)
110 *Ds* Darmstadtium (281)	111 *Rg* Roentgenium (280)							

f-block

64 **Gd** Gadolinium 157.25	65 **Tb** Terbium 158.92535	66 **Dy** Dysprosium 162.500	67 **Ho** Holmium 164.93032	68 **Er** Erbium 167.259	69 **Tm** Thulium 168.93421	70 **Yb** Ytterbium 173.04	71 **Lu** Lutetium 174.967
96 *Cm* Curium (247)	97 *Bk* Berkelium (247)	98 *Cf* Calfornium (252)	99 *Es* Einsteinium (252)	100 *Fm* Fermium (257)	101 *Md* Mendelevium (258)	102 *No* Nobelium (259)	103 *Lr* Lawrencium (262)

，日本化学会原子量小委員会が作成した「4桁の原子量表」に記載されている，その元素の放射性同位体の質

表4 元素の電気陰性度

上段：Paulingの値
中段：Allred-Rochowの値
下段：Mullikenの値(eV)

1	2	3	4	5	6	7	8	9	10	11	12	13	14	15	16	17	18
H 2.20 / 2.20 / 7.18																	He — / 5.50 / 12.3
Li 0.98 / 0.97 / 3.01	Be 1.57 / 1.47 / 4.9											B 2.04 / 2.01 / 4.29	C 2.55 / 2.5 / 6.27	N 3.04 / 3.07 / 7.30	O 3.44 / 3.50 / 7.54	F 3.98 / 4.10 / 10.41	Ne — / 4.84 / 10.6
Na 0.93 / 1.01 / 2.85	Mg 1.31 / 1.23 / 3.75											Al 1.61 / 1.47 / 3.23	Si 1.90 / 1.74 / 4.77	P 2.19 / 2.06 / 5.62	S 2.58 / 2.44 / 6.22	Cl 3.16 / 2.83 / 8.3	Ar — / 3.2 / 7.7
K 0.82 / 0.91 / 2.42	Ca 1 / 1.04 / 2.2	Sc 1.36 / 1.20 / 3.34	Ti 1.54 / 1.32 / 3.45	V 1.63 / 1.45 / 3.6	Cr 1.66 / 1.56 / 3.72	Mn 1.55 / 1.60 / 3.72	Fe 1.83 / 1.64 / 4.06	Co 1.88 / 1.7 / 4.3	Ni 1.91 / 1.75 / 4.40	Cu 1.9 / 1.75 / 4.48	Zn 1.65 / 1.66 / 4.45	Ga 1.81 / 1.82 / 3.2	Ge 2.01 / 2.02 / 4.6	As 2.18 / 2.2 / 5.3	Se 2.55 / 2.48 / 5.89	Br 2.96 / 2.74 / 7.59	Kr — / 2.94 / 6.8
Rb 0.82 / 0.89 / 2.34	Sr 0.95 / 0.99 / 2.0	Y 1.22 / 1.11 / 3.19	Zr 1.33 / 1.22 / 3.64	Nb 1.6 / 1.23 / 4.0	Mo 2.16 / 1.30 / 3.9	Tc 1.9 / 1.36 / —	Ru 2.2 / 1.42 / 4.5	Rh 2.28 / 1.45 / 4.30	Pd 2.20 / 1.35 / 4.45	Ag 1.93 / 1.42 / 4.44	Cd 1.69 / 1.46 / 4.33	In 1.78 / 1.49 / 3.1	Sn 1.96 / 1.72 / 4.30	Sb 2.05 / 1.82 / 4.85	Te 2.1 / 2.01 / 5.49	I 2.66 / 2.21 / 6.76	Xe 2.6 / 2.40 / 5.85
Cs 0.79 / 0.86 / 2.18	Ba 0.89 / 0.97 / 2.4	La-Lu	Hf 1.3 / 1.23 / 3.8	Ta 1.5 / 1.33 / 4.11	W 2.36 / 1.40 / 4.40	Re 1.9 / 1.46 / 4.02	Os 2.2 / 1.52 / 4.9	Ir 2.20 / 1.55 / 5.4	Pt 2.28 / 1.44 / 5.6	Au 2.54 / 1.42 / 5.77	Hg 2.00 / 1.44 / 4.91	Tl 2.04 / 1.44 / 3.2	Pb 2.33 / 1.55 / 3.90	Bi 2.02 / 1.67 / 4.69	Po 2.0 / 1.76 / 5.16	At 2.2 / 1.96 / 6.2	Rn — / 2.06 / 5.1
Fr 0.7 / 0.86 / —	Ra 0.89 / 0.97 / —	Ac-Lr	Rf	Db	Sg	Bh	Hs	Mt	Ds								

La 1.10 / 1.08 / 3.1	Ce 1.12 / 1.06 / <3.0	Pr 1.13 / 1.07 / <3.0	Nd 1.14 / 1.07 / <3.0	Pm — / 1.07 / <3.0	Sm 1.17 / 1.07 / <3.1	Eu — / 1.01 / <3.1	Gd 1.20 / 1.11 / 3.3	Tb — / 1.10 / 3.2	Dy 1.22 / 1.10 / —	Ho 1.23 / 1.10 / <3.3	Er 1.24 / 1.14 / <3.3	Tm 1.25 / 1.11 / <3.4	Yb — / 1.06 / <3.5	Lu 1.27 / 1.14 / <3.0
Ac 1.1 / 1 / 5.3	Th 1.3 / 1.11 / —	Pa 1.5 / 1.014 / —	U 1.38 / 1.22 / —	Np 1.36 / 1.22 / —	Pu 1.28 / 1.22 / —	Am 1.3 / 1.2 / —	Cm 1.3 / 1.2 / —	Bk 1.3 / 1.2 / —	Cf 1.3 / 1.2 / —	Es 1.3 / 1.2 / <3.5	Fm 1.3 / 1.2 / —	Md 1.3 / 1.2 / —	No 1.3 / 1.2 / —	Lr 1.3 / — / —

索 引

(数字は該当の項目番号を示す)

ア行

アキシアル　37, 38
アセチレン　24
圧電効果　75
アヌレン　30
アミノ基　77
アルカン　77
アルキン　77
アルケン　77
アレン　42
アンチ型　36
イオン化エネルギー　13
イオン結合　16
イオン半径　12, 73
いす形配座　37
異性　35
位置異性　35
1次元箱　5
ウォルシュ則　22
ウォルシュダイヤグラム　22
右旋性　41
ウッドワード-ホフマン則　34
ウルツ鉱型　72
エクアトリアル　37, 38
エチレン　24, 28
エナンチオマー　39, 41
塩化セシウム型　72
塩化ナトリウム型　72
塩基　61
エントロピー　56
円二色性　41
オールレッド-ロコウの電気陰性度　14
オクテット　23
　——則　65

カ行

外殻軌道　22
回折　69
界面活性剤　60
化学反応　66
重なり積分　17, 28, 31
価電子　23
　——帯　71
ガラス転移　57
カルバニオン　63
カルボキシル基　77
カルボニル基　77
還元　64
換算質量　6
官能基異性　35
幾何異性　76
　——体　38
軌道支配の反応　63
軌道対称性　34
希土類金属トリフラート　62
逆旋過程　34
求核反応　65
吸収スペクトル　50
求電子反応　65
強磁性相互作用　51
強磁性体　51
鏡像異性体　39, 41
鏡像体過剰率　43
共鳴効果　65
共鳴構造式　27
共鳴積分　17, 28, 31
共有結合　16
　——半径　12
共有電子対　24
極限半径比モデル　73
極性分子　52
許容過程　34
キラリティー　39
キラル　39, 42
禁制過程　34
金属結合　16
　——半径　12
クーロン積分　17, 28, 31
クリストバライト型　72
グルコース　37
蛍光　26
結合解離エネルギー　26
結合次数　29
結合性軌道　18
結合の極性　52
結合の多重度　25
結晶格子　68
結晶性高分子　57
結晶場　46
結晶半径　73
原子　1

180 索引

——価結合法　24
——軌道　8
——半径　12
——量　1
元素　1
元素の存在度　15
光学異性　76
——体　39
光学活性　41
光学純度　43
光学分割　42,43
格子エネルギー　74
高スピン配置　49
構成原理　11
構造異性体　35
構造水　56
光電子分光　13
高分子　57
ゴーシュ形　36
骨格異性　35
孤立電子対　23,55
コレステロール　59
混成軌道　24,25
コンプトン効果　4
コンホメーション　57

サ行

最高被占軌道　21
最小エネルギー差の原理　33
最大重なりの原理　33
最低空軌道　21
最密充填　70
錯体の名称　76
左旋性　41
サリドマイド　41
酸　61
酸塩基反応　61
酸化　64
酸化還元反応　26
三角両錐5配位　44
三斜晶系　68
酸の強さ　61
三方晶系　68
ジアステレオマー　38,40,43
四角錐5配位　44
磁化率　51
色素　5
磁気相転移　51
磁気モーメント　9,51
軸不斉　42
シクロファン　42
シクロヘキサン　37
脂質二分子膜　56,59
シス-トランス異性　26,38

シス形　38
質量欠損　1
四面体型隙間　70
四面体4配位　44
赤銅鉱型　72
遮蔽効果　10
斜方晶系　68
自由連結鎖　57
縮重　29
シュレディンガー方程式　5
晶系　68
常磁性　19,51
情報伝達物質　20
真性半導体　71
水晶発振器　75
水素化熱　27
水素結合　55,67
水素原子　7
水和　60
スピンクロスオーバー錯体　49
静電相互作用　55
正方晶系　68
赤外スペクトル　6
絶対配置　39
セン亜鉛鉱型　72
遷移元素　45
旋光性　41,43
双極子モーメント　20

タ行

体心立方格子　70
ダイヤモンド構造　70
単位格子　68
単位胞　68
単斜晶系　68
タンパク質　59
地球の平均化学組成　15
中性子回折　69
超原子価化合物　23
調和振動子　6
直線2配位　44
強い配位子場　49
ディールス-アルダー反応　21,33
定常状態　3
低スピン配置　49
電荷移動遷移　50
電荷移動相互作用　55
電荷支配の反応　63
電気陰性度　14,52
電気双極子　53
電気双極子モーメント　52
典型元素　45
電子移動　64
電子回折　4,69

電子供与基　65
電子供与体　64
電子受容体　64
電子親和力　13
電子スピン　9
電気双極子　52
電子対形成エネルギー　49
電子密度　18, 29
電子求引基　65
伝導帯　71
同位体　1
等軸晶系　68
同旋過程　34
ドーパ　41
ド・ブロイ波長　4
トランス形　38
トロポン　30
トンネル現象　67

ナ行

ニューマン投影式　36
二量体　67
ねじれ形配座　36
ネルンストの式　64
野依良治　42, 43

ハ行

配位異性　76
配位結合　62
配位子　76
配位子場　46
　　——安定化エネルギー　48
　　——遷移（d-d遷移）　50
　　——分裂　46, 47
　　——分裂エネルギー　49
配位子名　76
配位数　73, 76
配位多面体　73, 76
配座　36
パウリの原理　11
八面体型隙間　70
八面体6配位　44
波動関数　5
バルマー系列　2
バルマーの式　2
反強磁性相互作用　51
反強磁性体　51
反結合性軌道　18
反磁性　51
反転　37
バンド　71
　　——ギャップ　71
ピエゾエレクトリック　75
ヒ化ニッケル型　72

光異性化　32
光解離　32
光吸収　32
光励起　32
非共有電子対　22, 23, 62
非局在化エネルギー　27, 29
ヒドロキシ基　77
ビナフチル　42
非ベンゼン系芳香族化合物　30
ヒュッケル近似（法）　28-30
ヒュッケル則　30
表面分子軌道　22
ファンデルワールスの状態方程式　54
ファンデルワールス半径　12, 25
ファンデルワールス力　54
フィッシャー投影図　40
フェリ磁性体　51
フォールディング　59
付加反応　26
複合格子　68
不純物半導体　71
不斉原子　39
不斉合成　43
ブタジエン　28
不対電子　9
物質波　4
フラウンホーファー線　2
ブラヴェ格子　68
ブラッグ条件　69
フロンティア軌道理論　34
分光化学系列　47
分散力　53
分子軌道　19, 20
　　——法　17
分子の配向　53
分子不斉　42
フント則　11, 49
平面3配位　44
平面4配位　44
ベシクル　56
ペプチド結合　58
ヘモグロビン　59
ヘリセン　42
ペロブスカイト　75
変分法　28
芳香族性　30
ボーア磁子　51
ボーア半径　8
ポーリングの電気陰性度　14
ホタル石型　72
ポテンシャルエネルギー曲線　18
ボルン-ハーバーサイクル　74

マ行

マーデルング定数　74
マイケル付加　63
マリケンの電気陰性度　14
ミセル　60
無定形高分子　57
メソ異性体　40
面心立方格子　70
面不斉　42

ヤ行

ヤングの実験　4
誘起効果　65
誘起双極子間相互作用　53
誘起電気双極子モーメント　53
有効核電荷　10
ヨウ化カドミウム型　72
溶媒和　60
弱い配位子場　49

ラ行

ラザフォードの実験　3
ラジカル　9
　——反応　65
ラセミ体　40, 43
ランダムコイル　57
立体異性体　35
立体配座　37
立方最密充填　70
硫化モリブデン型　72
リュードベリの式　3, 7
量子化　3
量子数　6, 7
両親媒性　60
両親媒性分子　56
リン脂質　59
ルイス塩基　62
ルイス構造　23
ルイス酸　62
ルイス酸触媒　62
ルイス式　23
ルチル型　72

ルビー　50
零点エネルギー　5
レーザー発振　50
レナード-ジョーンズポテンシャル　54
六方最密充填　70
六方晶系　68
ロンドン分散力　53

ワ行

ワルデン反転　33

欧文等

bcc　70
ccp　70
cis　44
CMC　60
DNA　59
DNA 二重らせん　67
d 軌道　45
d ブロック元素　45
E 2 反応　33
fac　44
fcc　70
hcp　70
HOMO　21, 32, 33
HSAB　63
LCAO 法　17, 28
LMCT　50
LUMO　21, 32, 33
mer　44
MLCT　50
S_N2 反応　33
STM　75
$trans$　44
VSEPR　23
X 線回折　69

α-アミノ酸　58
α-ヘリックス　58
β-シート構造　58
Δ　44, 76
Λ　44, 76
π 電子近似　28

編集委員

松下信之（まつしたのぶゆき）
1961 年生まれ
立教大学理学部教授
専門：錯体物性化学

村田　滋（むらたしげる）
1956 年生まれ
東京大学大学院総合文化研究科・教養学部教授
専門：有機光化学

増田　茂（ますだしげる）
1955 年生まれ
東京大学大学院総合文化研究科・教養学部教授
専門：固体表面科学

化学の基礎 77 講

2003 年 9 月 17 日　初　版
2021 年 3 月 17 日　第 8 刷

編　者　東京大学教養学部化学部会

発行所　一般財団法人　東京大学出版会
　　　　代 表 者　吉見俊哉
　　　　153-0041 東京都目黒区駒場 4-5-29
　　　　電話 03-6407-1069／FAX 03-6407-1991
　　　　振替 00160-6-59964

印刷所　三美印刷株式会社
製本所　牧製本印刷株式会社

© 2003, Department of Chemistry, College of Arts and Sciences, The University of Tokyo
ISBN 978-4-13-062501-2　Printed in Japan

JCOPY〈出版者著作権管理機構　委託出版物〉
本書の無断複写は著作権法上での例外を除き禁じられています．
複写される場合は，そのつど事前に，出版者著作権管理機構
（電話 03-5244-5088, FAX 03-5244-5089, e-mail：info@jcopy.or.
jp）の許諾を得てください．

村田　滋著
有機化学　有機反応論で理解する
A 5 判／258 頁／2500 円

高塚和夫著
化学結合論入門　量子論の基礎から学ぶ
A 5 判／244 頁／2600 円

高塚和夫・田中秀樹著
分子熱統計力学　化学平衡から反応速度まで
A 5 判／224 頁／2800 円

原田義也著
生命科学のための有機化学Ⅰ・Ⅱ
A 5 判／平均 250 頁／（Ⅰ）2500 円（Ⅱ）3200 円

原田義也著
生命科学のための基礎化学
A 5 判／272 頁／3400 円

東京大学教養学部化学教室化学教育研究会編
化学実験　第 3 版
A 5 判／216 頁／1600 円

ザボ，オストランド／大野公男・阪井健男・望月祐志訳
新しい量子化学　上・下　電子構造の理論入門
A 5 判／平均 300 頁／各4400 円

富永　健・佐野博敏著
放射化学概論　第 4 版
A 5 判／256 頁／3000 円

友田修司著
基礎量子化学　軌道概念で化学を考える
A 5 判／432 頁／4200 円

ここに表示された価格は本体価格です．ご購入の
際には消費税が加算されますのでご了承ください．